"十二五"江苏省高等学校重点教材（编号：2014-1-142）

江苏"十四五"普通高等教育本科规划教材

机械设计基础

第 4 版

主　编　朱龙英

副主编　郁　倩　陈　静

参　编　杨玉萍　付莹莹　程世利

主　审　朱如鹏　周　海

机械工业出版社

"机械设计基础"课程是将"工程材料""机械原理"和"机械设计"等课程的内容，经统筹安排、有机结合而成的一门专业技术基础课程。为适应近机械类及非机械类各专业教学改革的需要，结合编者多年的教学经验和教学改革成果，充分反映学科前沿的发展动态，以培养应用型人才为目的，对原教材进行了修订。

本书的内容包括绪论、平面机构运动简图及其自由度、平面连杆机构、凸轮机构、齿轮机构、轮系、其他常用机构、机械的调速与平衡、带传动、链传动、连接、轴、轴承、其他常用零部件、机械传动系统设计、现代机械设计方法简介、附录。各章均附有思考题及习题。

本书可作为高等学校近机械类和非机械类专业机械设计基础课程的教材，也可供有关工程技术人员参考。

图书在版编目（CIP）数据

机械设计基础/朱龙英主编. —4 版. —北京：机械工业出版社，
2023.12（2025.2 重印）
"十二五"江苏省高等学校重点教材
ISBN 978-7-111-74503-7

Ⅰ.①机…　Ⅱ.①朱…　Ⅲ.①机械设计-高等学校-教材　Ⅳ.①TH122

中国国家版本馆 CIP 数据核字（2023）第 247584 号

机械工业出版社（北京市百万庄大街22号　邮政编码100037）
策划编辑：赵亚敏　　责任编辑：赵亚敏
责任校对：李　婷　　封面设计：张　静
责任印制：邓　敏
中煤（北京）印务有限公司印刷
2025 年 2 月第 4 版第 3 次印刷
184mm×260mm·17.5 印张·431 千字
标准书号：ISBN 978-7-111-74503-7
定价：55.00 元

电话服务　　　　　　　　　网络服务
客服电话：010-88361066　　机 工 官 网：www.cmpbook.com
　　　　　010-88379833　　机 工 官 博：weibo.com/cmp1952
　　　　　010-68326294　　金 书 网：www.golden-book.com
封底无防伪标均为盗版　　机工教育服务网：www.cmpedu.com

前 言

本书是在第 3 版的基础上，以培养应用型人才为主要目标，结合近年来作者的教学改革成果以及同行和读者的建议，为适应新形态教材建设和课程思政进教材的理念，按照江苏省高等学校重点教材建设的要求修订而成的。

本书的体系和章节与第 3 版相同，从满足教学基本要求、贯彻少而精的原则出发，力求使其内容更加充实、完善，重点突出，通俗易懂。与第 3 版相比，本次修订主要更新和增补的内容有：

1）按照新形态教材的要求，增加了机构及机器学科发展等拓展知识。拓展知识以动画和视频的方式呈现，将最新的研究成果融入教材中，读者可以通过扫二维码学习相关内容。

2）思政教育进入专业课程，是落实立德树人根本任务的关键举措。党的二十大报告提出："用社会主义核心价值观铸魂育人，完善思想政治工作体系"。本书融入了"中国创造：无人驾驶""大国工匠：大技贵精""第一部国产雷达"等拓展视频，以引导学生树立正确的人生观、价值观，培养精益求精的"工匠"精神。

3）对各章的结构和基本概念进行了仔细的推敲和更新，力求严谨准确，便于教学。

参加本书修订的有盐城工学院朱龙英（第 1~4 章）、郁倩（第 5~7 章）、付莹莹（第 8、15、16 章）、程世利（第 9~11 章）和扬州大学陈静（第 12~14 章）。本书由朱龙英担任主编，郁倩和陈静任副主编。南通大学杨玉萍参加了本书第 3 版的编写，在此表示感谢。

本书由南京航空航天大学朱如鹏教授和盐城工学院周海教授审阅，他们提出了宝贵的意见，在此表示衷心的感谢。

恳切希望使用本书的高校教师和广大读者在使用过程中对本书的错误和欠妥之处提出批评指正。

编 者

目　录

第1章　绪论

1.1　本课程研究的对象和内容

1.1.1　本课程研究对象

本课程研究的对象是机械及其零部件。机械是机器和机构的总称，机械零件是组成机器的基本单元。

机器是人类在生产和生活中用以代替或减轻人的劳动的重要工具，也是用来完成人类无法从事或难以从事的各种复杂或危险劳动的重要工具。在现代生活和工作中，广泛地使用了各种机器，如电动机、内燃机、汽车、机器人、缝纫机和洗衣机等。机器的设计、制造及应用水平是衡量一个国家技术水平和现代化程度的重要标志。

图 1-1 所示为单缸四冲程内燃机，它是由气缸体 1、曲轴 2、连杆 3、活塞 4、进气阀 5、排气阀 6、顶杆 7、凸轮 8、齿轮 9 和 10 等组成的。燃气推动活塞做往复移动，经连杆转变为曲轴的连续转动，便把燃气的热能转变成机械能。

图 1-2 所示为一送料机械手，它由电动机通过减速装置（图 1-2 中未画出）减速后，通

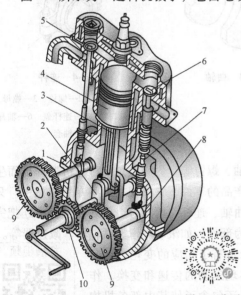

图 1-1　单缸四冲程内燃机

1—气缸体　2—曲轴　3—连杆　4—活塞
5—进气阀　6—排气阀　7—顶杆　8—凸轮
9、10—齿轮

图 1-1 动画

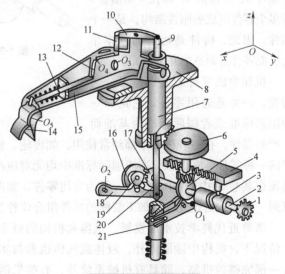

图 1-2　送料机械手

1、6、16、17—齿轮　2—分配轴　3、5、19—凸轮　4—齿条
7—圆筒　8—转盘座　9、10、11、12、13、20—杆件
14—手指　15—大臂　18、21—摆杆

过齿轮 1 带动分配轴 2 转动，通过齿轮 17、16、凸轮 19、杆 20、9、10、11、12 和连杆 13 使手指 14 张开，以夹持工件。手指 14 的复位夹紧由弹簧实现。凸轮 5 转动通过摆杆 21 和圆筒 7 使大臂 15 绕 O_3 轴上、下摆动（O_3 支承在转盘座 8 上）。此外，圆柱凸轮 3 通过齿轮传动使转盘座 8 往复回转。以上各部分协同动作，便能使机械手代替人送料而做有用的机械功。

从以上两例可以看出，尽管机器的构造、用途和性能各不相同，但都具有以下三个共同的特征：

1）都是许多人为实物的组合。

2）各实物之间具有确定的相对运动。

3）能完成有用的机械功（如机械手代替人工作）或转换机械能（如内燃机将热能转换成机械能）。

凡同时具有上述三个特征的实物组合体称为机器。仅有前两个特征的称为机构。从结构和运动的观点看，两者并无区别。机器是由机构和动力源组成的。一部机器可以由多个机构组成（如内燃机由连杆机构、齿轮机构、凸轮机构组成），也可以由一个机构组成（如电动机由双杆机构组成）。机构在机器中起着改变运动形式、改变速度大小或改变运动方向的作用。

机器中普遍使用的机构称为常用机构，如连杆机构、凸轮机构、齿轮机构等。

组成机构的各个人为实物称为构件。构件可以是单一的整体，如图 1-3 所示的曲轴；也可以是几个零件的刚性组合，如图 1-4 所示的连杆，它是由连杆体 1、连杆盖 5、螺栓 2 及螺母 3、开口销 4、轴瓦 6 和轴套 7 等多个零件组成的刚性结构，是一个构件。因此，构件是运动的基本单元，而零件是制造的基本单元。

机械中的零件按其用途可分为两类。一类是通用零件。它是以一种国家标准或者国际标准为基准而

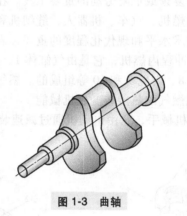

图 1-3　曲轴

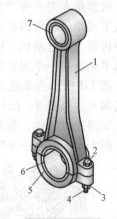

图 1-4　连杆

1—连杆体　2—螺栓　3—螺母
4—开口销　5—连杆盖　6—轴瓦
7—轴套

生产的零件，在各种机械中都经常使用，如齿轮、轴、螺钉等。另一类是以自身机器标准而生产的一种零件，在国家标准或国际标准中均无对应产品的零件，它出现在某些专用机械中。只出现在某些专用机械中的零件，称为专用零件，如曲轴、连杆、活塞等。此外，工程中还把完成同一使命、由企业独立加工装配的零件组合体称为部件，如滚动轴承、联轴器、减速器等。

随着近代科学技术的发展，机器和机构的概念也有了相应的变化。在某些情况下，机构中除刚体外，液体或气体也参与实现运动的传递和变换。作为一部完整的机器，除具有机械系统外，有些机器还包含了使其内部各机构正常动作的控制系统和信息处理与传递系统等。因此，一部完整的机器通常由动力系统、传动系统、执行系统以及控制系统等组成，如图 1-5 所示。现代机器不仅可以代替人的体力劳动，而且还可以代替人的脑力劳动（如智

拓展视频

中国创造：
无人驾驶

能机器人）。

1.1.2 本课程研究的内容和性质

机械设计基础课程主要研究机械中常用机构和通用零部件的工作原理、结构特点、基本设计理论和计算方法，同时简单介绍与本课程有关的国家标准和规范。

本课程是高等学校工科有关专业的一门重要的技术基础课。它综合运用高等数学、工程力学（或理论力学和材料力学）、机械制图、金属工艺学等基本知识，去解决常用机构、通用零部件设计等问题。通过本课程的学习，学生可具备使用、维护和改进机械传动装置的能力，培养学生运用手册、设计简单机械传动装置的能力，为以后从事技术革新创造条件，并为学习有关的专业课程奠定必要的基础。

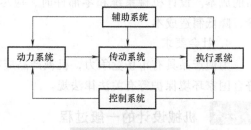

图 1-5　机器的组成

1.1.3 本课程的学习方法

本课程是一门实践性和综合性很强的课程，它涉及多门先修课程的知识。因此，学习中要注意以下几点：

1）随时复习和巩固有关先修课程，注意提高自己综合应用各门课程知识的能力。

2）理论联系实际，重视用所学的理论知识解决工程实际问题。

3）注意设计原理和公式的适用条件，抓住重点、难点及分析问题的思路和方法。

4）及时复习并按时完成作业。

1.2 机械设计的基本要求和一般过程

1.2.1 机械设计的基本要求

机械设计一般应满足如下要求：

1. 功能要求

机械产品必须满足预定的功能。预定的功能是设计之初由设计者或用户提出并确定的，如机器工作部分的运动形式、速度、运动精度、平稳性、需要传递的功率，以及某些使用上的特殊要求（如高温、防潮等）。这主要靠正确选择机器的工作原理，即正确地选择原动机、传动机构和执行机构以及合理地配置辅助系统来保证。

2. 可靠性要求

产品的可靠性是指产品在规定的使用条件下和规定的时间内，完成规定功能的能力。规定条件一般指的是使用条件或环境条件，包括应力、温度、湿度、尘砂、腐蚀等，也包括操作技术、维修方法等条件。在市场竞争日益激烈的今天，可靠性高的产品，不仅可为用户节省开支，巩固产品的信誉和品牌知名度，而且有助于提高市场竞争力。产品是否可靠，已成为企业生存和持续发展的最重要因素。

3. 经济性要求

在产品整个设计周期中，必须把产品设计、销售及制造三方面作为一个系统工程来考虑，用价值工程理论指导产品设计，正确使用材料，采用合理的结构尺寸和工艺，以降低产品的成本。设计机械系统和零部件时，应尽可能标准化、通用化、系列化，以提高设计质量、降低制造成本。

4. 社会要求

为使产品具有市场竞争力，机械产品应有大方宜人的外形和色彩，便于操作和维修。要符合国家环境保护等有关法律法规。

1.2.2 机械设计的一般过程

机械产品设计是一个复杂的过程，一般可分为：产品规划设计阶段、总体方案设计阶段、技术设计阶段和施工设计阶段。

1. 产品规划设计阶段

产品设计是一项为实现预定目标的有目的的活动，因此正确地决定设计目标是设计成功的基础。产品规划是根据市场需求选择设计对象，提出设计任务要求，进行可行性论证。

明确设计任务包括定出产品的总体目标和各项具体的技术要求，是设计、优化、评价、决策的依据。它包括分析所设计机械系统的用途、功能、各种技术经济性能指标和参数范围、预期的成本范围等，并对同类或相近产品的技术经济指标，同类产品的不完善性，用户的意见和要求，目前的技术水平以及发展趋势，认真进行调查研究、收集材料，以进一步明确设计目标及需要达到的功能和性能指标，给出详细的设计任务书。

2. 方案设计阶段

机械系统总体方案设计是根据机器要求进行功能设计研究。方案设计包括确定机器的工作原理，工作部分的运动和阻力，选择原动机的种类和功率，选择传动系统，确定各级传动比和各轴的转速、转矩和功率。方案设计时要考虑到机械的操作、维修、安装、外廓尺寸等要求，确定机械系统各主要部件之间的相对位置关系及相对运动关系，人-机-环境之间的合理关系。方案设计对机械系统的制造和使用都有很大的影响，为此，常需选出几个方案加以分析、比较，通过优化求解得出最佳方案。

3. 技术设计阶段

技术设计又称为结构设计。其任务是根据方案设计的要求，确定机械系统各零部件的材料、形状、数量、空间相互位置、尺寸、加工和装配，并进行必要的强度、刚度、可靠性设计，若有几种方案时，需进行评价决策，最后选择最优方案。技术设计时还要考虑加工条件、现有材料、各种标准零部件、相近机器的通用件。技术设计是保证质量、提高可靠性、降低成本的重要工作。技术设计还需绘制总体装配图、部件装配图、编制设计说明书等。技术设计是从定性到定量、从抽象到具体、从粗略到详细的设计过程。

4. 施工设计阶段

施工设计阶段就是将设计图样转化为产品的过程。进行加工工艺、装配工艺设计，制定工艺流程及零部件检验标准；进行加工、装配时必要的工具、量具、夹具和模具的设计；制定装配调试、试运行及性能测试的步骤及各阶段的技术指标；制定包装、运输、安装的要求及随机器提供的备件、专用工具明细表等。

样机试制是通过样机制造、样机试验、检查机械系统的功能及整机、零部件的强度、刚度、运转精度、振动稳定性、噪声等方面的性能，根据样机试验、使用、测试、鉴定所暴露的问题，进一步修正设计，以保证完成系统功能，同时验证各工艺的正确性，以提高生产率、降低成本，提高经济效益。

产品设计过程是创造性的活动过程，它体现了设计人员的创新思维活动，设计过程是逐步逼近解答方案并逐步完善的过程。在设计过程中还应注意几点：

1）设计过程要有全局观点，不能只考虑设计对象本身的问题，而要把设计对象看作一个系统，处理人-机-环境之间的关系。

2）善于运用创造性思维和方法，注意考虑多方案解，避免解答的局限性。

3）设计的各阶段应有明确的目标，注意各阶段的评价和优选，以求出既满足功能要求又最有可能实现的方案。

4）要注意反馈及必要的工作循环。解决问题要由抽象到具体，由局部到全面，由不确定到确定。

上述设计过程的各个阶段是相互联系、相互影响的，常需要相互交叉进行，并且往往要多次反复，不断修正，有时甚至推翻重来，才能使设计达到最佳。即使机械投入市场后，也要进行跟踪调查，根据用户反馈的信息，对产品不断改进完善。

随着科学技术的发展，新的设计方法不断涌现，如计算机辅助设计（CAD）、优化设计、可靠性设计等，尤其是 CAD 技术发展迅速。CAD/CAM/CAE 系统使机械产品可以直接在计算机上进行仿真模拟，而不需要样机试制，就可以通过分析计算出各项技术指标，这不仅大大缩短了设计周期，而且取得了巨大的经济效益和社会效益。

1.3 机械零件的常用材料及选择

1.3.1 机械零件的常用材料

机械零件的常用材料可分为金属材料和非金属材料两类。金属材料又分为钢铁金属（如钢、铸铁等）和非铁金属（如铜、铝及其合金）两类，其中以钢铁金属材料用得最多。

1. 钢铁金属

钢铁金属材料是指含铁的金属材料。常用钢铁材料的牌号及力学性能见表1-1。

（1）钢　钢和铸铁都是铁碳合金。它们的主要区别是碳的质量分数不同。碳的质量分数小于等于 2.11% 的称为钢，碳的质量分数大于 2.11% 的称为铸铁。

钢是机械工业中应用最广的材料，其强度、韧性、塑性都比铸铁高，并能用热处理方法来改善其加工性能和力学性能。

钢的类型很多，按用途分，钢可分为结构钢、工具钢和特殊用途钢。结构钢可用于加工一般机械零件和各种工程结构。工具钢可用于制造各种刀具、模具等。特殊用途钢（不锈钢、耐热钢、耐腐蚀钢）主要用于特殊的工况条件下。按化学成分分，钢可分为碳素钢和合金钢。

碳素钢包括普通碳素结构钢和优质碳素结构钢。普通碳素结构钢（如 Q235、Q275）一般只保证机械强度而不保证化学成分，不宜进行热处理，通常用于不太重要的零件和机械结构中。优质碳素结构钢（如 30、45 钢）的性能主要取决于其碳的质量分数。低碳钢是碳的质量分数低于 0.25% 的钢，其强度极限和屈服极限较低，塑性较高，焊接性好，通常用于制造冲压件和焊接件。碳的质量分数在 0.1%～0.2% 的低碳钢零件可通过渗碳淬火使其表面硬而心部韧，一般用于要求表面耐磨而且耐冲击的零件。中碳钢是碳的质量分数在 0.25%～0.6% 之间的钢，它的综合力学性能较好，因此可用于制造受力较大的零件。碳的质量分数高于 0.6% 的是高碳钢，具有较高的强度，通常用于制造强度要求较高的零件。

合金钢（如 40Cr、42SiMn）是在碳钢中加入某些合金元素冶炼而成的。加入不同的合金元素可改变钢的力学性能并具有各种特殊性质。例如，铬能提高钢的硬度，并在高温时防锈耐酸；镍使钢具有良好的淬透性和耐磨性。但合金钢零件一般都需经过热处理才能提高其力学性能。此外，合金钢较碳素钢价格高，对应力集中亦较敏感，因此只在碳素钢难于胜任工作时才考虑采用。

铸钢是在凝固过程中不经历共晶转变的用于生产铸件的铁基合金。铸钢分为铸造碳钢（如 ZG310-570）、铸造低合金钢（如 ZG20Mn）和铸造特种钢（如 ZG40Cr25Ni12Si2）三类。铸钢通常用于制造结构复杂、体积较大的零件。铸钢的力学性能与锻钢基本相近，但铸钢的铸造性能不及铸铁。

表 1-1 常用钢铁材料

材　料		力　学　性　能		
名称	牌号	抗拉强度 σ_b/MPa	屈服强度 σ_s/MPa	硬度 /HBW
普通碳素结构钢	Q215	335～450	215	
	Q235	370～500	235	
	Q275	410～540	275	
优质碳素结构钢	20	410	245	156
	35	530	315	197
	45	600	355	241
合金结构钢	18Cr2Ni4WA	1180	835	260
	35SiMn	885	735	229
	40Cr	980	785	207
	40CrNiMoA	980	835	269
	20CrMnTi	1080	850	217
铸钢	ZG230-450	450	230	≥130
	ZG270-500	500	270	≥143
	ZG310-570	570	310	≥153
灰铸铁	HT150	145	—	150～200
	HT200	195	—	170～220
	HT250	240	—	190～240
球墨铸铁	QT450-10	450	310	160～210
	QT500-7	500	320	170～230
	QT600-3	600	370	190～270
	QT700-2	700	420	225～305

（2）铸铁　铸铁是由工业生铁、废钢等钢铁及其合金材料经过高温熔融和铸造成型而得到的，其成分除碳外还含有一定数量的硅、锰、硫、磷等化学元素和一些杂质。有时还加

一些其他化学元素。铸铁又名生铁，是冶金厂的重要初级产品，大部分用于炼钢，另一部分供给机器制造厂生产铸铁件，作为二次重熔的主要炉料。铸铁成本低廉，铸造性能和使用性能良好，故铸铁是现代机器制造业的重要和常用的结构材料。其重量一般占机器总重量的60%~70%。

铸铁中的碳以石墨形态析出，析出的石墨呈条片状的铸铁称为灰铸铁（如 HT200），析出的石墨呈蠕虫状的铸铁称为蠕墨铸铁（如 RuT420），析出的石墨呈团絮状的铸铁称为白口铸铁或码铁（KBT350-04），析出的石墨呈球状的铸铁称为球墨铸铁（QT400-15）。与钢相比，铸铁的抗拉强度、塑性、韧性较差，但抗压强度高，且具有良好的铸造性能，可铸成形状复杂的零件。此外，它的耐磨性、切削加工性较好，且价格低廉。因此，应用甚广，特别是机座和形状复杂的零件。

常用灰铸铁和球墨铸铁。灰铸铁性质较脆，抗胶合及抗点蚀能力强，具有良好的减摩性、加工工艺性、价格较低，但抗冲击及耐磨性能差。常用于制造工作平稳、速度较低、尺寸较大、形状复杂的耐压零件，如机架、机座等。球墨铸铁的强度接近于普通碳素钢，伸长率和耐冲击性都较好，且铸造性、耐磨性好，可代替铸钢和锻钢用来制造曲轴、凸轮轴、液压泵齿轮、阀体等，已广泛应用于机械中。

2. 非铁金属

有色金属合金具有良好的减摩性、跑合性、抗腐蚀性、抗磁性、导电性等特殊的性能，在工业中应用最广的是铝合金、铜合金和轴承合金，但非铁金属合金比钢铁金属价格贵。

铝合金具有高的强度极限与密度比，用它制成的零件，在同样的强度下比其他金属材料质量小。铝锡合金材料也可用作滑动轴承衬，具有良好的减摩和抗粘着性能。

铜合金有青铜与黄铜之分。黄铜是铜与锡的合金，具有很好的塑性和流动性，能辗压和铸造各种机械零件。青铜有锡青铜和无锡青铜两类，减摩性和抗腐蚀性均较好。

轴承合金（即简称巴氏合金）为铜、锡、铅、锑的合金，有良好的减摩性、导热性和抗胶合性，但强度低且较贵，主要用于制作滑动轴承的轴承衬。

3. 非金属材料

常用的非金属材料有橡胶、塑料、皮革、木材等。橡胶富于弹性、耐冲击，且摩擦系数大，常用作联轴器或减振器的弹性元件，以及带传动中的带等。塑料具有密度小、易成型、耐磨、耐蚀、绝热、绝缘等优点。常用塑料包括聚氯乙烯、聚烯烃、聚苯乙烯、酚醛和氨基塑料。工程塑料包括聚甲醛、聚四氟乙烯、聚酰胺、聚碳酸酯、ABS、尼龙、MC尼龙、氯化聚醚等。目前某些齿轮、蜗轮、滚动轴承的保持架和滑动轴承的轴承衬均有使用塑料制造的。一般工程塑料耐热性能较差，而且易老化从而使性能逐渐变差。

4. 复合材料

复合材料是由两种或两种以上不同性质的材料，通过物理或化学的方法，在宏观（微观）上组成具有新性能的材料。它可以发挥各种材料的优点，克服单一材料的缺陷，扩大材料的应用范围。由于复合材料具有重量轻、强度高、加工成型方便、弹性优良、耐化学腐蚀和耐候性好等特点，已逐步取代木材及金属合金，广泛应用于航空航天、汽车、电子电气、建筑、健身器材等领域，在近几年更是得到了飞速发展。

复合材料的基体材料分为金属和非金属两大类。金属基体常用的有铝、镁、铜、钛及其合金。非金属基体主要有合成树脂、橡胶、陶瓷、石墨、碳等。增强材料主要有玻璃纤维、碳纤维、硼纤维、芳纶纤维、碳化硅纤维、石棉纤维、晶须、金属丝和硬质细粒等。

复合材料按其组成分为金属与金属复合材料、非金属与金属复合材料、非金属与非金属复合材料。按其结构特点又分为：①纤维增强复合材料。将各种纤维增强体置于基体材料内复合而成，如纤维增强塑料、纤维增强金属等。②夹层复合材料。由性质不同的表面材料和芯材组合而成。通常面材强度高、薄；芯材重量轻、强度低，但具有一定刚度和厚度。③细粒复合材料。将硬质细粒均匀分布于基体中，如弥散强化合金、金属陶瓷等。④混杂复合材料。由两种或两种以上增强相材料混杂于一种基体相材料中构成。与普通单增强相复合材料比，其冲击强度、疲劳强度和断裂韧性显著提高，并具有特殊的热膨胀性能。

1.3.2 常用热处理方法

金属热处理工艺大体可分为整体热处理、表面热处理、局部热处理和化学热处理等。根据加热介质、加热温度和冷却方法的不同，每一类又可区分为若干不同的热处理工艺。同一种金属采用不同的热处理工艺，可获得不同的组织，从而具有不同的性能。整体热处理是对工件整体加热，然后以适当的速度冷却，以改变其整体力学性能的金属热处理工艺。钢铁整体热处理大致有退火、正火、淬火和回火四种基本工艺。通过热处理可以改变钢材的内部组织结构，从而改善其力学性能。

1. 退火

退火是把钢制零件或钢坯加热到临界温度以上 30~50℃，保温一定时间，然后使其随炉冷却到室温的过程。退火能使金属晶粒细化，组织均匀，可以消除零件的内应力，降低硬度，提高塑性，改善切削加工性能。

2. 正火

正火又称为常化，其工艺过程与退火相似，所不同的是正火在空气中冷却，冷却速度较快，可以得到更细的结晶组织，提高工件的硬度和强度。

3. 淬火

淬火是把零件加热到临界温度以上，保温一定时间后，将零件放入水或油中急剧冷却的过程。淬火可以大大提高钢的硬度、强度和耐磨性，但材料的脆性增加，塑性、韧性降低，同时产生较大的内应力，使零件有严重变形和开裂的危险，故淬火后必须进行回火处理。

对于一些表面要求有较高硬度以增加其耐磨性，而心部有高韧性以提高其抗冲击能力的零件，可以采用表面淬火工艺，如火焰淬火、高频感应淬火等。

4. 回火

回火是把淬火后的零件再加热到临界温度以下适当温度，保温一定时间，然后在空气中冷却至室温的过程。回火不但可以消除淬火时产生的内应力，而且可以提高材料的综合力学性能。

回火后材料的力学性能与回火温度有关，根据回火的温度不同，通常分为低温回火、中温回火和高温回火三种。

（1）低温回火（150~250℃）　低温回火主要用来降低材料的脆性和淬火应力，并能保持高的硬度，适用于要求高硬度的耐磨零件，如刀具、模具等。

（2）中温回火（350~500℃）　中温回火的目的在于保持一定韧性的条件下，提高材料的弹性，主要用于各种弹簧和承受冲击的零件。

（3）**高温回火**（500～650℃）　淬火后进行高温回火的过程通常称为调质。调质处理可使零件获得良好的综合力学性能。一些重要的零件，特别是一些受变应力作用的零件，如连杆、齿轮、轴等，常采用调质处理。

表面热处理是只加热工件表层，以改变其表层力学性能的金属热处理工艺。为了只加热工件表层而不使过多的热量传入工件内部，使用的热源须具有高的能量密度，即在单位面积的工件上给予较大的热能，使工件表层或局部能短时或瞬时达到高温。表面热处理的主要方法有激光热处理、火焰淬火和感应加热热处理，常用的热源有氧乙炔或氧丙烷等火焰、感应电流、激光和电子束等。

化学热处理是通过改变工件表层化学成分、组织和性能的金属热处理工艺。化学热处理与表面热处理的不同之处是前者改变了工件表层的化学成分。化学热处理是将工件放在含碳、氮或其他合金元素的介质（气体、液体、固体）中加热，保温较长时间，从而使工件表层渗入碳、氮、硼和铬等元素。渗入元素后，有时还要进行其他热处理工艺，如淬火及回火。化学热处理的主要方法有渗碳、渗氮、渗金属、复合渗等。渗碳零件常用的材料是低碳钢和低碳合金钢。零件经过渗碳后，表层碳的质量分数增高，经过淬火后，表面的硬度和耐磨性提高，而心部仍保持良好的塑性和韧性，使零件既耐磨又抗冲击。

1.3.3 材料的选择原则

合理地选择零件材料是机械设计中的一个重要环节，要从多种材料中选择合适的材料受到多方面因素的制约。在以后的各章节中将分别介绍根据经验而推荐的适用材料。这里仅提出一般原则，作为选择材料的依据。

1. 零件的工作情况

对于以强度为计算准则的零件，首先要考虑载荷的性质、应力的性质和大小。对于承受静应力且应力不大的零件，可用普通碳素钢；对于承受较大的应力或冲击载荷的零件，可选用优质碳素钢或合金钢；脆性材料原则上只适用于制造在静载荷下工作的零件，常用于承压零件。

在湿热环境下工作的零件，其材料应有良好的防锈和耐腐蚀的能力，如选用不锈钢、铜合金等。零件在工作中有可能发生磨损，要提高其表面的硬度，以增强耐磨性，可选用易于进行表面处理的淬火钢、渗碳钢、氮化钢等。

2. 零件的结构尺寸及材料的加工工艺性

结构复杂或尺寸较大的零件宜选用铸造毛坯，或用板材冲压出元件后再焊接而成。结构简单、尺寸较小的零件可用锻造毛坯。材料的加工工艺性是指材料的铸造性能、锻造性能、焊接性能、切削加工性能和热处理性能等。上述各种性能在有关资料中都有介绍。

3. 材料的经济性

材料的经济性首先表现为材料本身的相对价格。当用价格低廉的材料能满足使用要求时，就不应选用价格高的材料。

材料的经济性是一个综合的因素，在选择材料时，还应考虑其加工费用、材料的利用率、节约稀有材料等多种因素，从而使成本最低。

4. 材料的供应状况

选择材料时，还要考虑材料供应的可能性，采购、运输、储存的费用等。为了减少供应和储存材料的品种，应尽可能地减少同一部机器上使用的材料品种和规格。

1.4 机械零件的计算准则及一般设计步骤

1.4.1 机械零件的计算准则

机械零件由于某种原因而丧失正常工作能力时称为失效。常见的失效形式有断裂、塑性变形、过大的弹性变形、工作表面的过度磨损和损伤，以及打滑和发生强烈振动等。产生这些失效的主要原因是强度、刚度、耐磨性、振动稳定性等不满足工作要求。根据失效形式而制定的设计计算条件称为计算准则（设计准则），它是防止零件失效和设计计算的依据。概括起来常用的主要有以下准则：

1. 强度准则

强度准则是指零件中的应力不得超过允许的限度。例如，对于静应力作用下的断裂，其应力不能超过材料的强度极限；对于疲劳破坏，应力不能超过零件的疲劳极限；对于塑性变形，应力不能超过屈服极限。再考虑到各种偶然性或难以精确分析的影响，强度计算准则的表达式为

$$\text{或} \quad \begin{cases} \sigma \leqslant [\sigma] & [\sigma] = \dfrac{\sigma_{\lim}}{S_\sigma} \\[2mm] \tau \leqslant [\tau] & [\tau] = \dfrac{\tau_{\lim}}{S_\tau} \end{cases} \tag{1-1}$$

式中　$\sigma_{\lim}$、$\tau_{\lim}$——极限正应力和极限切应力，单位为 MPa；

　　　S_σ、S_τ——正应力和切应力安全系数。

2. 刚度准则

零件抵抗弹性变形的能力称为刚度。如果零件的刚度不足，产生的弹性变形过大，会影响机器的正常工作（如机床主轴刚度不足，会影响零件的加工精度），对这些零件需进行刚度计算。刚度准则是指零件在载荷作用下产生的弹性变形量小于或等于机器工作性能所允许的变形量，其表达式为

$$\begin{cases} y \leqslant [y] \\ \theta \leqslant [\theta] \\ \varphi \leqslant [\varphi] \end{cases} \tag{1-2}$$

弹性线位移 y、角位移 θ 和扭转变形角 φ 可按各种求变形量的理论或实验方法确定，而许用值则应根据不同的使用场合由理论计算或经验来确定。

3. 寿命准则

影响零件寿命的主要因素是腐蚀、磨损和疲劳，这是三个不同范畴的问题。到目前为止，还没有提出实用有效的腐蚀寿命计算方法。关于磨损，由于其类型众多，影响因素很复杂，所以尚无通行的能够进行定量计算的方法，目前常用的计算准则是控制表面的压强。关于疲劳寿命，通常是求出使用寿命时的疲劳极限来作为计算的依据。

4. 振动稳定性准则

机器中存在着许多周期性变化的激振源。例如，齿轮的啮合，滑动轴承中的油膜振荡，

弹性轴的偏心转动等。振动稳定性准则是指设计时使机器中受激振作用零件的固有频率 f 与激振源的频率 f_p 错开，即

$$f_p < 0.85f \quad 或 \quad f_p > 1.15f \qquad (1\text{-}3)$$

可以用改变零件或系统的刚度或阻尼等办法改善振动稳定性，也可采用隔振、消振等技术来改善机器的抗振性能。

设计机械零件时并不是每一种零件均需按以上各准则逐项计算，而是根据零件的实际工作条件，分析出主要失效形式，按其相应的设计准则进行计算，确定出主要参数后，必要时再校核其他准则。

1.4.2 机械零件设计的一般步骤

机械零件设计大体要经过以下几个步骤：

1）根据零件的使用要求（如功率、转速等），选择零件的类型和结构形式。

2）根据机器的工作要求，计算作用在零件上的载荷。

3）根据零件的工作条件，选择合适的材料及热处理方法。

4）分析零件的主要失效形式，选择相应的计算准则，计算零件的基本尺寸。

5）按结构工艺性及标准化要求，进行零件的结构设计。

6）必要时进行详细的校核计算。

7）绘制零件工作图，并写出计算说明书。

在实际工作中，有时常用与上述相逆的方法，即先根据经验数据或用类比的方法初步设计出零件的结构尺寸，然后再按有关准则进行校核计算。

1.5 机械零件的结构工艺性及标准化

1.5.1 机械零件的结构工艺性

机械零件的结构工艺性是指零件在制造、装配、维修等方面的难易程度。它是评价零件结构设计是否合理的主要技术经济指标。

设计的零件在满足使用要求的前提下，如能快速、方便地生产出来，且生产费用很低，则这样的零件称为具有良好的结构工艺性。

1. 机械零件结构工艺性的基本要求

（1）选择合理的毛坯 机械零件的毛坯制备方法有铸造、锻造、焊接、冲压等。毛坯的选择应适应生产条件和规模，如单件小批量生产箱体零件时，采用焊接毛坯可以省去铸造模样费；而大批量生产箱体零件时，则采用铸造毛坯比较合理。

（2）结构简单、便于加工 设计零件结构时尽量采用简单的圆柱面、平面、锥面等简单形面，同时尽量减少加工面数和加工面积。合理选择制造精度和表面粗糙度。零件的加工精度和表面质量要求越高，加工费用就越高。因此，在不影响零件使用要求的条件下，尽量降低加工精度和表面质量的要求。

（3）便于装拆和维修 设计零件结构时，还应该考虑装配工艺，尽量避免或减少装配时的切削加工和手工修配，使拆卸方便。对于易损零件，在使用中常需更换，应便于维修。

2. 零件结构工艺性示例

要使设计的零件结构工艺性良好，设计者必须与工艺技术人员和制造人员密切合作，虚心向他们学习，结合具体的生产条件不断实践。常用的机械零件结构工艺性要求见表1-2。

表1-2 机械零件结构工艺性示例

加工工艺性		装配工艺性	
不合理结构	合理结构	不合理结构	合理结构
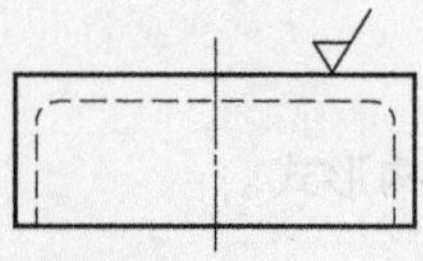 难以在机床上固定	 增加夹紧凸缘 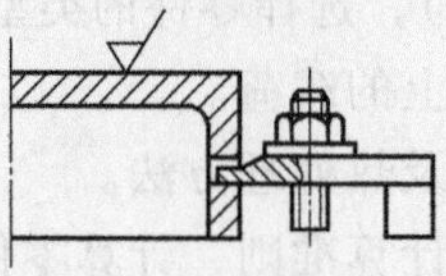 开夹紧工艺孔	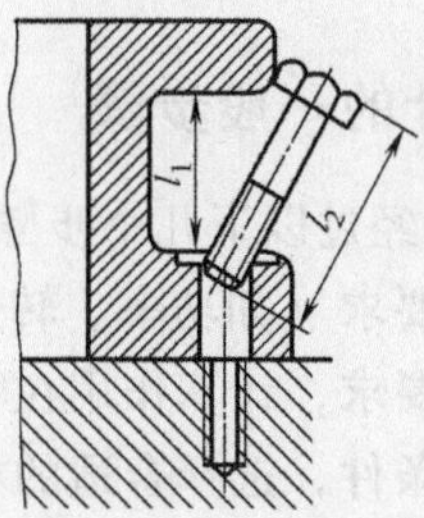 $l_1 < l_2$时螺钉无法装入	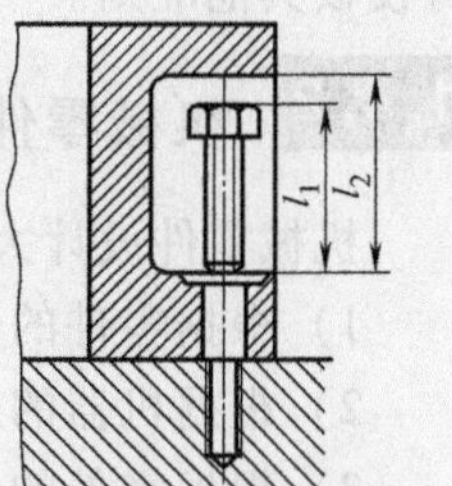 应使 $l_1 < l_2$ 或采用双头螺柱连接(注意扳手空间)
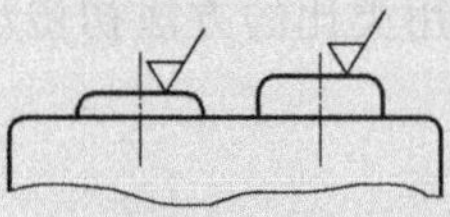 需要两次走刀	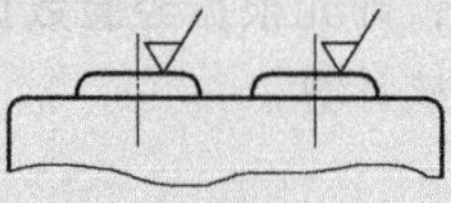 一次走刀	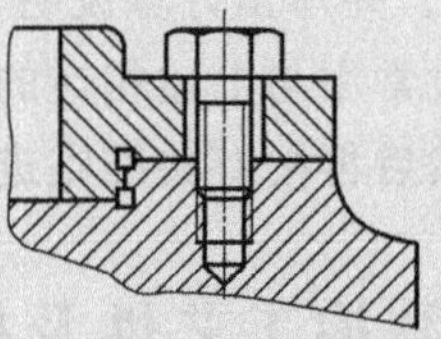 被连接件的两个表面都接触	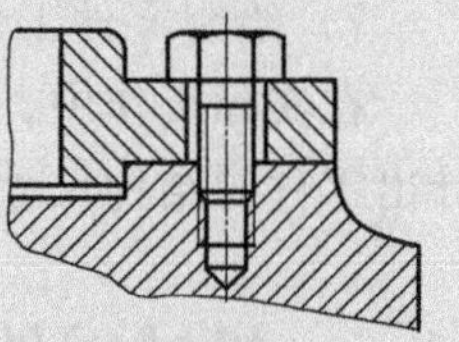 两个表面不应同时接触
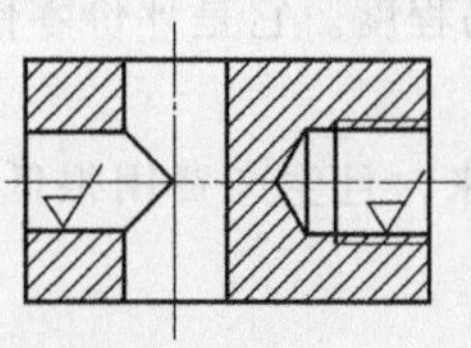 需要两次装卡	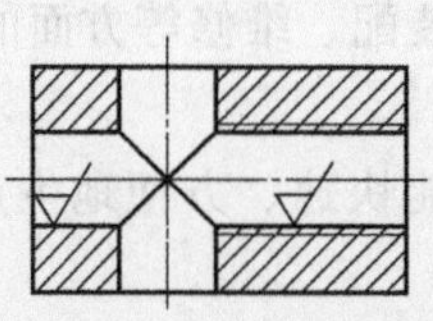 一次装卡，易保证孔的同轴度	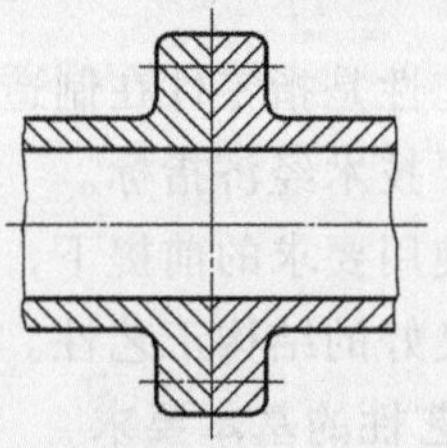 用受拉螺栓连接，无定位基准，不能满足同轴度要求	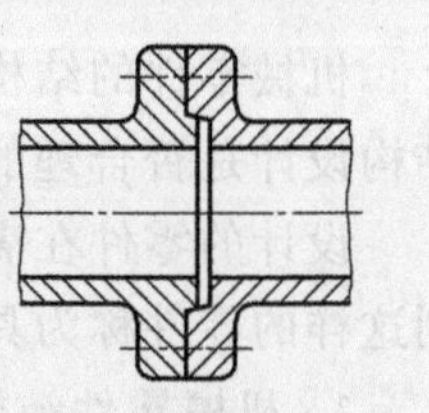 有定位基准，同轴度容易保证
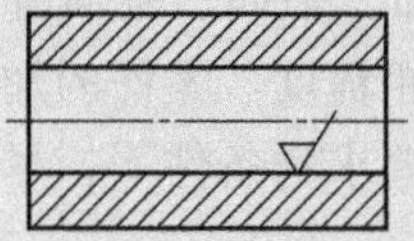 精车长度过长	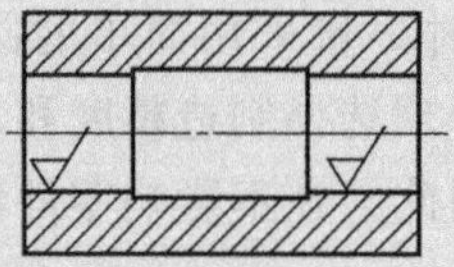 减小精车长度	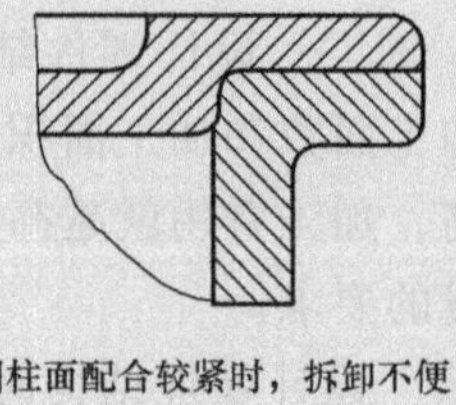 圆柱面配合较紧时，拆卸不便	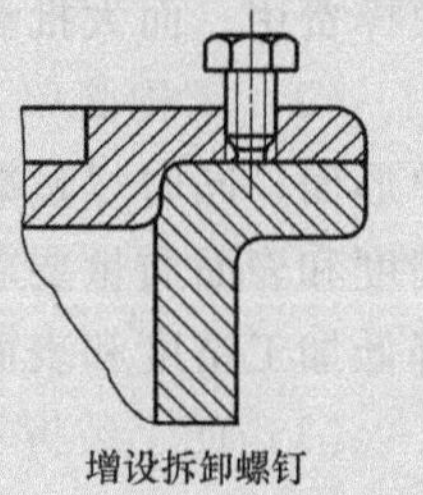 增设拆卸螺钉

（续）

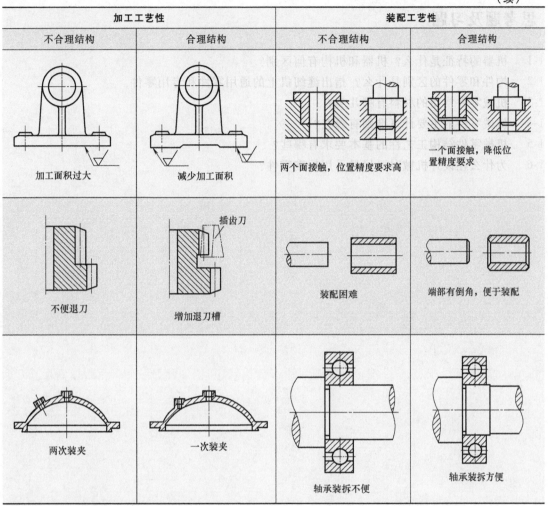

加工工艺性		装配工艺性	
不合理结构	合理结构	不合理结构	合理结构
加工面积过大	减少加工面积	两个面接触，位置精度要求高	一个面接触，降低位置精度要求
不便退刀	增加退刀槽（插齿刀）	装配困难	端部有倒角，便于装配
两次装夹	一次装夹	轴承装拆不便	轴承装拆方便

1.5.2 机械零件设计中的标准化

对于机械设计人员来说，标准化是非常重要的。所谓产品的标准化是指对零件的类型、规格、性能指标、检验方法、设计方法、制图要求等制定标准并加以实施。

机械产品的标准化主要包括零部件的标准化、通用化，尺寸规格的系列化等内容。在各种机械中，有相当多的零部件（如螺钉、螺母、键、轴承等）都是相同的。将它们标准化，各机械中同一类型、同一尺寸的零部件就可以通用。对于同一产品按其结构尺寸由小到大，按一定规律组成系列，可以减少产品类型数目，扩大同一产品的使用范围。在机械零件设计中，应用标准化，可以简化设计工作。选择和运用合适的标准件，可以有效地组织现代化生产，提高产品质量、降低成本，提高劳动生产率。

我国现行标准按层次分为：国家标准（GB）、行业标准（JB、YB）和企业（公司）标准；按使用的强制性程度分为：强制性标准（GB）和推荐性标准（GB/T）。我国已加入国际标准化组织（ISO），近年发布的国家标准大多采用了相应的国际标准，以增强我国产品在国际市场上的竞争力。为此，机械设计人员必须熟悉现行标准，并认真贯彻执行标准。

思考题及习题

1-1 机器的特征是什么？机器和机构有何区别？

1-2 构件和零件的区别是什么？指出缝纫机上的通用零件和专用零件。

1-3 机械零件常用的材料有哪几类？

1-4 机械零件的主要计算准则有哪些？

1-5 机械零件结构工艺性的基本要求有哪些？

1-6 为什么在设计机械时要尽量采用标准零件？

第2章 平面机构运动简图及其自由度

2.1 机构的组成

2.1.1 构件

机构是具有确定运动的实物组合体。做无规则自由运动或不能产生运动的实物组合均不能称为机构。机构能够实现对运动速度大小、方向及形式的变换，而实现这些功能，就需要组成机构的各个部分共同的协调工作，即各部分之间的运动相对确定，这些具有确定的相对运动的单元体称为构件。构件与机器中的零件不同处在于：零件是制造的基本单元体，而构件则是机构中的基本运动单元体。

构件可以是单一零件（如曲轴），也可以是多个零件的刚性组合体，如图1-4所示的连杆是由连杆体、连杆盖、螺栓、螺母、开口销、轴瓦和轴套等多个零件构成的一个构件。

一个在平面内自由运动的构件，有三个独立运动的可能性。如图2-1所示，构件 B 可随该构件上一点 A 沿 x 轴移动、沿 y 轴移动和绕 A 点转动。构件做独立运动的可能性，称为构件的自由度。所以，一个在平面上做自由运动的构件有三个自由度。同理，一个在空间中做自由运动的构件有六个自由度。

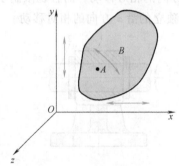

图 2-1　构件的自由度

2.1.2 运动副及其分类

为实现机构的各种功能，各构件之间必须以一定的方式连接起来，并且能具有确定的相对运动。相互连接的两构件既保持直接接触，又能产生一定的相对运动。两个构件间直接接触所形成的可动连接称为运动副。如图2-2所示的轴与轴颈间的接触，图2-3所示的滑台与导轨间的接触都构成了运动副。由于两构件直接接触，从而限制了两构件之间的相对运动，运动副限制构件相对运动的作用，称为约束。机构便是由若干个构件通过运动副连接而成的一个系统。

构成运动副的两个构件间的接触形式有点、线、面三种，两个构件上参与接触而构成运动副的点、线、面部分称为运动副元素。按照接触特性，一般将运动副分为低副和高副两类。

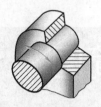

图 2-2　轴与轴颈间的连接

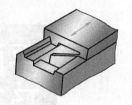

图 2-3　滑台与导轨间的连接

1. 低副

两构件通过面接触形成的运动副称为低副。根据它们之间的相对运动是转动或移动，又可分为转动副和移动副。

（1）转动副　如图 2-4 所示，两构件之间只能绕着同一轴线做相对转动，这两构件所组成的运动副称为转动副（又称为铰链）。若其中有一个构件是固定的（如图 2-4a 中构件 1），则称为固定铰链。如两构件都没有固定（如图 2-4b 中的构件 1 和构件 2），则称为活动铰链。图 2-4b 中构件 1 与构件 2 以圆柱面相接触，由构件 2 观察，它限制构件 1 沿 x 方向和 y 方向的相对移动，形成两个约束，保留绕 z 轴的一个独立的相对转动。

（2）移动副　如图 2-5 所示，两构件组成只能沿着某一直线做相对移动的运动副称为移动副。图中构件 1 与构件 2 以棱柱面相接触，由构件 2 观察，构件 2 不仅限制了构件 1 沿着 y 方向的相对移动，而且也限制了构件 1 相对于构件 2 的转动，从而形成两个约束，保留一个独立的沿 x 方向的相对移动。

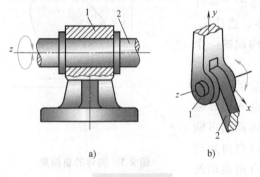

图 2-4　转动副

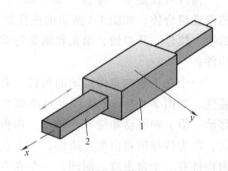

图 2-5　移动副

2. 高副

图 2-6 中，构件 1 与构件 2 为点接触（图 2-6a）或线接触（图 2-6b）。由构件 1 观察，它限制构件 2 沿法线方向的移动，形成一个约束，保留沿切线方向独立的相对移动和绕接触点 A 独立的相对转动，这种运动副称为高副。因为这类运动副为线接触或点接触，压强高，故称为高副。高副以两构件在直接接触处的轮廓表示。

此外，常用的运动副还有图 2-7a 所示的球面副，构件 1 和构件 2 可以绕空间坐标系的 x、y、z 轴独立转动；图 2-7b 所示的螺旋副，其中两个构件做螺旋运动，即转动与移动的合成运动。这两种运动副均属于空间运动副。

若机构中所有构件都在同一平面或相互平行的平面内运动，这种机构称为平面机构。本章只讨论工程中常见的平面机构。

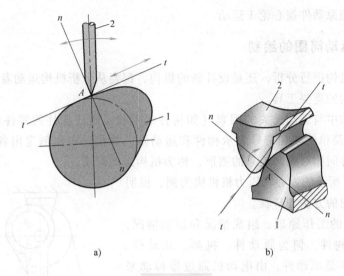

图 2-6 高副

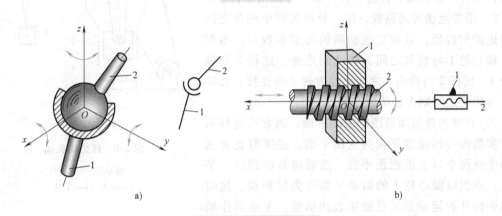

图 2-7 球面副和螺旋副

2.2 平面机构运动简图

机构中的实际构件形状往往是非常复杂的，为了便于分析与讨论，需要将与运动无关的因素撇开，仅将与运动直接有关的部分绘制成机构运动简图。

2.2.1 构件的分类

机构中的构件可以分为以下三类：

（1）机架 机架是机构中固定不动的构件，它支承着其他活动构件。图 2-8 中床身 4 即是机架，支承着偏心轮 1 和连杆 2 等活动构件。当作为机架时，应在该构件上画上剖面线。

（2）原动件 原动件是机构中接受外部给定运动规律的活动构件。图 2-8 中偏心轮 1 即是原动件，它接受电动机给定的运动规律运动。

（3）从动件 从动件是机构中随原动件运动的活动构件。图 2-8 中的连杆 2 和冲头 3 都是从动件，它们随原动件偏心轮 1 运动。

2.2.2　机构运动简图的绘制

无论对已有机构进行分析，还是设计新的机构，都要从分析机构运动着手，所以机构运动简图是研究机构的重要工具。

撇开实际机构中与运动无关的因素（如构件的形状、组成构件的零件数目和运动副的具体结构等），用简单线条和符号表示构件和运动副，并按一定比例定出各运动副的位置，表示出机构各构件间相对运动关系的图形，称为机构运动简图。

下面以图 2-8 所示的偏心轮压力机机构为例，说明绘制机构运动简图的方法和步骤。

1）分析机构的工作原理、组成情况和运动情况，确定其组成的各构件，何为原动件、机架、从动件。本例中，偏心轮 1 是原动件，由电动机通过带传动来驱动；床身 4 为机架；连杆 2 和冲头 3 都是从动件。

2）沿着运动传递路线，逐一分析每两个构件之间相对运动的性质，以确定运动副的类型和数目。本例中，偏心轮 1 与机架之间为转动副连接，连杆 2 与偏心轮 1、连杆 2 与冲头 3 之间也都为转动副连接；而冲头 3 与机架之间则为移动副连接。

3）合理选择运动简图的视图平面。通常可选择机械中多数构件的运动平面为视图平面，必要时也可选择两个或两个以上的视图平面，然后将其展到同一平面上。本例以偏心轮 1 的运动平面作为投影面。这时机构中构件的运动情况已能够表达清楚，不必再作辅助视图。

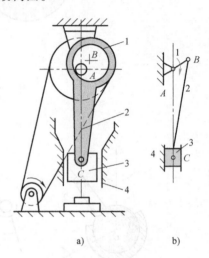

图 2-8　压力机机构
1—偏心轮　2—连杆
3—冲头　4—床身

4）选择适当的比例、定出运动副的相对位置，并用各种运动副的表示符号、常用机构的符号和简单的线条，绘制机构运动简图。从原动件开始，按传动线路标注各构件的编号和运动副的代号。在原动件上标出箭头表示其运动方向。

本例根据图 2-8a，按照 1：1 比例，绘制偏心轮压力机机构的运动简图，如图 2-8b 所示。

2.3　平面机构的自由度

如前所述，组成机构的各构件之间应具有确定的相对运动。本节说明机构具有确定相对运动的条件。

2.3.1　自由度计算公式

机构具有确定运动时所给定的独立运动参数的数目通常称为机构的自由度。对一个已知的机构，其中构件的数目、运动副的类型及其数目应是确定的，这样，就可以根据组成机构的各构件的自由度和各运动副的约束数确定该机构的自由度。

设平面机构由 N 个构件、P_L 个低副、P_H 个高副组成，则该机构的活动构件数为

$$n = N - 1$$

因此，由运动构件带入的自由度应为 $3n$ 个。每个低副带入 2 个约束，每个高副带入 1 个约束，整个机构就有 $(2P_L + P_H)$ 个约束。机构的自由度 F 应是活动构件的自由度之和减去运动副引入的约束之和，即

$$F = 3n - (2P_L + P_H) = 3n - 2P_L - P_H \tag{2-1}$$

下面举例说明式（2-1）的应用。

例 2-1 计算图 2-8 所示的压力机机构的自由度。

解 由其机构运动简图不难看出，此时机构共有三个活动构件（1、2、3），四个低副（转动副 A、B、C 和移动副），没有高副，即 $n = 3$，$P_L = 4$，$P_H = 0$。根据式（2-1）可求得其自由度为

$$F = 3n - 2P_L - P_H = 3 \times 3 - 2 \times 4 - 0 = 1$$

2.3.2 机构具有确定相对运动的条件

机构的自由度为机构所具有的独立运动的数目。在机构中只有原动件是按照给定的运动规律做独立运动的构件，且通常与机架相连，一般只能给定一个独立的运动参数，因此，机构的自由度也就是机构应当具有的原动件的数目。下面对机构的自由度、原动件的数目与机构确定运动之间的关系做进一步的分析，以便得到机构具有确定运动的条件。

图 2-9 所示为一铰链四杆机构。因 $n = 3$，$P_L = 4$，$P_H = 0$，故由式（2-1）知，此机构的自由度 $F = 1$，应有一个原动件。设构件 1 为原动件，参变数 φ_1 表示构件的独立运动，则由图可见，每给出一个 φ_1 数值，从动件 2 和 3 便有一个确定的相对位置，也就是说，此 $F = 1$ 的机构在具有一个原动件时可获得确定的运动。

如果给定这个机构有两个原动件，如构件 1 和构件 3，那就等于要求构件 3 一方面必须处于由原动件 1 所确定的位置，另一方面又能够独立转动。这两个互相矛盾的要求不能同时得到满足，致使整个机构卡住而不能运动，如果强迫两个原动件按照各自的运动规律运动，则机构中最弱的构件必将损坏。

图 2-10 所示为一铰链五杆机构。因 $n = 4$，$P_L = 5$，$P_H = 0$，由式（2-1）知，该机构的自由度 $F = 2$，应有两个原动件。若取构件 1 和构件 4 为原动件，参数 φ_1 和 φ_4 分别表示构件 1 和构件 4 的独立运动。由图 2-10 可见，每给定一组构件 1 和构件 4 的参数 φ_1 和 φ_4 的数值，

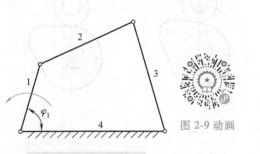

图 2-9 动画

图 2-9 铰链四杆机构

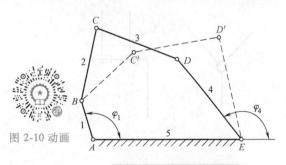

图 2-10 动画

图 2-10 铰链五杆机构

构件 2 和构件 3 便有一个确定的位置，也就是说，这个 $F = 2$ 的机构在具有两个原动件时可以获得确定运动。如果只给定一个原动件，如构件 1，则当 φ_1 给定后，由于 φ_4 不确定，构件 2 和构件 3 既可处于实线位置，也可处于虚线位置或处于其他位置，机构的运动不确定。这种无规律乱动的构件系统（常称为运动链）不能称为机构。

在图 2-11a 中，$n = 2$，$P_L = 3$，$P_H = 0$，由式 (2-1) 可知 $F = 0$，不存在原动件，也不可能有构件之间的运动，这种系统实际上是刚性桁架。

在图 2-11b 中，$n = 3$，$P_L = 5$，$P_H = 0$，由式 (2-1) 可知 $F = -1$，由运动副引入的约束多于活动构件在自由状态下的自由度，此系统已成为超静定桁架。

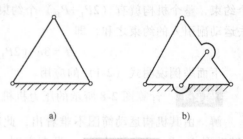

图 2-11　桁架

综上所述，可以得到如下的结论：机构具有确定运动的条件是机构的自由度必须大于零且应等于机构的原动件数目。

2.3.3　计算自由度时应注意的事项

从上面的分析可以看出，正确计算机构的自由度，是判断机构是否具有确定相对运动的关键。对于大多数机构，可以依据机构运动简图直接运用式 (2-1) 计算自由度。但是对于有些机构，则需要在计算自由度时考虑以下几个方面的问题，否则将会造成计算所得自由度与实际机构自由度不相符合的情况。

1. 复合铰链

两个以上的构件同时在同一处以铰链相连接，此种铰链称为复合铰链。如图 2-12a 所示是由 3 个构件在同一处以转动副相连接而构成的复合铰链。由图 2-12b 可以看出，此 3 个构件共构成两个转动副。同样道理，若由 M 个构件在同一转轴上构成复合铰链，共构成的转动副数应等于 $(M-1)$ 个。在计算机构自由度时，应注意机构中的复合铰链，弄清楚复合铰链中转动副的实际数目。

2. 局部自由度

图 2-13a 所示为凸轮机构，为了减少高副接触处的磨损，在凸轮和从动件之间安装了圆

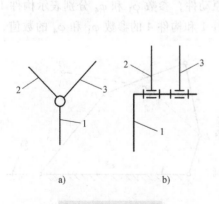

图 2-12　复合铰链

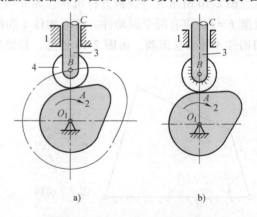

图 2-13　滚子从动件平面凸轮机构

柱形滚子。可以看出，滚子绕其自身轴线的自由转动毫不影响其他构件运动，通常将这种运动称为局部运动。局部运动所对应的自由度称为局部自由度。

由图 2-13a 可知，此机构 $n=3$、$P_L=3$、$P_H=1$，由式（2-1）可得

$$F = 3n - 2P_L - P_H = 3 \times 3 - 2 \times 3 - 1 = 2$$

但实际机构自由度为1，计算所得与实际情况不符。因此，应从计算结果中减去局部自由度，或将图 2-13a 转化为图 2-13b 所示结构，使滚子与从动件焊成一体，然后进行计算。对图 2-13b 而言，此时，$n=2$、$P_L=2$、$P_H=1$，由式（2-1）可得 $F=1$，此时所得的机构自由度与实际机构自由度一致。

3. 虚约束

在实际机械中，为改善构件的受力情况，增加机构的刚度，或保证机械运动的顺利进行，有时需要增加一些构件，使得运动副的数目增加。但加入这些构件而产生的运动约束对机构的实际运动并没有产生任何影响，通常将这类对机构的运动实际上不起限制作用的约束称为虚约束。在计算机构的自由度时，应当去除不计。

图 2-14a 所示为机车车轮的联动机构，图 2-14b 所示为其机构运动简图。其中，构件长度为 $L_{AB} = L_{CD} = L_{EF}$、$L_{AD} = L_{BC}$、$L_{DF} = L_{CE}$。由式（2-1）计算可得 $F=0$，表明此机构不能运动，这显然与实际情况不相符合。进一步分析后可知，机构中的运动轨迹有重复现象。如果去掉构件5，回转副 E、F 也就不存在，但构件 3 上 E 点相对 F 点的轨迹，仍然是以 F 点为圆心、以 L_{AB} 或 L_{CD} 为半径的圆。这表明构件 5 和回转副 F、E 存在与否，对整个机构的运动并无影响。也即构件 5 和回转副 F、E 引入的一个约束是不起限制运动作用的虚约束，因此计算自由度时应当去除不计。

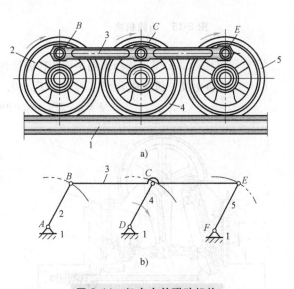

图 2-14 机车车轮联动机构

除上述运动轨迹重叠产生的虚约束外，凸轮的对称安装，如图 2-15b 中凸轮轴与机架之间有两个轴承，都是限制凸轮轴只能绕其轴线转动。从应用观点看，去掉其中一个轴承并不影响凸轮轴的转动，故凸轮轴与机架之间只能认为是组成一个转动副。另外，在图 2-15 中推杆 2 与机架之间组成两个移动副，都是限制推杆只能沿着其轴线移动，去掉其中一个也不影响推杆的运动，故推杆与机架之间也只能认为组成一个移动副。此外，图 2-16 所示的轮系对称布置结构也是虚约束。因此，机构中经常有虚约束存在。在计算机构的自由度时，应将不影响其运动关系的运动副去掉。但由于上述虚约束的存在，往往可使机构的受力情况大为改善。

例 2-2 试绘制图 2-17 所示颚式破碎机的机构运动简图，并计算该机构的自由度。

解 （1）分析机构 该机构是由曲柄 1、构件 2、构件 3、构件 4、动颚板 5 和机架 6 六个构件组成的。曲柄 1 和机架 6 在 O 点构成转动副，曲柄 1 和构件 2 组成转动副 A，构件 2

和构件 3 组成转动副 D，构件 2 和构件 4 组成转动副 B，构件 4 和构件 5 组成转动副 C，构件 3 与机架 6 组成转动副 E，动颚板 5 与机架 6 组成转动副 F。

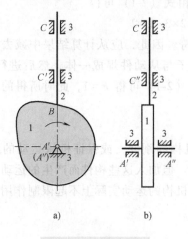

图 2-15　凸轮机构

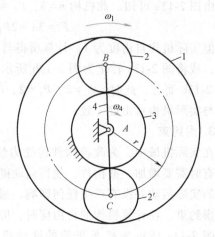

图 2-16　轮系

（2）作机构运动简图　选择视图平面和作图比例尺 μ_L，作出图 2-17b 所示的机构运动简图。

（3）计算自由度　机构中 $n=5$、$P_L=7$、$P_H=0$，代入式（2-1）得

$$F=3n-2P_L-P_H=3\times5-2\times7=1$$

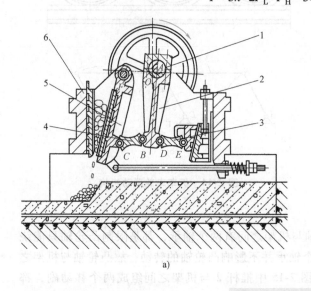

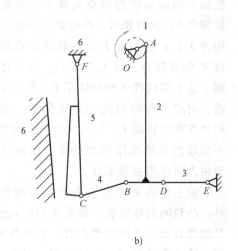

图 2-17　颚式破碎机

例 2-3　计算图 2-18 所示大筛机构的自由度。

解　（1）分析机构

1）复合铰链：在机构中所有的转动副 A、B、C、D、O、G 中，只有转动副 C 处由两个（具体结构三个）以上的构件组成，则 C 处为复合铰链。

2）局部自由度：机构中的凸轮与从动件接触有滚子存在，所以在此有一局部自由度。

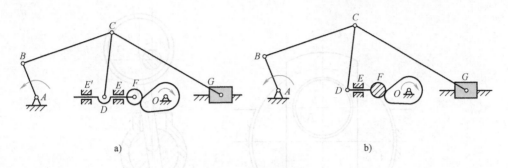

图 2-18 大筛机构

3）虚约束：凸轮从动件与机架在 E 和 E' 组成两个相互平行的移动副，其中之一为虚约束。

（2）确定机构的自由度 根据以上分析，经过处理后如图 2-18b 所示。此时机构中 $n=7$、$P_L=9$、$P_H=1$。

所以，机构中的自由度为

$$F=3n-2P_L-P_H=3\times7-2\times9-1=2$$

此机构的自由度是 2，有两个主动件。

思考题及习题

2-1　一个在平面内自由运动的构件有多少个自由度？

2-2　在平面内运动副所产生的约束数与自由度有何关系？

2-3　如何判别由构件和运动副组成的系统是否具有确定的运动？

2-4　在计算机构的自由度时应注意哪几个问题？

2-5　绘制机构运动简图时，应该用什么来表示构件和运动副？

2-6　绘制图 2-19 的机构运动简图，并计算其自由度。

2-7　试计算图 2-20 中各机构的自由度，并指出机构中存在的复合铰链、局部自由度或虚约束。

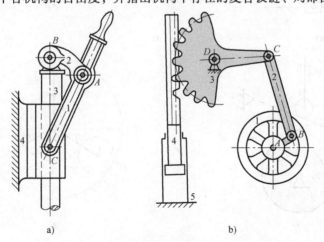

图 2-19　题 2-6 图

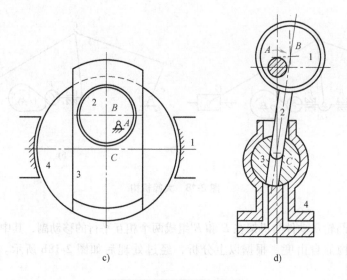

c)   d)

图 2-19　题 2-6 图（续）

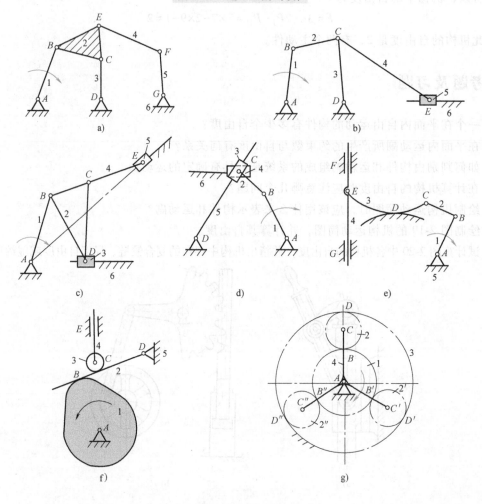

图 2-20　题 2-7 图

第3章

平面连杆机构

平面连杆机构是由一些构件用低副（转动副和移动副）组成的机构，所以又称为低副机构。这些构件在同一平面或互相平行的平面内运动。由于低副是面接触，压强低，磨损量小，而且接触表面是圆柱面或平面，制造简便，容易获得较高的制造精度，又由于这类机构容易实现转动、移动等基本运动形式及其转换，所以平面连杆机构在一般机械和仪表中获得广泛应用。连杆机构的缺点是低副中存在的间隙不易消除，会引起运动误差，不适用于实现运动要求精确和复杂的运动规律。另外，在高速时连杆上的惯性力不易平衡，故也不适用于高速的场合。

平面连杆机构中最基本的机构是由四个构件组成的四杆机构。四杆机构包括铰链四杆机构和滑块四杆机构。本章主要讨论四杆机构的类型、特性及常用的设计方法。

3.1 铰链四杆机构的基本类型及运动特性

铰链四杆机构是由四个构件用转动副连接而成的机构。如图 3-1 所示，机构中固定不动的构件 4 称为机架，用转动副与机架相连的构件 1 和构件 3 称为连架杆。能绕机架做连续转动的连架杆称为曲柄，不能绕机架做连续转动的连架杆称为摇杆。与机架不相连的构件称为连杆。

3.1.1 铰链四杆机构的基本类型

铰链四杆机构按其连架杆的名称，可分为三种基本类型：

1. 曲柄摇杆机构

在铰链四杆机构中，若两个连架杆，一个为曲柄，一个为摇杆，则称为曲柄摇杆机构，如图 3-1 所示。通常曲柄 1 为原动件，做等角速连续转动，通过连杆 2 带动从动摇杆 3 做变角速摆动。

例如，图 3-2 所示为雷达天线机构。曲柄 1 缓慢地匀速转动时，通过连杆 2 带动摇杆 3 在一定角度范围内摆动，从而调整雷达天线 4 的俯仰角大小。图 3-3 所示为缝纫机的踏板机构，当摇杆 1（踏板）为原动件时，可将摇杆 1 的往复摆动转变为曲柄 3 的（大带轮）的连续转动。

2. 双曲柄机构

在铰链四杆机构中，若两个连架杆均为曲柄，则称为双曲柄机构，如图 3-4 所示。若曲柄 1 做等角速连续转动，则曲柄 3 随着做变角速或等角速连续转动。

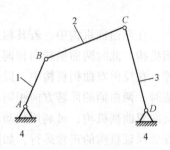

图 3-1 铰链四杆机构

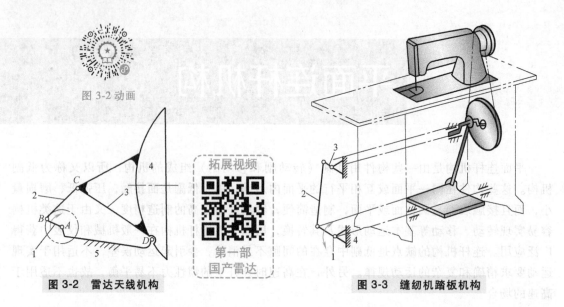

图 3-2 动画

拓展视频

第一部
国产雷达

图 3-2　雷达天线机构

图 3-3　缝纫机踏板机构

例如，图 3-5 所示为插床机构，构件 1、构件 2、构件 3 和构件 4 组成双曲柄机构。构件 1 做等角速度连续转动，构件 3 做变角速度转动。

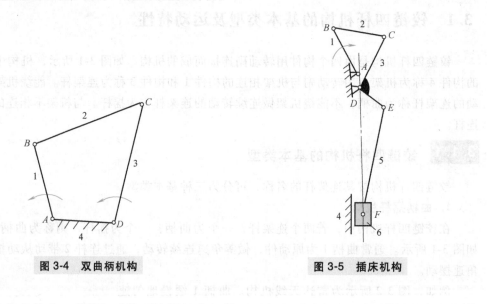

图 3-4　双曲柄机构

图 3-5　插床机构

在双曲柄机构中，若其相对的两构件长度相等且平行，则可得图 3-6a 所示的平行双曲柄机构。此时两曲柄转向相同，角速度相等。图 3-6b 所示为反向双曲柄机构，角速度不相等。在反向双曲柄机构中，以长的构件为机架时，两曲柄的回转方向相反，以短的构件为机架时，两曲柄的回转方向相同。为了防止平行双曲柄机构当各构件位于一条直线上时转化为反向双曲柄机构，可利用从动件本身或附加质量的惯性来导向，也可以采用机构错位排列的方法保证机构的正常运行，如图 3-7 所示机车车辆联动机构。

3. 双摇杆机构

在铰链四杆机构中，若两连架杆均为摇杆，则称为双摇杆机构。图 3-8 所示为双摇杆机

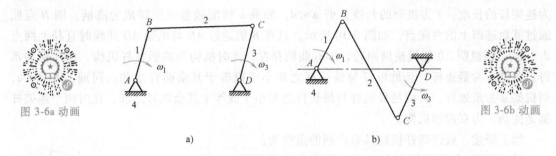

图 3-6a 动画

a)

图 3-6b 动画

b)

图 3-6 双曲柄机构

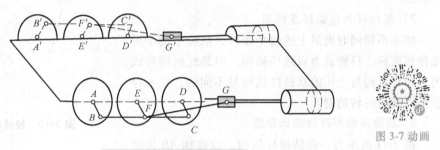

图 3-7 动画

图 3-7 机车车辆联动机构

构在鹤式起重机中的应用。当摇杆 1 摆动时，摇杆 3 随着摆动，连杆 2 上 E 点运动轨迹近似为水平线。图 3-9 所示为飞机起落架的机构运动简图。当飞机将要着陆时，需要使着陆轮 3 从机翼 4 中推放出来（图中实线所示）；起飞后，为了减少飞行中的空气阻力，又要将着陆轮 3 收入机翼（图中虚线所示），这种摆动动作是由原动摇杆 1 通过连杆 2 带动从动摇杆 3 上的着陆轮来实现的。

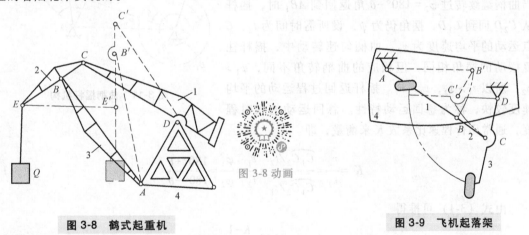

图 3-8 动画

图 3-8 鹤式起重机

图 3-9 飞机起落架

3.1.2 平面四杆机构的运动特性

1. 铰链四杆机构曲柄存在的条件

铰链四杆机构的连架杆能否做整周回转而成为曲柄，取决于机构各杆的相对长度和选用哪个构件为机架。在图 3-10 所示的铰链四杆机构中，各杆的长度分别为 a、b、c、d。a、c

为连架杆的长度，d 为机架的长度。若 $a \leqslant d$，如果 a 杆能做整周回转成为曲柄，则 B 点能通过其轨迹圆上的两端点，如图 3-10 所示，只要 B 能通过 AB 与机架 AD 共线时直径上两点 B_1、B_2，则说明 AB 能做整周回转，即有曲柄存在，此时机构为曲柄摇杆机构。由几何关系得：曲柄 a 为最短杆，且最短杆与最长杆之和小于或等于其余两杆之和。同理，若 $d \leqslant a$，则机架 d 为最短杆，且满足最短杆与最长杆之和小于或等于其余两杆之和，此时两个连架杆都是曲柄，为双曲柄机构。

综上所述，铰链四杆机构具有曲柄的条件为：

1）最短杆与最长杆之和小于或等于其余两杆长之和。

2）最短杆为连架杆或机架。

如果不能同时满足上述两个条件，机构中便不可能存在曲柄，只能成为双摇杆机构。但是此时所形成的双摇杆机构与上述的双摇杆机构是不同的，它不存在整周转动的转动副。

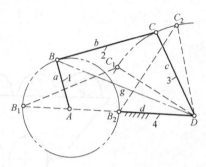

图 3-10　铰链四杆机构

2. 急回特性和行程速比系数

图 3-11 所示为一曲柄摇杆机构。设曲柄 AB 为原动件，在其转动一周的过程中，摇杆 CD 有两个极限位置 C_1D 和 C_2D，此时曲柄 AB 与连杆 BC 共线，即 B_1AC_1 和 AB_2C_2 均为直线。曲柄的固定铰链 A 对活动铰链 C 的两个极限位置 C_1 和 C_2 所张的视角为 θ，θ 角称为极位夹角，显然，$\theta < 180°$。当曲柄以等角速度 ω_1 由曲柄 AB_1 位置顺时针转过 $\varphi_1 = 180° + \theta$ 角达到 AB_2 位置时，摇杆从左极限位置 C_1D 摆到右极限位置 C_2D，摆角为 ψ，设所需时间为 t_1，C 点运动的平均速度为 v_1。当曲柄继续转过 $\varphi_2 = 180° - \theta$ 角返回到 AB_1 时，摇杆从 C_2D 回到 C_1D，摆角仍为 ψ，设所需时间为 t_2，C 点运动的平均速度为 v_2。曲柄匀速转动中，摇杆往复摆动的摆角相同，但相应的曲柄转角不同，$\varphi_1 > \varphi_2$，所以 $t_1 > t_2$，$v_2 > v_1$。摇杆返回过程运动的平均速度较快，称为急回运动特性。急回运动的相对程度，通常用行程速比系数 K 来衡量，即

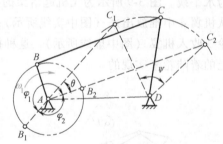

图 3-11　曲柄摇杆机构

$$K = \frac{v_2}{v_1} = \frac{\overset{\frown}{C_1C_2}/t_2}{\overset{\frown}{C_1C_2}/t_1} = \frac{t_1}{t_2} = \frac{\varphi_1}{\varphi_2} = \frac{180° + \theta}{180° - \theta} \tag{3-1}$$

由式（3-1）可推得

$$\theta = 180° \times \frac{K-1}{K+1} \tag{3-2}$$

只要存在极位夹角 θ，机构便具有急回运动特性，θ 角越大，机构的急回运动特性也越显著。

图 3-12 所示为无急回特性的对心曲柄滑块机构，这时 $\theta = 0°$，$K = 1$。图 3-13 所示为有急回特性的偏置曲柄滑块机构，这时 $\theta \neq 0°$，$K > 1$。

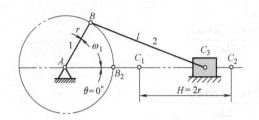

图 3-12　对心曲柄滑块机构

图 3-13　偏置曲柄滑块机构

图 3-14 所示的摆动导杆机构中，导杆的摆角为 ψ，导杆在两个极限位置时，曲柄 AC 与导杆垂直，这时极位夹角 $\theta = \psi \neq 0$，所以有急回特性作用。

四杆机构的这种急回特性，可以缩短非工作行程的时间，提高生产率。插床、牛头刨床等机构都具有急回特性。

3. 压力角与传动角

生产中往往不仅要求机构能实现预期的运动规律，而且希望运转方便，效率高。在图 3-15 所示的铰链四杆机构中，若忽略各杆的质量和运动副中的摩擦影响，则原动曲柄 1 通过连杆 2 作用于从动摇杆 3 的力 $\boldsymbol{F}$ 沿着 BC 方向，它与 C 点的绝对运动速度 v_C 之间所夹的锐角 α 称为压力角。力 $\boldsymbol{F}$ 在 v_C 方向做有效功的分力 $\boldsymbol{F}_t = F\cos\alpha$；而垂直于 v_C 方向，即沿着摇杆 CD 方向的分力 $\boldsymbol{F}_n = F\sin\alpha$。压力角 α 越小，说明有效分力 $\boldsymbol{F}_t$ 越大，机构传力性能越好。而 $\boldsymbol{F}_n$ 只能使铰链产生径向压力，为此希望机构中的 $\boldsymbol{F}_n$ 越小。因此压力角 α 是用来判断机构动力学性能的一个重要指标。

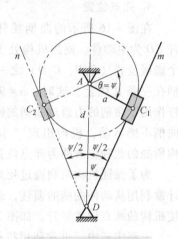

图 3-14　摆动导杆机构

为了度量方便，常用传动角 γ 来判断机构的传力性能。由图 3-15 可见，$\gamma = 90° - \alpha$，即 γ 是压力角 α 的余角。传动角 γ 越大，机构传力性能越好。在工作中机构的传动角 γ 是变化的，为了保证机构传动良好，设计时通常要求 $\gamma_{min} \geqslant 40°$。对于高速和大功率的机械应使 $\gamma_{min} \geqslant 50°$；而在一些控制机构和仪表中，可取 $\gamma_{min} \geqslant 35°$。为此需要找出机构传动角的最小值。

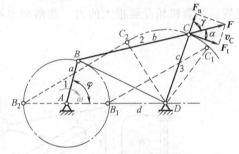

图 3-15　铰链四杆机构的压力角

如图 3-15 所示，在 $\triangle ABD$ 和 $\triangle BCD$ 中有

$$BD^2 = a^2 + d^2 - 2ad\cos\varphi$$

$$BD^2 = b^2 + c^2 - 2bc\cos\angle BCD$$

$$\angle BCD = \arccos\frac{b^2 + c^2 - a^2 - d^2 + 2ad\cos\varphi}{2bc} \tag{3-3}$$

在式（3-3）中，当 $\angle BCD \leqslant 90°$ 时，即等于传动角 γ，而当 $\angle BCD > 90°$ 时，传动角 $\gamma = 180° - \angle BCD$。由图 3-15 可见，最小传动角 γ_{min} 可能出现在以下两个位置，即

1）$\varphi = 0°$，B 点到达位置 B_1 时，即

$$\angle B_1 C_1 D = \arccos \frac{b^2 + c^2 - (d-a)^2}{2bc}$$

2）$\varphi = 180°$，B 点到达位置 B_2 时，即

$$\angle B_2 C_2 D = \arccos \frac{b^2 + c^2 - (d+a)^2}{2bc}$$

比较在这两个位置时的传动角的大小，即可求得最小传动角 γ_{min}。

4. 死点位置

在图 3-16 所示的曲柄摇杆机构中，设摇杆 CD 为主动件，则当机构处于图示位置的两个虚线位置（$C_1 D$、$C_2 D$）之一时，连杆与曲柄在一条直线上。这时，$\alpha = 90°$，$\gamma = 0°$，连杆作用于曲柄的力通过曲柄的回转中心，显然曲柄不能转动，机构出现"卡死"现象，机构所处的此种位置称为死点位置。

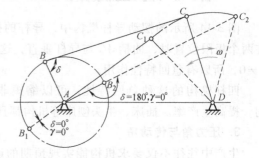

图 3-16　曲柄摇杆机构的死点位置

为了保证机构顺利通过死点位置，工程设计常利用从动件曲柄的惯性，或采用多组机构使机构的死点位置错开，如图 3-17 所示。

工程实践中，也常利用机构的死点位置来实现某些要求。如图 3-17 所示的连杆式夹紧机构，当工件被夹紧后，B、C 和 D 三个铰链中心在一条直线上，机构处于死点位置，使夹具起到夹紧工件的作用。如图 3-18 所示的飞机起落架机构，在机轮放下时，杆 BC 与 DC 成一条直线，机构处于死点位置。尽管机轮受到很大的力，起落架也不会反转。

拓展视频

歼击机

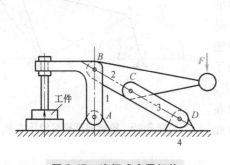

图 3-17　连杆式夹紧机构

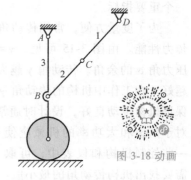

图 3-18 动画

图 3-18　飞机起落架机构

3.2　铰链四杆机构的演化

为了改善机构的受力状况及工作需要，在实际机器中，还广泛地采用多种其他形式的四杆机构。这些都可认为由四杆机构的基本形式通过改变构件形状及相对长度，改变某些运动副的尺寸，或者选择不同的构件作为机架等方法演化而得到。

3.2.1 改变构件的形状及尺寸

图 3-19a 所示为曲柄摇杆机构，摇杆 C 点的轨迹为以 D 为圆心、CD 杆长为半径的圆弧 $\overset{\frown}{\beta\beta}$。

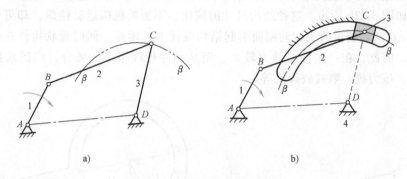

图 3-19 铰链四杆机构演化

在图 3-19b 中，将摇杆 3 做成滑块形式，并使其沿圆弧轨迹 $\overset{\frown}{\beta\beta}$ 往复移动，则 C 点的运动没有发生变化。但此时铰链四杆机构已演化为曲线导轨的曲柄滑块机构。进一步地将图 3-19a 摇杆 3 的长度增至无穷大，则铰链 C 的运动轨迹 $\overset{\frown}{\beta\beta}$ 将变成直线，而与之相应的图 3-19b 中曲线导轨变为直线导轨，于是铰链四杆机构将演化为曲柄滑块机构，如图 3-20 所示。其中图 3-20a 的滑块导路与曲柄转动中心有一偏心距 e，则称为偏置曲柄滑块机构；而图 3-20b 中没有偏距，则称为对心曲柄滑块机构。

曲柄滑块机构在压力机、内燃机、空气压缩机等机械中得到广泛的应用。如图 3-21 所示的搓丝机构，原动件曲柄 AB 做转动，带动板牙做相对移动，将板牙中的工件搓出螺纹。

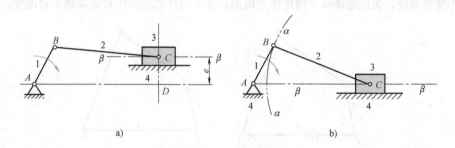

图 3-20 曲柄滑块机构

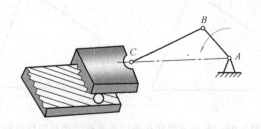

图 3-21 搓丝机构

3.2.2 扩大转动副尺寸

这是一种常见并有实用价值的演化。图 3-22a 所示为曲柄滑块机构，当曲柄尺寸较短时，往往因工艺结构和强度等方面的要求，需将回转副 B 扩大到包括回转副 A 而形成偏心圆盘机构，如图 3-22b 所示。这种结构尺寸的演化，不影响机构运动性质，却可避免在尺寸很小的曲柄 AB 两端装设两个转动副而引起结构设计上的困难，同时盘状构件在强度方面优于杆状构件。因此，在一些传递动力较大，而从动件行程很小的场合，广泛采用偏心轮结构，如剪床、压力机、颚式破碎机等。

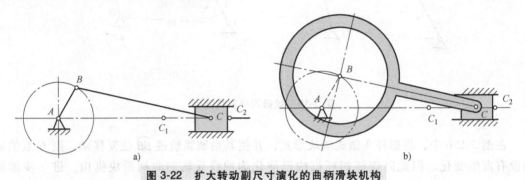

图 3-22 扩大转动副尺寸演化的曲柄滑块机构

3.2.3 选用不同构件为机架

图 3-23 所示为选用不同构件为机架演化的铰链四杆机构，选用构件 4 作为机架时，得到曲柄摇杆机构（图 3-23a）；选构件 1 作为机架时，得到双曲柄机构（图 3-23b）；选构件 2 作为机架时，得到曲柄摇杆机构（图 3-23c）；选构件 3 作为机架时，得到双摇杆机构（图 3-23d）。根据相对运动不变性原理，无论选择哪个构件作为机架，各个构件之间的相对运动都不会改变。

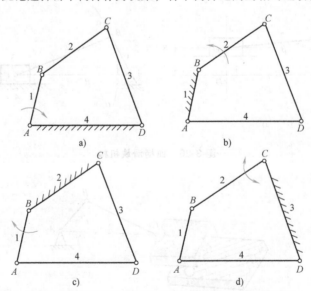

图 3-23 选用不同构件为机架演化的铰链四杆机构

a）曲柄摇杆机构 b）双曲柄机构 c）曲柄摇杆机构 d）双摇杆机构

图 3-24 所示为含有移动副的四杆机构。选用构件 4 作为机架时，得到曲柄滑块机构（图 3-24a）；选用构件 1 作为机架时，构件 3 以构件 4 为导轨做相对移动，构件 4 绕固定铰链转动，故将构件 4 称为导杆。含有导杆的四杆机构称为导杆机构（图 3-24b）。如导杆能做整周回转，称为转动导杆机构；如导杆只是在某个角度范围内摆动，则称为摆动导杆机构。如选用构件 2 作为机架，得到曲柄摇块机构，滑块 3 绕固定铰链摇摆，如图 3-24c 所示；选用滑块 3 作为机架时，得到移动导杆机构（图 3-24d）。

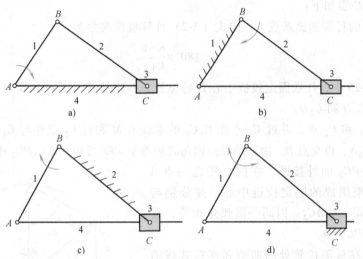

图 3-24 选用不同构件为机架演化的含有移动副的四杆机构

a）曲柄滑块机构 b）导杆机构 c）曲柄摇块机构 d）移动导杆机构

拓展视频

中国创造：
外骨骼机器人

综上所述，虽然四杆机构形式多种多样，但其本质可认为是由最基本的铰链四杆机构演化而成的，从而为认识和研究这些机构提供了方便。

3.3 平面四杆机构的运动设计

平面连杆机构的运动设计，主要是根据给定的运动条件，选定机构的形式，确定机构运动简图的尺寸参数。为了使设计的机构可靠、合理，还应考虑几何条件和动力条件等。

生产实践中的要求是多种多样的，给定的条件也是各不相同，但归纳起来，主要有下面两类问题：

1）按照给定从动件的位置或运动规律设计四杆机构，称为位置设计。

2）按照给定点的运动轨迹设计四杆机构，称为轨迹设计。

连杆机构设计的方法有图解法、实验法和解析法。图解法简单直观，几何关系清晰，但精确程度稍差；实验法简单易行，直观性较强，而且可免去大量的作图工作量，但精度差；解析法精度高，但比较抽象，而且求解过程比较繁。本节仅介绍图解法和解析法。

3.3.1 用图解法设计四杆机构

1. 按照给定的速比系数设计四杆机构

设计具有急回运动特性的四杆机构，一般是根据工作要求，先给定行程速比系数 K 的数值，然后由机构在极限位置处的几何关系，结合其他辅助条件，确定机构运动简图的尺寸参数。

在图 3-25 中，一般设计铰链四杆机构的已知条件是摇杆长度 l_3、摆角 ψ 和行程速比系数 K。

设计的实质是确定曲柄 1 的固定铰链中心 A 点的位置，进而定出其他三杆的尺寸 l_1、l_2、l_4。其设计步骤如下：

1）由给定的行程速比系数 K，按式（3-2）计算极位夹角为

$$\theta = 180° \times \frac{K-1}{K+1}$$

2）在图 3-25 中，任选固定铰链中心 D 的位置，并用摇杆长度 l_3 和摆角 ψ，作出摇杆的两个极限位置 C_1D 和 C_2D。

3）连接 C_1 和 C_2 点，并过 C_1 点作 C_1C_2 的垂线 C_1M 和过 C_2 点作与 C_1C_2 成 $\angle C_1C_2N = 90°-\theta$ 的直线 C_2N，得交点 P。由三角形的内角之和等于 $180°$ 可知，$\triangle C_1PC_2$ 中的 $\angle C_1PC_2 = \theta$。

4）作 $\triangle C_1PC_2$ 的外接圆，在圆上任选一点 A 作为曲柄与机架组成的固定铰链中心，并分别与 C_1、C_2 相连，得 $\angle C_1AC_2$。因同一圆弧角相等，故 $\angle C_1AC_2 = \angle C_1PC_2 = \theta$。

5）由机构在极限位置处的曲柄和连杆共线的关系可知：$AC_1 = l_2 - l_1$，$AC_2 = l_2 + l_1$，从而得曲柄长度 $l_1 = AB$。（曲柄长度也可以用作图法求得，即以 A 为圆心，AC_1 为半径作圆弧与 AC_2 相交于 E，平分 C_2E，得曲柄长度 l_1）。再以 A 为圆心、l_1 为半径作圆，交 C_1A 的延长线和 C_2A 于 B_1 和 B_2，从而得出 $B_1C_1 = B_2C_2 = l_2$ 及 $AD = l_4$。

由于 $\triangle C_1PC_2$ 的外接圆上任选一点均可作为 A 点，故若仅按行程速比系数 K 设计，可得无穷多的铰链四杆机构。A 点位置不同，机构传动角的大小也不同。为了获得良好的传动，可按照最小传动角或其他辅助条件（如曲柄长度，AD 的方位）来确定 A 点的位置。

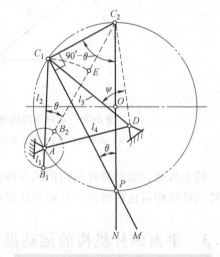

图 3-25　按系数 K 设计铰链四杆机构

对于曲柄滑块机构，一般已知滑块的行程 H，偏距 e 和行程速比系数 K，完全可以参照上述方法进行设计。对于导杆机构，则可根据已知机架长度 l_4 和行程速比系数 K 结合其他几何条件进行设计。

2. 按照给定连杆位置设计四杆机构

按照给定连杆位置设计四杆机构的实质在于确定连架杆与机架组成的转动副中心 A 和 D 的位置。

图 3-26 所示为铰链四杆机构，连杆 S 在运动过程中依次占据的三个位置分别为 S_1、S_2

和 S_3，如果在连杆 S 上选定了活动铰链 B、C，其连杆的三组对应位置 B_1C_1、B_2C_2 和 B_3C_3 可以代表连杆平面的三个位置。显然 B_1、B_2 和 B_3 的运动轨迹应是圆或一段圆弧，而该圆的圆心就是连架杆的固定铰链 A；同样，C_1、C_2 和 C_3 的运动轨迹是圆或一段圆弧，其圆心是另一连架杆的固定铰链中心 D。因而，B_1B_2 和 B_2B_3 的中垂线的交点是固定铰链 A。同理，作 C_1C_2 和 C_2C_3 的中垂线交于点 D，即为另一固定铰链。

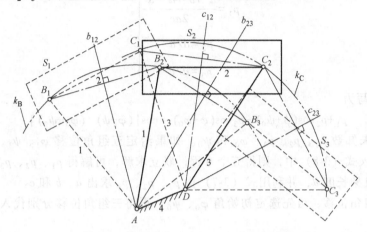

图 3-26　按照给定连杆位置设计四杆机构

如果给定连杆平面的两个位置 B_1C_1、B_2C_2，显然 A 可在 B_1B_2 的中垂线上任取，D 可在 C_1C_2 中垂线上任取，有无数多解。此时，可根据其他附加条件。例如，满足曲柄存在条件，紧凑的机构尺寸，较好的传动性能等，来确定 A、D 的位置。

3.3.2　用解析法设计四杆机构

用解析法设计四杆机构，首先要建立机构的各待定尺寸参数和已知的运动参数的解析方程，通过求解方程得出需求的机构尺寸参数。其求解方法可用封闭矢量图法、直角坐标约束方程法、矩阵及复数法等。下面仅以封闭矢量图法为例说明。

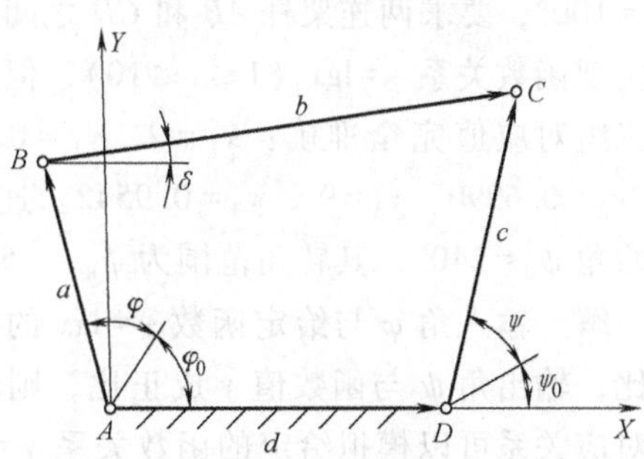

在图 3-27 所示的铰链四杆机构中，原动件 AB 的初始角为 φ_0，角位移为 φ；从动件 CD 的初始角为 ψ_0，角位移为 ψ；要求确定各构件尺寸 a、b、c、d。为建立包括运动参数与构件尺寸参数的解析方程，先建立直角坐标系，使原点与固定铰链 A 重合，X 轴与机架 AD 相重合。把各构件表示为矢量构成矢量封闭图形，可写出

$$\boldsymbol{a} + \boldsymbol{b} = \boldsymbol{c} + \boldsymbol{d} \tag{3-4}$$

图 3-27　按给定两连架杆对应角位移用解析法设计四杆机构

分别投影到 X 轴和 Y 轴上，则得到

$$\left. \begin{array}{l} b\cos\delta = d + c\cos(\psi + \psi_0) - a\cos(\varphi + \varphi_0) \\ b\sin\delta = c\sin(\psi + \psi_0) - a\sin(\varphi + \varphi_0) \end{array} \right\} \tag{3-5}$$

将上面式子两边平方相加，整理之后得

$$b^2 = d^2 + c^2 + a^2 + 2dc\cos(\psi+\psi_0) - 2ad\cos(\varphi+\varphi_0)$$
$$-2ac\cos[(\varphi-\psi)+(\varphi_0-\psi_0)] \qquad (3-6)$$

用 $2ac$ 除上式，并令

$$\left.\begin{aligned} p_1 &= \frac{d^2+c^2+a^2-b^2}{2ac} \\ p_2 &= d/a \\ p_3 &= d/c \end{aligned}\right\} \qquad (3-7)$$

则式（3-6）可写为

$$p_1 + p_2\cos(\psi+\psi_0) - p_3\cos(\varphi+\varphi_0) = \cos[(\varphi-\psi)+(\varphi_0-\psi_0)] \qquad (3-8)$$

式中含有五个未知数 p_1、p_2、p_3、φ_0 和 ψ_0。如果给定五组角位移 φ_1、ψ_1、φ_2、ψ_2、…，φ_5、ψ_5 分别代入式（3-8）中，则得五个方程，联立求解，可解得 p_1、p_2、p_3、φ_0、ψ_0。再根据结构选定机架长度 d，并利用式（3-7）由 p_1、p_2、p_3 求出 a、b 和 c。

若给定三组角位移，可先选定初始角 φ_0、ψ_0，再将三组角位移分别代入式（3-8），可得线性方程组

$$\left.\begin{aligned} p_1 + p_2\cos(\psi_1+\psi_0) - p_3\cos(\varphi_1+\varphi_0) &= \cos[(\varphi_1-\psi_1)+(\varphi_0-\psi_0)] \\ p_1 + p_2\cos(\psi_2+\psi_0) - p_3\cos(\varphi_2+\varphi_0) &= \cos[(\varphi_2-\psi_2)+(\varphi_0-\psi_0)] \\ p_1 + p_2\cos(\psi_3+\psi_0) - p_3\cos(\varphi_3+\varphi_0) &= \cos[(\varphi_3-\psi_3)+(\varphi_0-\psi_0)] \end{aligned}\right\} \qquad (3-9)$$

解此线性方程组求出 p_1、p_2、p_3，然后选定机架长度 d，最后由式（3-8）求得 a、b 和 c。

例 3-1　设计如图 3-28 所示的铰链四杆机构。已知连架杆 AB 的起始角 $\varphi_0 = 60°$，其转角范围为 $\varphi_m = 100°$，要求两连架杆 AB 和 CD 之间的转角近似地实现函数关系 $y = \lg x$（$1 \le x \le 10$），但必须保证下列三组对应值完全准确：$x_1 = 2$、$y_1 = 0.3010$；$x_2 = 5$、$y_2 = 0.6990$；$x_3 = 9$、$y_3 = 0.9542$。连架杆 CD 的起始角 $\psi_0 = 240°$，其转角范围为 $\psi_m = -50°$。

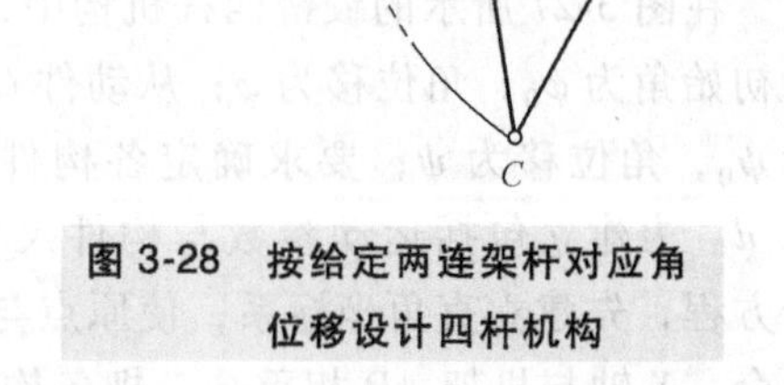

解　输入角 φ 与给定函数 $y = \lg x$ 的自变量 x 成正比，输出角 ψ 与函数值 y 成正比，则转角 φ 与 ψ 的对应关系可以模拟给定的函数关系 $y = \lg x$。所以，按给定函数 $y = \lg x$ 要求设计四杆机构时，首要的问题是要按一定的比例关系把给定函数 $y = \lg x$ 转换成两连架杆对应的角位移方程 $\psi = \psi(\varphi)$。

图 3-28　按给定两连架杆对应角位移设计四杆机构

1）因 $\varphi_m = 100°$ 代表 $\Delta x = 10 - 1 = 9$，故得

原动件转角 φ 的比例尺 $\mu_\varphi = \dfrac{9}{100°}$。又因为 $\psi_m = -50°$ 代表 $\Delta y = \lg 10 - \lg 1 = 1$，故得从动件

转角 ψ 的比例尺 $\mu_\psi = \dfrac{-1}{50°}$。

2）根据给定的 x、y 的三组对应值求出 φ 和 ψ 的三组对应值为

$$\varphi_1 = \Delta x_1/\mu_\varphi = 11.11°$$
$$\psi_1 = \Delta y_1/\mu_\psi = -15.05°$$
$$\varphi_2 = \Delta x_2/\mu_\varphi = 44.44°$$
$$\psi_2 = \Delta y_2/\mu_\psi = -34.95°$$
$$\varphi_3 = \Delta x_3/\mu_\varphi = 88.88°$$
$$\psi_3 = \Delta y_3/\mu_\psi = -47.71°$$

3）将 φ、ψ 的三组对应值和 φ_0、ψ_0 值代入式（3-9）中，得到未知数 p_1、p_2、p_3 的三个线性方程，并联立求解得

$$p_1 = 0.42332870467,\ p_2 = 1.119775322,\ p_3 = 1.632123393$$

设 $d = 1.0$，则得

$$a = 0.89304,\ b = 1.3075,\ c = 0.61269$$

用解析法设计四杆机构的优点是能得到较精确的设计结果，便于将机构的设计误差控制在允许的范围之内。但所得方程和计算可能相当复杂。随着数学手段的发展和计算机的普遍应用，解析法将会得到日益广泛的应用。

思考题及习题

3-1 铰链四连杆机构的基本形式有几种？

3-2 四杆机构的行程速比系数与极位夹角的关系如何确定？

3-3 在图 3-29 所示的铰链四杆机构中，$a = 60\text{mm}$，$b = 150\text{mm}$，$c = 120\text{mm}$，$d = 100\text{mm}$，分别把 a、b、c、d 作为机架，所对应的为何种类型的机构？

3-4 在曲柄摇杆机构中，如何确定最小传动角？

3-5 铰链四杆机构的演化方式主要有几种？

3-6 已知一曲柄摇杆机构的摇杆长度 $l_3 = 150\text{mm}$，摆角 $\varphi = 45°$，行程速比系数 $K = 1.25$，试确定曲柄、连杆和机架的长度 l_1、l_2 和 l_4。

3-7 在图 3-30 中，已知曲柄滑块机构的滑块行程 $H = 60\text{mm}$，偏距 $e = 20\text{mm}$，行程速比系数 $K = 1.4$，试确定曲柄和连杆的长度 l_1 和 l_2。

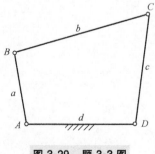

图 3-29 题 3-3 图

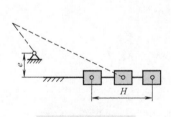

图 3-30 题 3-7 图

3-8 已知一导杆机构的固定件长度 $l_4 = 1000\text{mm}$，行程速比系数 $K = 1.5$，试确定曲柄长度 l_1 和导杆摆角 ψ。

3-9 图 3-31 所示为一曲柄摇杆机构。已知摇杆两极限位置与机架之间的夹角分别为 $\psi_1 = 45°$，$\psi_2 = 90°$，固定件长度 $l_1 = 300\text{mm}$，摇杆长度 $l_4 = 200\text{mm}$，试确定曲柄和连杆的长度 l_2 和 l_3。

3-10 图 3-32 所示为一铰链四杆机构。已知两连架杆的对应位置间的夹角分别为 φ_{12}、φ_{23}、φ_{34} 和 ψ_{12}、ψ_{23}、ψ_{34}，试用解析法确定其四杆长度 l_1、l_2、l_3 和 l_4。

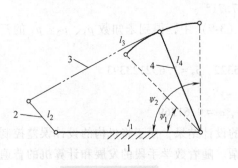

图 3-31 题 3-9 图

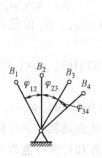

图 3-32 题 3-10 图

第4章 凸轮机构

4.1 凸轮机构的应用和分类

由前章所述可知，低副机构一般只能近似地实现给定运动规律，而且设计较为复杂。若从动件的位移、速度和加速度必须严格地按照预定规律变化，则常常采用凸轮机构来实现。

4.1.1 凸轮机构的应用

图 4-1 所示为内燃机的配气机构，气阀 2 的运动规律取决于凸轮 1 的轮廓外形。当径向变化段轮廓与气阀的平底接触时，气阀产生往复运动；而当以凸轮回转中心为圆心的圆弧段轮廓与气阀的平底接触时，气阀将静止不动。因此，随着凸轮 1 的连续转动，气阀 2 可有规律地开启和闭合，实现进气与排气的控制。

图 4-2 所示为一自动机床的进刀机构，当具有凹槽的圆柱凸轮 1 回转时，其凹槽的侧面迫使构件 2 摆动，从而控制刀架的进刀和退刀运动。进刀和退刀的运动规律完全取决于凹槽的形状。

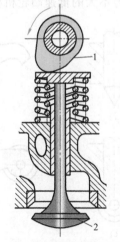

图 4-1 动画

图 4-1 内燃机配气机构

1—凸轮 2—气阀

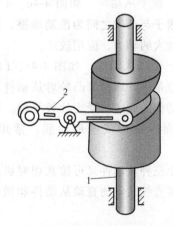

图 4-2 自动机床进刀机构

1—凸轮 2—构件

由以上两例可见，凸轮是一个有曲线轮廓或凹槽的构件。凸轮运动时，通过高副接触可以使从动件获得预期的运动。凸轮机构一般由凸轮、从动件和机架三个主要构件组成。

凸轮机构结构简单，易于实现复杂的运动规律，在各种自动机械、仪表以及自动控制装置中获得了广泛的应用。凸轮机构的缺点是凸轮轮廓与从动件之间为点接触或线接触，易于磨损，所以它多用在传递动力不大的场合。

4.1.2　凸轮机构的分类

凸轮机构的类型很多，常见的分类方法如下：

1. 按凸轮的形状分

（1）**盘形凸轮**　这种凸轮是具有变化径向的盘形构件。当它绕固定轴转动时可推动从动件在垂直于凸轮轴的平面内运动，如图4-3a所示。

（2）**移动凸轮**　这种凸轮可看作是回转中心在无穷远处的盘形凸轮。当移动凸轮做直线往复运动时，可推动从动件在同一个运动平面内运动，如图4-3b所示。

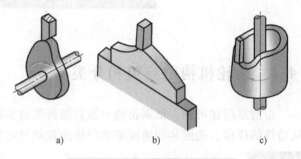

图 4-3　常用凸轮机构的类型

（3）**圆柱凸轮**　这种凸轮是一个在圆柱面上开有曲线凹槽，或是在圆柱端面上作出曲线轮廓的构件。当圆柱转动时，可使从动件在平行于其轴线或包括其轴线的平面内运动。由于凸轮与从动件的运动不在同一个平面，所以是一种空间凸轮机构，如图4-3c所示。圆柱凸轮可以看作是移动凸轮卷于圆柱体上形成的。

2. 按从动件的形状分

（1）**尖端从动件**　如图4-4a、b所示，尖端能与任意复杂的凸轮轮廓保持接触，从而使从动件实现任意运动。但因尖端易于磨损，所以只适宜于传力不大的低速凸轮机构中。

（2）**滚子从动件**　如图4-4c、d所示，这种从动件由于滚子与凸轮之间为滚动摩擦，磨损较小故可用来传递较大的动力，应用较广。

（3）**平底从动件**　如图4-4e、f所示，这种从动件的优点是不计摩擦时凸轮对从动件的作用力始终垂直于从动件的底边，受力比较平稳。而且凸轮与平底的接触面容易形成楔形油膜，常用于高速凸轮机构中。

以上三种从动件又可按其相对机架的运动形式分为做往复直线运动的直动从动件和做往复摆动的摆动从动件。

3. 按凸轮与从动件保持接触（锁合）的形式分

（1）**力锁合**　利用从动件的重力、弹簧力或其他外力使从动件与凸轮始终保持接触。

（2）**几何锁合**　利用凸轮与从动件构成的高副元素的特殊几何结构使凸轮与从动件始终保持接触，如图4-5a所示。

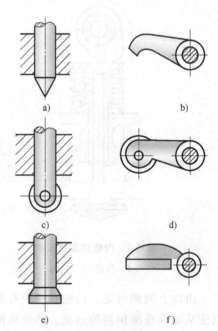

图 4-4　常用从动件的类型

凸轮机构中，利用凸轮上的凹槽和嵌于此凹槽中的滚子使凸轮与从动件始终保持接触。图 4-5b、c 所示的凸轮机构中，其从动件上分别装有相对位置不变的两个平底或两个滚子，凸轮运动时，其轮廓能保证始终与两个平底或滚子同时接触，图 4-5b 所示的凸轮机构常称为等宽凸轮，图 4-5c 所示的凸轮机构常称为等径凸轮。显然，这两种凸轮只能在 180° 范围内自由设计其轮廓线，而另外 180° 的凸轮轮廓线必须按照等宽或等径的条件来确定，因而其从动件运动规律的自由选择受到一定限制。图 4-5d 所示为一共轭凸轮（又称为主回凸轮）机构。在此机构中，利用固结在同一轴上但不在同一平面上的主、回凸轮控制从动件，主凸轮 I 驱使从动件沿逆时针方向摆动，而回凸轮 II 驱使从动件沿顺时针方向返回，从而形成几何封闭，使凸轮与从动件始终保持接触。

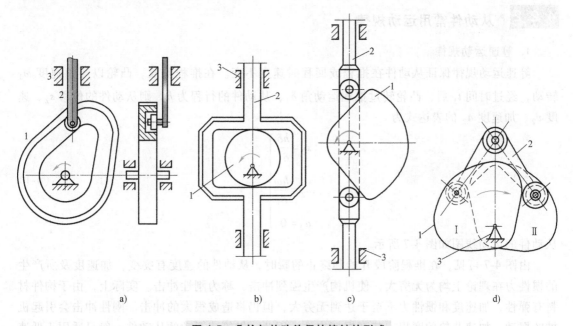

a)   b)   c)   d)

图 4-5　凸轮与从动件保持接触的形式

4.2　从动件常用的运动规律

凸轮的轮廓曲线取决于从动件的工作要求。因此，设计凸轮时，首先需要根据从动件的工作要求确定其运动规律，然后根据这一运动规律设计凸轮轮廓曲线。

4.2.1　描述凸轮机构运动的参数

图 4-6 所示为一对心尖端直动从动件盘形凸轮机构，以凸轮的最小矢径 r_0 为半径所作的圆称为基圆，r_0 称为基圆半径。在图示位置，从动件的尖端接触于凸轮轮廓上的 B 点，离凸轮回转中心 O 点的距离最近，即为从动件的起始位置。当凸轮以角速度 ω_1 逆时针转过角度 δ_1 时，从动件被推到距凸轮转动中心最远的位置（其尖端与凸轮的 C 点接触），从动件的这一过程称为推程，相应移动的距离 h 称为从动件的行程，对应的凸轮转角 δ_1 称为凸轮的推程运动角。凸轮继续转过角度 δ_2 时，从动件的尖端与凸轮上以 OC 为半径的 CD 段圆弧

接触，从动件在最远处位置停留不动，对应的凸轮转角 δ_2 称为凸轮的远休止角。凸轮再继续转过角度 δ_3 时，从动件从最高点回到最低点（其尖端与凸轮的 E 点接触），从动件的这一过程称为回程，对应的凸轮转角 δ_3 称为回程运动角。最后凸轮转过角度 δ_4 时，从动件的尖端与凸轮上以 r_0 为半径的 EB 段圆弧接触，从动件在起始位置停留不动，对应的凸轮转角 δ_4 称为近休止角。由图 4-6 可见，$\delta_1+\delta_2+\delta_3+\delta_4 = 2\pi$，凸轮刚好转过一周。当凸轮连续转动时，从动件重复上述运动。所谓从动件的运动规律，是指从动件 2 在运动过程中，其位移 s_2、速度 v_2、加速度 a_2 随时间 t 变化的规律。由于凸轮 1 一般以等角速度 ω_1 转动，故其转角 δ 与时间 t 成正比，即 $\delta=\omega_1 t$。所以，从动件的运动规律一般也可用从动件的位移 s_2、速度 v_2、加速度 a_2 随凸轮转角 δ 的变化规律来表示。

4.2.2 从动件常用运动规律

1. 等速运动规律

等速运动规律保证从动件在推程或回程时速度不变。在推程阶段，凸轮以等角速度 ω_1 转动，经过时间 t_1 后，凸轮转过推程运动角 δ_1，从动件的行程为 h，则从动件的位移 s_2、速度 v_2、加速度 a_2 的表达式为

$$\left.\begin{aligned} s_2 &= \frac{h\delta}{\delta_1} \\ v_2 &= \frac{h\omega}{\delta_1} \\ a_2 &= 0 \end{aligned}\right\} \tag{4-1}$$

从动件的运动线图如图 4-7 所示。

由图 4-7 可见，在推程阶段开始和终止的瞬时，从动件的速度有突变，加速度及所产生的惯性力在理论上均为无穷大，使机构产生强烈冲击，称为刚性冲击。实际上，由于构件材料有弹性，加速度和惯性力不至于达到无穷大，但仍将造成很大的冲击。刚性冲击会引起机械的振动，加速凸轮的磨损，甚至损坏构件。因此，做等速运动的从动件一般只适用于低速和质量较小的凸轮机构中。

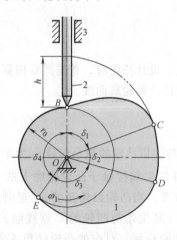

图 4-6 对心尖端直动从动件盘形凸轮机构

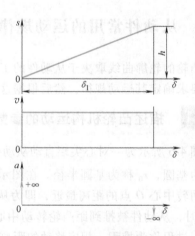

图 4-7 等速运动规律

2. 等加速等减速运动规律

从动件在一个行程 h 中，先做等加速运动，后做等减速运动，且通常加速度与减速度的绝对值相等。此时，从动件在等加速、等减速两个运动阶段的位移也相等，均为 $h/2$。由此可求出从动件的位移 s_2、速度 v_2、加速度 a_2。其推程的前半段等加速度运动方程为

$$\left.\begin{aligned} s_2 &= \frac{2h\delta^2}{\delta_1^2} \\ v_2 &= \frac{4h\omega\delta}{\delta_1^2} \\ a_2 &= \frac{4h\omega^2}{\delta_1^2} \end{aligned}\right\} \tag{4-2}$$

相应推程的后半段等减速运动方程为

$$\left.\begin{aligned} s_2 &= h - \frac{2h}{\delta_1^2}(\delta_1 - \delta)^2 \\ v_2 &= \frac{4h\omega}{\delta_1^2}(\delta_1 - \delta) \\ a_2 &= \frac{4h\omega^2}{\delta_1^2} \end{aligned}\right\} \tag{4-3}$$

等加速等减速运动规律的运动线图如图 4-8 所示。由图可见，加速度曲线是水平直线，速度曲线是斜直线，而位移曲线是两段在行程中点处相连的抛物线。速度曲线是连续的，不会出现刚性冲击。但在运动的起点、中点和终点处，加速度有限值的突变，会引起惯性力的相应变化，在机构中引起柔性冲击。因此，这种运动规律只适用于中速、轻载的场合。

等加速等减速运动规律位移曲线的作图方法如下：

1）选取角度比例尺 μ_δ 和长度比例尺 μ_s。在 δ 轴上截取线段 03 代表 $\delta_1/2$，过点 3 作 δ 轴的垂线，并在该垂线上截取线段 33′ 代表 $h/2$。过 3′ 点作 δ 轴的平行线。将线段 03 和 33′ 等分成相同份数（图 4-8 中为 3 等份），得分点 1、2、3 和 1′、2′、3′。

2）将坐标系原点 0 分别与点 1′、2′ 和 3′ 相连，得连线 01′、02′ 和 03′。再过分点 1、2 和 3 分别作 s 轴的平行线，分别与连线 01′、02′ 和 03′ 相交于 1″、2″ 和 3″。

3）将点 0、1″、2″ 和 3″ 连成光滑的曲线，即为等加速运动的位移曲线。后半段等减速运动规律位移曲线的作图方法与上述相似，

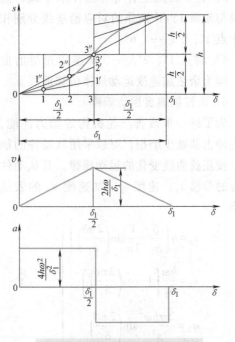

图 4-8 等加速等减速运动规律

只是弯曲方向相反。

3. 余弦加速度运动规律

余弦加速度运动规律在一个行程中的加速度曲线为半个波的余弦曲线。为了减少加速度的突变，可以采用从动件的加速度按余弦曲线变化的运动规律。其从动件的位移 s_2、速度 v_2、加速度 a_2 的表达式为

$$\left.\begin{array}{l} s_2 = \dfrac{h}{2}\left[1 - \cos\left(\dfrac{\pi\delta}{\delta_1}\right)\right] \\[3mm] v_2 = \dfrac{\pi h\omega}{2\delta_1}\sin\left(\dfrac{\pi\delta}{\delta_1}\right) \\[3mm] a_2 = \dfrac{\pi^2 h\omega^2}{2\delta_1^2}\cos\left(\dfrac{\pi\delta}{\delta_1}\right) \end{array}\right\} \tag{4-4}$$

对应的运动线图如图 4-9 所示。速度线图按简谐运动规律，故余弦加速度运动规律又称为简谐运动规律。加速度线图在全程范围内光滑连续，但在始、末两处具有突变，故对停—升—停型运动会引起柔性冲击，只适用于中、低速。

余弦加速度运动规律位移曲线的作图方法如下（图 4-9）：

1）选取角度比例尺 μ_δ，在横坐标轴上作出推程运动角 δ_1，并将其分成若干等份（图 4-9 中为六等份），得等分点 1、2、…、6，并过各分点作铅垂线。

2）选取长度比例尺 μ_s，在纵坐标轴上截取线段 06′ 代表从动件升程 h。以 06′ 为直径作一圆，将半圆周分成与 δ_1 相同的等份数，得等分点 1′、2′、…、6′。

3）过半圆周上各等分点作水平线，这些线与步骤 1）中所作的对应铅垂线分别相交于点 1″、2″、…、6″。

4）将点 1″、2″、…、6″ 连成光滑的曲线，即为余弦加速度运动规律位移曲线。

4. 正弦加速度运动规律

为了进一步改善凸轮机构的动力性能，避免冲击和减少磨损，可以采用从动件的加速度按正弦曲线变化的运动规律。其从动件推程的位移 s_2、速度 v_2、加速度 a_2 的表达式为

$$\left.\begin{array}{l} s_2 = h\left[\dfrac{\delta}{\delta_1} - \dfrac{1}{2\pi}\sin\left(\dfrac{2\pi\delta}{\delta_1}\right)\right] \\[3mm] v_2 = \dfrac{h\omega}{\delta_1}\left[1 - \cos\left(\dfrac{2\pi\delta}{\delta_1}\right)\right] \\[3mm] a_2 = \dfrac{2\pi h\omega^2}{\delta_1^2}\sin\left(\dfrac{2\pi\delta}{\delta_1}\right) \end{array}\right\} \tag{4-5}$$

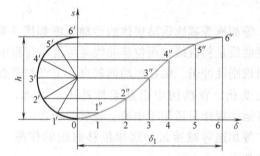

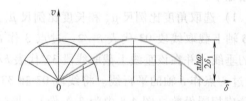

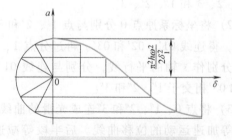

图 4-9　余弦加速度运动规律

正弦加速度运动规律的运动线图如图 4-10 所示。由图 4-10 可知，这种运动规律的加速度曲线光滑连续，所以振动、噪声和磨损比较小，适用于高速。

为了使加速度始终保持连续变化，工程上还用到高次多项式或几种曲线组合起来的运动规律。

在选择从动件的运动规律时，除考虑刚性和柔性冲击之外，还应该注意各种运动规律的最大速度 v_{max} 和最大加速度 a_{max} 的影响。因为最大速度将决定从动件系统的最大动量（mv），当动量较大时，在从动件起动和停止时都会产生较大的冲击；最大加速度将决定从动件系统的最大惯性力，由其引起的动压力，对机械零件的强度和运动副的磨损都有较大的影响，因此必须综合地加以考虑。

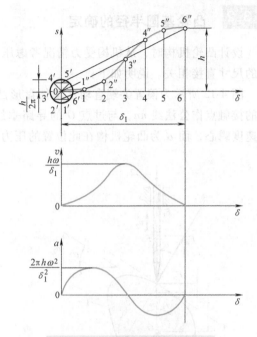

图 4-10 正弦加速度运动规律

4.3 凸轮机构的压力角和基圆半径

设计凸轮机构时，除了需要考虑合理选用机构类型及从动件运动规律，计算或绘制凸轮轮廓外，还需保证所设计的凸轮机构受力状况良好及结构紧凑。以下就上述两个问题做一些简要的讨论。

4.3.1 凸轮机构的压力角

凸轮机构的压力角是指凸轮对从动件作用力的方向（不计摩擦的情况下）与从动件上受力作用点的绝对运动方向之间所夹的锐角。对于图 4-11 所示的直动尖端从动件盘形凸轮机构来说，过廓线接触点 B 作法线 nn 与从动件的运动方向之间的夹角 α 就是其压力角。压力角是随凸轮廓线上不同点而变的。压力角 α 是影响凸轮机构受力情况的一个重要参数。由图 4-11 可见，α 越小，则驱动力 F_n 在从动件运动方向的有用分力越大；反之，α 越大，则由 F_n 产生的从动件导路中的摩擦阻力越大，凸轮推动从动件所需的驱动力也就越大。实践证明，当 α 增加到一定的值时，即使尚未发生自锁，也会导致驱动力急剧增大，轮廓严重磨损，效率迅速下降。实际设计中通常规定某一许用压力角 $[\alpha]$，使得凸轮机构的最大压力角 $\alpha_{max} \leqslant [\alpha]$。推程时许用压力角 $[\alpha]$ 的值一般是：$[\alpha]=30°\sim40°$，对于摆动从动件可取 $[\alpha]=40°\sim50°$；在回程时，特别是对于力锁合的凸轮机构，其从动件的回程是由弹簧等外力驱动的，而不是由凸轮驱动的，所以不会出现自锁。因此，许用压力角可取得较大，通常取 $[\alpha]=70°\sim80°$。

4.3.2 凸轮基圆半径的确定

设计凸轮机构时，从机构受力情况考虑压力角越小越好，而凸轮机构的压力角与凸轮基圆的尺寸直接相关。说明如下：

图 4-12 所示为偏置尖端直动从动件盘形凸轮机构在推程中的一个位置。过凸轮和从动件的接触点作公法线 nn，与过点 O 的导路垂线交于点 P，P 点为此位置凸轮与从动件的相对速度瞬心，而 α 为凸轮机构在此位置的压力角。由此可得

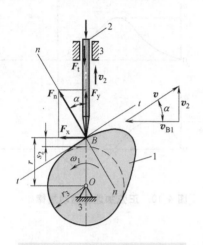

图 4-11　凸轮机构的受力情况

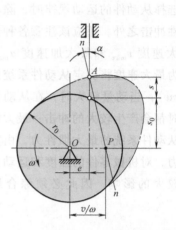

图 4-12　偏置尖端直动从动件盘形凸轮机构

$$
\left.
\begin{aligned}
OP &= \frac{v}{\omega} \\
\tan\alpha &= \frac{v/\omega \mp e}{s + \sqrt{r_0^2 - e^2}}
\end{aligned}
\right\}
\tag{4-6}
$$

式中　r_0——基圆半径；

　　　e——偏距，偏距前符号的确定方法是：当偏距及瞬心 P 在凸轮回转中心的同一侧时，取"–"号，反之，在 O 点两侧时，取"+"号。由式（4-6）可得

$$
r_0 = \sqrt{\left(\frac{v/\omega \mp e}{\tan\alpha} - s\right)^2 + e^2}
\tag{4-7}
$$

由式（4-6）和式（4-7）可知，在从动件运动规律选定后，凸轮基圆半径的大小、偏距的大小及方位都会影响压力角的大小。欲使机构的尺寸紧凑，应使凸轮的基圆半径尽可能小，但基圆半径减小会导致机构的压力角增大，甚至超过许用值。从机构的受力状态考虑这是不允许的。设计时应在满足 $\alpha_{max} \leqslant [\alpha]$ 的前提下，选择尽可能小的基圆半径 r_0。

为了节省设计时间，工程上已制备了几种基本运动规律的最大压力角线图，供近似地合理确定基圆半径或校核最大压力角时使用。图 4-13 所示为滚子对心直动从动件按四种常用运动规律时的最大压力角线图。

例 4-1　要设计一个"停—升—停"的对心滚子直动从动件做正弦加速度运动规律的盘形凸轮，推程 $h = 16\text{mm}$。设凸轮相应的推程角 $\delta_1 = 30°$，凸轮机构的最大压力角 $\alpha_{max} =$

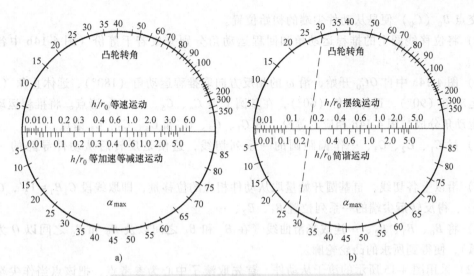

图 4-13　四种常用运动规律的最大压力角线图

$[\alpha] = 30°$。

解　在图 4-13b 的上、下半圆上分别找出 $\delta_1 = 30°$ 和 $\alpha_{max} = 30°$ 的两点，连接这两点得一直线，该直线与水平直径的交点的刻度值为 $h/r_0 = 0.17$。因为 $h = 16mm$，则凸轮理论轮廓基圆半径 $r_0 = h/0.17mm = 100mm$。

4.4　图解法设计凸轮轮廓

　　根据选定的从动件运动规律、从动件的类型和凸轮基圆半径等机构基本尺寸，则可着手设计凸轮轮廓。设计凸轮轮廓的方法有图解法和解析法。图解法比解析法简单易行，而且直观，但精度不高，通常用于要求较低的凸轮设计中。

　　图解法是建立在反转法基础上的。反转法的原理是：给整个机构加上一个反向转动，各构件之间的相对运动并不改变。根据这一原理，设想给整个凸轮机构加上一个反向转动（即加上一个与凸轮角速度转向相反、数值相等、绕凸轮回转中心 O 的角速度 $(-\omega)$ 的转动），则凸轮处于相对静止状态，从动件一方面随机架以角速度 $(-\omega)$ 绕 O 点转动，同时从动件按给定的运动规律做往复移动或摆动。对于尖端从动件，由于它的尖端始终与凸轮轮廓相接触，所以，反转过程中从动件尖端的运动轨迹就是凸轮轮廓。因此凸轮轮廓的设计，就是将凸轮视作固定，作出从动件尖端相对于凸轮的运动轨迹。

4.4.1　直动从动件盘形凸轮轮廓设计

　　（1）采用图 4-14 所示的尖端从动件　图 4-14b 所示为给定的从动件位移线图。设凸轮以等角速度 ω 顺时针回转，凸轮的基圆半径 r_0 和从动件导路的偏距 e 均为已知，要求设计此凸轮的轮廓。

　　运用反转法绘制此种凸轮轮廓的方法和步骤如下：

　　1）做出凸轮机构的初始位置。选择适当长度比例尺 μ_L（为了作图方便，取 $\mu_L = \mu_S$），以 r_0 为半径作基圆，以 e 为半径作偏距圆，过点 K 作从动件导路与偏距圆相切，导路与基

圆的交点 B_0（C_0）便是从动件尖端的初始位置。

2）将位移线图上的推程运动角和回程运动角分别分成若干等份（图 4-14b 中各为四等份）。

3）图 4-14a 中自 OC_0 开始，沿 ω 的相反方向取推程运动角（180°）、远休止角（30°）、回程运动角（90°）、近休止角（60°），在基圆上得 C_4、C_5、…、C_9 诸点。将推程运动角和回程运动角分成与图 4-14b 相应的等份，得 C_1、C_2、C_3 和 C_6、C_7、C_8 诸点。

4）过 C_1、C_2、C_3、…作偏距圆的一系列切线，这便是反转后从动件导路的一系列位置。

5）沿以上各切线，自基圆开始量取从动件相应的位移量，即取线段 $C_1B_1 = 11'$，$C_2B_2 = 22'$，…，得反转后尖端的一系列位置 B_1、B_2、…。

6）将 B_0、B_1、B_2、…连成光滑曲线（在 B_4 和 B_5 之间以及 B_9 和 B_0 之间以 O 为中心的圆弧），便得到所求的凸轮轮廓。

（2）采用图 4-15 所示的滚子从动件　首先取滚子中心为参考点，把该点当作尖端从动件的尖端，按照上述方法求出一条轮廓曲线 β；再以 β 各点为中心作一系列滚子，最后作这些滚子的内包络线 β'（对于凹槽凸轮还应作外包络线 β''），它便是滚子从动件凸轮的实际轮廓，或称为工作轮廓；而 β 称为此凸轮的理论轮廓。注意：在滚子从动件凸轮设计中，凸轮的基圆半径 r_0 是在理论廓线上度量的。

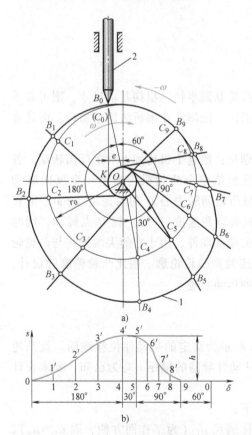

图 4-14　偏置尖端直动从动件盘形凸轮机构

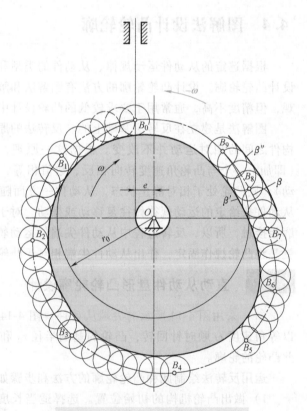

图 4-15　滚子从动件盘形凸轮机构

在设计凸轮机构时，为了提高滚子寿命及其心轴的强度，适合选取较大的滚子半径 r_k。选择滚子半径时，应注意凸轮理论廓线 β 的曲率半径和滚子半径 r_k 的关系，如图 4-16 所示。当凸轮理论轮廓曲线 β 为内凹曲线时（图 4-16a），其实际轮廓曲线 β' 的曲率半径 ρ' 为 ρ 与 r_k 之和，即 $\rho'=\rho+r_k$，故 r_k 的大小不受 ρ 的限制。当凸轮理论轮廓曲线 β 为外凸曲线时（图 4-16b），则 $\rho'=\rho-r_k$。此时，若 $r_k<\rho_{min}$，则可完整地作出实际轮廓曲线 β'；若 $r_k=\rho_{min}$（图 4-16c），即实际轮廓曲线 β' 将出现 $\rho'=0$ 的尖点，由于尖点处的压力理论上为无穷大，故极易磨损；若 $r_k>\rho_{min}$（图 4-16d），则实际轮廓曲线 β' 的 ρ' 为负值，作图时，实际轮廓有交叉现象，在交叉点以上部分的实际轮廓曲线加工时被切去，使得从动件不能实现预期的运动规律。所以在设计时必须使 $r_k<\rho_{min}$，一般选用 $r_k\leqslant 0.8\rho_{min}$。为了防止凸轮过快磨损，实际轮廓曲线上的最小曲率半径不宜过小，一般 $\rho'_{min}>1\sim5mm$。另外，从凸轮机构的结构考虑，常取 $r_k\leqslant 0.4r_0$。必要时也可加大凸轮基圆半径 r_0，以免 ρ 和 r_k 过小。

（3）**如果采用平底从动件，如图 4-17 所示**　首先取平底与导路的交点 B_0 为参考点，把它看作尖端，运用尖端从动件凸轮的设计方法求出参考点反转后的一系列位置 B_1、B_2、…；其次，过这些点画出一系列平底，得到一直线族；最后，作此直线族的包络线，便可得到凸轮的实际轮廓。为了保证从动件平底能始终与凸轮实际轮廓曲线相切。通过作图可以找出在 B_0 左右两侧最远的两个切点 B'、B''，则平底中心至左右两侧的长度分别大于 b'、b''。

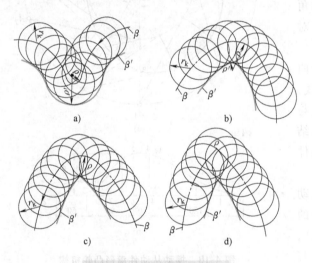

图 4-16　滚子半径的选择

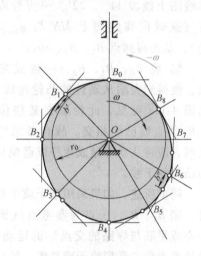

图 4-17　平底从动件盘形凸轮机构

摆动从动件盘形凸轮轮廓设计

图 4-18a 所示为一尖端摆动从动件盘形凸轮机构。设凸轮以等角速度 ω 顺时针回转，已知凸轮基圆半径 r_0，凸轮与摆动从动件的中心距 a，从动件长度 l，从动件最大摆角 φ_{max}，以及从动件的运动规律，要求设计此凸轮的轮廓曲线。

摆动从动件的位移线图如图 4-18b 所示，其纵坐标表示从动件的角位移 φ，也表示从动件上任一点所走的弧长（如果在作位移线图时取纵坐标与 $l_{\varphi max}$ 相对应，则图中纵坐标的长度即等于尖端所走的弧长）。运用反转法，给整个机构加上角速度（$-\omega$），使其绕 O 点转动。此时，凸轮不动，摆动从动件的回转中心将以（$-\omega$）绕 O 点转动，同时从动件仍按原

有的运动规律绕 A 点摆动。这种凸轮轮廓曲线的设计步骤如下：

1）将位移线图的推程运动角和回程运动角分别作若干等份（图中作四等份）。

2）根据给定的 a 定出两转动中心 O、A_0 的位置。以 r_0 为基圆半径，与以 A_0 为圆心、l 为半径所作的圆弧交于 B_0（C_0）（如果要求从动件在推程时逆时针摆动，则 B_0 在 OA_0 右方，反之则在 OA_0 左方），该点即为从动件尖端的起始位置。

3）以 O 为圆心、OA_0 为半径画圆，沿图 4-18 尖端摆动从动件盘形凸轮机构（$-\omega$）方向依次量取 180°、30°、90° 和 60°。将推程运动角和回程运动角分成与图 4-18b 对应的等份，得 A_1、A_2、A_3、…。它们便是反转后从动件回转中心的位置。

4）以 A_1、A_2、A_3、…为圆心、l 为半径，作一系列圆弧 $\overset{\frown}{C_1D_1}$、$\overset{\frown}{C_2D_2}$、$\overset{\frown}{C_3D_3}$、…，在这些圆弧上从基圆开始截取对应于图 4-18b 的位移量，即取 $C_1B_1 = 11'$、$C_2B_2 = 22'$、…（如果位移线图上的 MN 与 $l_{\varphi max}$ 相对应）。在作图时，可以作 $\angle C_1A_1B_1$、$\angle C_2A_2B_2$、…，分别等于位移线图上线段 $11'$、$22'$、…所对应的角度（这时位移线图上 MN 与 φ_{max} 相对应），从而得到点 B_1、B_2、…。

5）将 B_0、B_1、B_2、…连成光滑曲线，便得到尖端从动件的凸轮轮廓曲线，由图 4-18a 可见，此轮廓在某些位置与 A_3B_3 等直线已经相交。故在考虑具体结构时，应将从动件做成弯杆以避免从动件与凸轮的干涉。

同前所述，如果采用滚子或平底从动件，则 B_1、B_2、…点为参考点（滚子的中心或平底与导路的交点）的运动轨迹，过这些点作一系列滚子或平底，最后作其包络线，便可得实际轮廓。

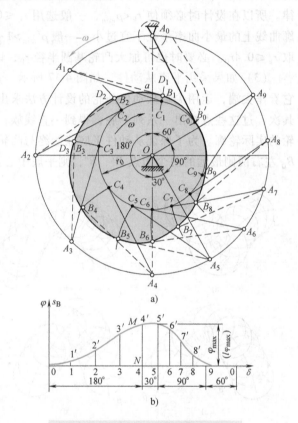

图 4-18 摆动从动件盘形凸轮机构

4.5　解析法设计凸轮轮廓

用图解法设计凸轮轮廓，简便易行，但误差较大，只能应用于低速或不重要的场合。对于设计精度要求较高的凸轮，如高速凸轮、靠模凸轮、检验用的样板凸轮等，采用图解法往往不能满足要求，需要用解析法进行设计。

下面以偏置直动从动件盘形凸轮机构为例，说明用解析法设计凸轮轮廓的方法。

1．理论廓线方程

图 4-19 所示为一偏置直动从动件盘形凸轮机构，偏距 e，基圆半径 r_0，从动件的运动规

律 $s = s(\delta)$ 和凸轮的回转方向均已给定。

选取直角坐标系 Oxy，如图 4-19 所示。B_0 点为凸轮廓线的起始点。开始时滚子中心处于 B_0 点处，当凸轮转过 δ 角时，从动件产生位移 s。由反转法作图可以看出，此时滚子中心应处于 B 点，其直角坐标为

$$
\left.\begin{array}{l}
x = (s_0 + s)\sin\delta + e\cos\delta \\
y = (s_0 + s)\cos\delta - e\sin\delta
\end{array}\right\} \tag{4-8}
$$

式（4-8）即为理论廓线的直角坐标参数方程，其中 $s_0 = \sqrt{r_0^2 - e^2}$。

2. 实际廓线方程

由于实际廓线与理论廓线在法线方向的距离处处相等，且等于滚子半径 r_k，故当已知理论廓线上任意一点 $B(x, y)$ 时，在该点理论廓线法线方向上距离为 r_k 处即为实际廓线上相应的点 $B'(x', y')$，如图 4-19 所示。由高等数学得知，理论廓线 B 点处的法线 nn 的斜率应与该点处切线的斜率互为倒数，即应有

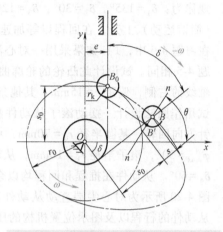

图 4-19 偏置直动从动件盘形凸轮机构

$$
\tan\theta = \frac{\mathrm{d}x}{-\mathrm{d}y} = \frac{\mathrm{d}x/\mathrm{d}\delta}{-\mathrm{d}y/\mathrm{d}\delta} \tag{4-9}
$$

式中，$\mathrm{d}x/\mathrm{d}\delta$ 和 $\mathrm{d}y/\mathrm{d}\delta$ 可根据式（4-8）求得，即

$$
\left.\begin{array}{l}
\dfrac{\mathrm{d}x}{\mathrm{d}\delta} = \left(\dfrac{\mathrm{d}s}{\mathrm{d}\delta} - e\right)\sin\delta + (s_0 + s)\cos\delta \\[2mm]
\dfrac{\mathrm{d}y}{\mathrm{d}\delta} = \left(\dfrac{\mathrm{d}s}{\mathrm{d}\delta} - e\right)\cos\delta - (s_0 + s)\sin\delta
\end{array}\right\} \tag{4-10}
$$

将式（4-10）代入式（4-9）即可求出 θ。

当求出 θ 角后，实际廓线上对应点 $B'(x', y')$ 的坐标可由下式求出，即

$$
\left.\begin{array}{l}
x' = x \pm r_k\cos\theta \\
y' = y \pm r_k\sin\theta
\end{array}\right\} \tag{4-11}
$$

式中，"−"号为内等距曲线，"+"号为外等距曲线。式（4-11）即为实际凸轮廓线方程。

在数控铣床上铣削凸轮或凸轮磨床上磨削凸轮时，需要求出刀具中心轨迹方程。如果铣刀、砂轮等刀具的半径 r_c 和滚子半径 r_k 完全相等，则凸轮理论廓线的方程即为刀具中心运动轨迹的方程。如果 $r_c \ne r_k$，刀具中心运动轨迹是凸轮理论廓线的等距曲线。若 $r_c > r_k$，刀具中心运动轨迹为凸轮理论廓线的外等距曲线；反之，刀具中心运动轨迹为凸轮理论廓线的内等距曲线。

思考题及习题

4-1 从动件的常用运动规律有哪几种？各适用在什么场合？

4-2 凸轮机构的常用类型有几种？选择凸轮的类型时应该考虑哪些因素？

4-3 图解法设计凸轮时，采用了什么原理？简单叙述此原理的主要内容。

4-4 何谓凸轮机构的运动失真？滚子从动件盘形凸轮机构运动失真时，应如何解决？

4-5 试用作图法设计一对心尖端直动从动件盘形凸轮机构的凸轮轮廓曲线。已知凸轮以等角速顺时针方向转动，从动件行程 $h=40$mm，凸轮的基圆半径 $r_0=50$mm，从动件运动规律为：$\delta_1=135°$，$\delta_2=30°$，$\delta_3=120°$，$\delta_4=75°$。从动件在推程以余弦加速度运动规律（简谐运动）上升，在回程以等加速度和等减速度运动规律返回。

4-6 在习题4-5中，1）如果采用一对心滚子从动件，其滚子半径 $r_k=10$mm，其他条件与习题4-5相同。试设计此凸轮的轮廓曲线。2）如果采用偏置方式，凸轮轴心偏向从动件轴线的右侧，偏距 $e=15$mm，其他条件相同，试设计此凸轮的轮廓曲线。

4-7 试用作图法设计一摆动滚子从动件盘形凸轮机构的轮廓曲线。已知凸轮以等角速顺时针方向回转，基圆半径 $r_0=70$mm，中心距 $a=160$mm，摆杆长度 $l=100$mm，最大摆角 $\varphi_{max}=30°$，滚子半径 $r_k=10$mm，从动件的运动规律为：$\delta_1=120°$，$\delta_2=60°$，$\delta_3=120°$，$\delta_4=60°$。从动件在推程和回程均以余弦加速度运动规律运动。

4-8 图4-20所示为对心尖端直动从动件盘形凸轮机构。试在凸轮上标出凸轮的基圆半径、从动件的行程以及图示位置机构的压力角和凸轮转过45°后机构的压力角。

4-9 已知从动件升程 $h=30$mm。凸轮的推程运动角 $\delta_1=150°$，从动件等速上升到最高位置；远休止角 $\delta_2=30°$，回程运动角 $\delta_3=120°$，从动件以等加速等减速运动规律返回；远休止角 $\delta_4=60°$，从动件在最低位置不动。试绘制从动件的位移线图。

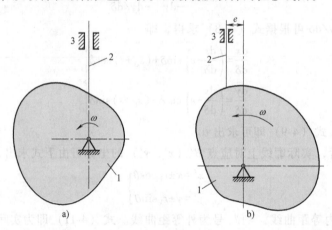

图4-20 题4-8图

第5章 齿轮传动

5.1 齿轮传动的特点和类型

5.1.1 齿轮传动的特点

齿轮传动是现代机械中应用最广的一种传动形式。其主要优点是：

1）传动准确可靠，可传递空间两轴之间的运动和动力。

2）适用的功率和速度范围广（功率从接近于零的微小值到数万千瓦，圆周速度从很低到 300m/s）。

3）传动效率高（$\eta = 0.92 \sim 0.98$）。

4）工作可靠，寿命长。

5）外廓尺寸小，结构紧凑。

齿轮机构的主要缺点是：制造和安装精度要求较高，需专门设备制造，因此成本较高；不宜用于远距离两轴之间的传动。

5.1.2 齿轮传动的类型

根据齿轮传动的工作情况（运动形式、传动轴位置、转向），齿轮传动有以下几种基本类型，见表 5-1。

表 5-1 齿轮传动的类型

齿轮传动	平行轴传动	外啮合圆柱齿轮	直齿圆柱齿轮（图 5-1a）
			斜齿圆柱齿轮（图 5-1b）
			人字齿圆柱齿轮（图 5-1c）
		内啮合圆柱齿轮（图 5-1d）	
		齿轮齿条（图 5-1e）	
	相交轴传动	直齿锥齿轮（图 5-1f）	
		弧齿锥齿轮（图 5-1g）	
	交错轴传动	交错轴斜齿轮（图 5-1h）	
		蜗轮蜗杆（图 5-1i）	

齿轮传动的基本要求之一是保证齿轮传动中的瞬时传动比不变以减小惯性力，从而达到齿轮的平稳传动。能满足这一基本要求，形成齿轮齿廓的曲线很多，但考虑到设计、制造、安装和使用等方面的要求，通常采用的齿廓曲线有渐开线、摆线、圆弧等几种，其中以渐开

线齿廓应用最广，因此本章只讲述以渐开线为齿廓的齿轮——渐开线齿轮。

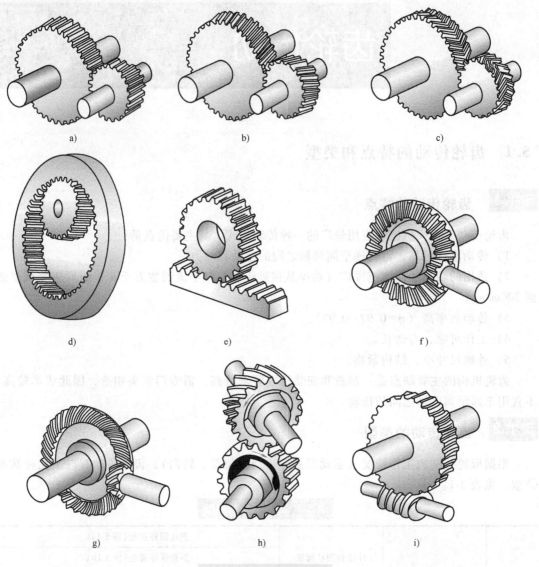

图 5-1 齿轮传动的类型

5.2 渐开线齿轮

5.2.1 渐开线的形成及其特性

在图 5-2 中，当直线 l 沿半径为 r_b 的圆周做纯滚动时，直线上任一点的轨迹称为该圆的渐开线。这个圆称为渐开线的基圆，直线 l 称为渐开线的发生线。渐开线齿轮的轮齿就是由两条反向的渐开线组成的。

由渐开线的形成可知，它具有以下特性：

1）发生线沿基圆滚过的长度，等于基圆上被滚过的圆弧长度。由于发生线在基圆上做纯滚动，故由图 5-2 可知 $\overline{KB} = \overset{\frown}{AB}$。

2）渐开线上任一点的法线恒与基圆相切。因发生线沿基圆滚动时，B 点是其瞬时转动中心，故发生线 KB 是渐开线上 K 点的法线。由于发生线始终与基圆相切，所以渐开线上任一点的法线必与基圆相切。切点 B 就是渐开线上 K 点的曲率中心，线段 KB 为 K 点的曲率半径。随着 K 点离基圆越远，相应的曲率半径越大，渐开线越平直；反之，K 点离基圆越近，相应的曲率半径越小，渐开线越弯曲；渐开线在基圆上起始点处的曲率半径为零。

3）渐开线上各点压力角不等。渐开线齿廓上某一点的法线（压力方向线），与齿廓上该点速度方向线所夹的锐角 α_K，称为该点的压力角。在 $\triangle BOK$ 中，有

$$\cos\alpha_K = \frac{\overline{OB}}{\overline{OK}} = \frac{r_b}{r_K} \tag{5-1}$$

上式表明渐开线齿廓上各点压力角不等，K 点离圆心越远，其压力角越大。基圆上压力角 $\alpha_b = 0°$。

4）渐开线的形状取决于基圆的大小。由图 5-3 可见，基圆越小，渐开线越弯曲；基圆越大，渐开线越平直。当基圆半径为无穷大时，其渐开线将成为一条垂直于发生线的直线，它就是后面将介绍的齿条的齿廓曲线。

5）基圆内无渐开线。

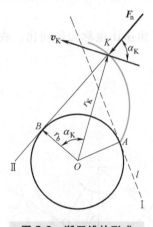

图 5-2　渐开线的形成

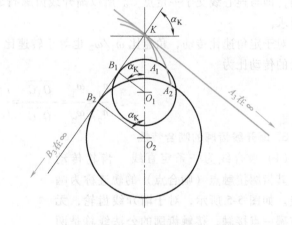

图 5-3　渐开线的形状与基圆半径的关系

5.2.2　渐开线齿廓的啮合特点

齿轮传动是依靠主动轮的轮齿逐齿推动从动轮的轮齿进行工作的。对传动的基本要求之一是其瞬时传动比应保持恒定，否则当主动轮以等角速度转动时，从动件的角速度将发生变化，产生惯性力，从而降低齿轮的寿命，并引起振动和噪声，影响传动精度。

1. 齿廓啮合基本定律

图 5-4 中两相互啮合的齿廓 E_1 和 E_2 在 K 点接触。过 K 点作两齿廓的公法线 nn，它与连心线 O_1O_2 的交点 C 称为节点。C 点是齿轮 1 和齿轮 2 的相对速度瞬心，且

$$\frac{\omega_1}{\omega_2} = \frac{\overline{O_2C}}{\overline{O_1C}} \qquad (5\text{-}2)$$

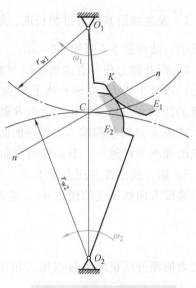

上式表明，一对传动齿轮的瞬时角速度与其连心线 O_1O_2 被齿廓接触点公法线所分割的两线段长度成反比，这个规律称为齿廓啮合基本定律。由此推论，欲使两齿轮瞬时角速比恒定不变，必须使 C 点为连心线上的固定点。或者说，欲使齿轮保持定角速比，无论齿廓在任何位置接触，过接触点所作的齿廓公法线都必须与连心线交于一定点。满足上述定律而相互啮合的一对齿廓，称为共轭齿廓。过节点 C 所作的两个相切的圆称为节圆，以 r_{w1}、r_{w2} 表示两个节圆的半径。由于节点的相对速度等于零，所以一对齿轮传动时，它的一对节圆在做纯滚动。

图5-4 齿廓啮合基本定律

2. 渐开线齿廓满足齿廓啮合基本定律

设图5-5中渐开线齿廓 E_1 和 E_2 在 K 点接触，过 K 点作两齿廓的公法线 nn 与连心线 O_1O_2 交于 C 点。由渐开线特性可知，过啮合点 K 所作的齿廓公法线必为两基圆的内公切线。齿轮传动时基圆位置不变，同一方向的内公切线只有一条，它与连心线交点的位置是不变的，即与连心线交于一定点 C。所以渐开线齿廓满足齿廓基本定律，符合瞬时角速比恒定的要求。

对于定角速比传动，角速比 ω_1/ω_2 也等于转速比 n_1/n_2。角速比也称为传动比。故一对齿轮的传动比为

$$i = \frac{n_1}{n_2} = \frac{\omega_1}{\omega_2} = \frac{\overline{O_2C}}{\overline{O_1C}} = \frac{r_{w2}}{r_{w1}} = \frac{r_{b2}}{r_{b1}} \qquad (5\text{-}3)$$

3. 渐开线齿廓的啮合特性

（1）啮合线为一条定直线 齿轮传动时，其齿廓接触点（啮合点）的轨迹称为啮合线。如图5-5所示，对于渐开线齿轮，无论在哪一点接触，接触齿廓的公法线总是两基圆的内公切线 N_1N_2，因此直线 N_1N_2 就是渐开线齿廓的啮合线。啮合线与两节圆的公切线 tt 的夹角称为啮合角。由于渐开线齿廓的啮合线是一条定直线，所以啮合角的大小始终保持不变，它等于齿廓在节圆上的压力角 α'。

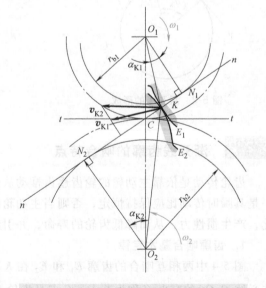

当不考虑齿廓间的摩擦力影响时，齿廓间压力是沿着接触点的公法线方向作用的，即渐开线齿廓间压力的作用方向恒定不变。故当齿轮传递的转矩一定时，齿廓之间作用力的大小

图5-5 渐开线齿廓满足齿廓啮合基本定律

和方向都不变，这对于齿轮传动的平稳性极为有利。

（2）渐开线齿轮具有可分离性　由式（5-3）可知，传动比取决于两基圆半径的反比。当齿轮加工好以后，两基圆的大小就确定了，即使由于制造、安装误差，以及在运转过程中轴的变形、轴承的磨损等原因，使两渐开线齿轮的实际中心距与原来设计的中心距产生误差时，其传动比仍将保持不变。渐开线齿廓的这一特性称为中心距可分性。这一特性对渐开线齿轮的加工、安装和使用都十分有利，这也是渐开线齿廓被广泛采用的主要原因之一。

（3）渐开线齿廓的相对滑动　由图 5-5 可知，两齿廓接触点在公法线上的分速度必定相等，但在齿廓接触点公切线上的分速度不一定相等，因此，在啮合传动时，齿廓之间将产生相对滑动。齿廓间的滑动将引起啮合时的摩擦损失和齿廓的磨损。一对齿廓，除节点外，在各处都具有相对滑动是所有啮合传动的共性。

5.2.3　渐开线标准直齿圆柱齿轮

1. 齿轮各部分名称

图 5-6a 所示为一直齿外齿轮的一部分。齿轮上每一个用于啮合的凸起部分均称为齿。每个齿都具有两个对称分布的齿廓。一个齿轮的轮齿总数称为齿数，用 z 表示。

（1）齿顶圆　过所有齿顶端的圆称为齿顶圆，其半径和直径分别用 r_a 和 d_a 表示。

（2）齿根圆　过所有齿槽底边的圆称为齿根圆，其半径和直径分别用 r_f 和 d_f 表示。

（3）基圆　产生渐开线的圆称为基圆，其半径和直径分别用 r_b 和 d_b 表示。

（4）分度圆　为了确定齿轮各部分的几何尺寸，在齿轮上选择一个圆作为计算的基准，称该圆为齿轮的分度圆，其半径和直径分别用 r 和 d 表示。

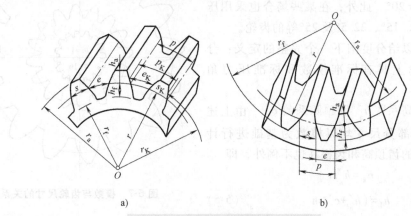

图 5-6　齿轮各部分名称及几何尺寸

a）外齿轮　b）内齿轮

（5）全齿高　分度圆把轮齿分为两部分，介于分度圆与齿顶圆之间的部分称为齿顶，其径向高度称为齿顶高，用 h_a 表示；介于分度圆与齿根圆之间的部分称为齿根，其径向高度称为齿根高，用 h_f 表示；齿顶圆与齿根圆之间的径向高度称为全齿高，用 h 表示，故有 $h=h_a+h_f$。

（6）齿厚和齿槽宽　齿轮上两相邻轮齿之间的空间称为齿槽。在任意半径 r_K 的圆周上，齿槽的弧线长和轮齿的弧线长分别称为该圆上的齿槽宽和齿厚，分别用 s_K 和 e_K 表示。

（7）齿距　沿任意圆上相邻两齿的同侧齿廓间的弧线长称为该圆上的齿距，用 p_K 表示，

并且有

$$p_K = s_K + e_K \qquad (5-4)$$

分度圆上的齿厚、齿槽宽和齿距简称为齿厚、齿槽宽和齿距，分别用 s、e 和 p 表示，亦有 $p = s + e$。

2. 标准齿轮的基本参数

（1）齿数 z　齿轮的大小和渐开线齿廓的形状均与齿数 z 这个基本参数有关。

（2）模数 m　为了计算方便，人们定义分度圆直径 $d = mz$，其中 m 称为分度圆上的模数，简称模数，单位为 mm。

为了设计、制造、检验及使用的方便，齿轮的模数值已标准化，GB/T 1357—2008 规定的标准模数系列见表 5-2。

模数 m 是决定齿轮尺寸的一个基本参数。齿数相同的齿轮，模数越大，其尺寸也越大，如图 5-7 所示。

表 5-2　标准模数系列　　　　　　　　　　　　　（单位：mm）

第一系列	1　1.25　1.5　2　2.5　3　4　5　6　8　10　12　16　20　25　32　40　50
第二系列	1.125　1.375　1.75　2.25　2.75　3.5　4.5　5.5　(6.5)　7　9　11　14　18　22　28　36　45

注：1. 本表适用于渐开线圆柱齿轮，对斜齿轮指法向模数。
　　2. 优先采用第一系列，括号内的模数尽可能不用。

（3）压力角 α　分度圆上的压力角简称为压力角，用 α 表示。为了设计、制造、检验及使用的方便，GB/T 1356—2001 中规定分度圆压力角的标准值为 $\alpha = 20°$。此外，在某些场合也采用压力角 $\alpha = 14.5°$、$15°$、$22.5°$ 及 $25°$ 等的齿轮。

至此，可以给分度圆下一个完整的定义：分度圆就是齿轮上具有标准模数和标准压力角的圆。

（4）齿顶高系数 h_a^* 和顶隙系数 c^*　由上述可知，齿轮各部分尺寸均以模数为基础进行计算，因此齿轮的齿顶高和齿根高也不例外，即

$$h_a = h_a^* m$$

$$h_f = (h_a^* + c^*) m \qquad (5-5)$$

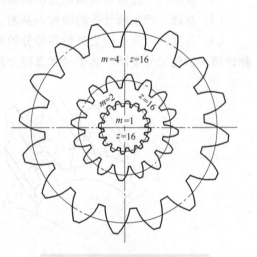

图 5-7　模数与齿轮尺寸的关系

式中　h_a^*、c^*——齿顶高系数和顶隙系数。GB/T 1356—2001 规定其标准值为

1）正常齿制　　当 $m \geqslant 1\text{mm}$，$h_a^* = 1$，$c^* = 0.25$

　　　　　　　　当 $m < 1\text{mm}$，$h_a^* = 1$，$c^* = 0.35$

2）非标准的短齿制　　$h_a^* = 0.8$，$c^* = 0.3$

3. 渐开线标准直齿轮的几何尺寸

标准齿轮是指 m、α、h_a^*、c^* 均取标准值，具有标准的齿顶高和齿根高，而且分度圆齿厚等于齿槽宽的齿轮。否则便是非标准齿轮。现将标准直齿圆柱齿轮几何尺寸的计算公式列

于表 5-3 中。

表 5-3　标准直齿圆柱齿轮几何尺寸计算公式　　　　（单位：mm）

名　称	符　号	公式与说明
齿　数	z	根据工作要求确定
模　数	m	按强度条件或经验类比选用表 5-1 中标准值
压力角	α	$\alpha = 20°$
分度圆直径	d	$d = mz$
齿顶高	h_a	$h_a = h_a^* m$
齿根高	h_f	$h_f = (h_a^* + c^*) m$
齿高	h	$h = h_a + h_f$
顶隙	c	$c = c^* m$
齿顶圆直径	d_a	$d_a = d \pm 2h_a = (z \pm 2h_a^*) m$ [①]
齿根圆直径	d_f	$d_f = d \mp 2h_f = (z \mp 2h_a^* \mp 2c^*) m$ [①]
基圆直径	d_b	$d_b = d\cos\alpha = mz\cos\alpha$
分度圆齿距	p	$p = \pi m$
分度圆齿厚	s	$s = \dfrac{1}{2} \pi m$
分度圆齿槽宽	e	$e = \dfrac{1}{2} \pi m$
标准中心距	a	$a = \dfrac{1}{2}(d_2 \pm d_1) = \dfrac{1}{2} m(z_2 \pm z_1)$ [②]
基圆齿距	p_b	$p_n = p_b = \pi m\cos\alpha$
法向齿距	p_n	

① 上面符号用于外齿轮，下面符号用于内齿轮。
② 上面符号用于外啮合，下面符号用于内啮合。

表中也包括内齿轮的几何尺寸公式。参照图 5-6b 分析，不难得出内齿轮与外齿轮的不同点为：

1）内齿轮的轮齿是内凹的，其齿厚和齿槽宽分别对应于外齿轮的齿槽宽和齿厚。

2）内齿轮的齿顶圆小于分度圆，而齿根圆大于分度圆。

3）为了正确啮合，内齿轮的齿顶圆必须大于基圆。

综上所述可知，在基本参数中，模数影响齿轮的各部分尺寸，故又把这种以模数为基础进行尺寸计算的齿轮称为模数制齿轮。在英美等国家，目前有的还采用径节制齿轮（即径节 $DP = z/d$，单位为 in^{-1}，径节 DP 与模数 m 的关系为：$DP = 25.4/m$，此时的单位为 mm）。

4. 标准齿条的特点

图 5-8 所示为一标准齿条。当标准齿轮的齿数趋于无穷多时，其基圆和其他圆的半径也趋于无穷大。这时，齿轮的各圆均变成了互相平行的直线，同侧渐开线齿廓也变成了互相平行的斜直线齿廓，这样就形成了齿条。齿条具有以下特点：

1）与齿顶线（或齿根线）平行的各直线上的齿距都相等，且有 $p = \pi m$。其中齿距与齿槽宽相等（$s = e$）的一条直线称为分度线，它是确定齿条齿部尺寸的基准线。

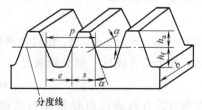

图 5-8　渐开线齿条

2）齿条直线齿廓上各点具有相同的压力角 α，且等于齿廓的倾斜角，此角称为齿形角，其标准值为 20°。

标准齿条的齿部几何尺寸与标准直齿轮相同，见表5-3。

5.3 渐开线标准直齿圆柱齿轮啮合传动

5.3.1 渐开线齿轮的啮合过程和正确啮合条件

1. 渐开线直齿圆柱齿轮传动的啮合过程

在图5-9中，齿轮1为主动轮，齿轮2为从动轮。当两轮的一对齿开始啮合时，必为主动轮的齿根推动从动轮的齿顶。因而开始啮合点是从动轮的齿顶圆与啮合线 N_1N_2 的交点 B_2，如图中实线所示；同理，主动轮的齿顶圆与啮合线 N_1N_2 的交点 B_1 为这对齿开始分离的点，如图中虚线所示。

线段 B_1B_2 为啮合点的实际轨迹，故称为实际啮合线。当齿高增大时，实际啮合线 B_1B_2 向外延伸。但因基圆内没有渐开线，故实际啮合线不能超过极限点 N_1 和 N_2。线段 N_1N_2 称为理论啮合线。

2. 渐开线齿轮传动的正确啮合条件

为了实现定传动比传动，啮合轮齿的工作侧齿廓的啮合点应在啮合线上。因此，若有一对以上的轮齿同时参加啮合，则各对齿的工作侧齿廓的啮合点也必须同时都在啮合线上，如图5-9所示的啮合点 B_2 及 K。线段 B_2K 同时是两轮相邻同侧齿廓沿公法线上的距离，称为法向齿距。显然，实现定传动比的正确啮合条件为两轮的法向齿距相等。由渐开线的性质可知，齿轮的法向齿距与基圆齿距相等。因此，该条件又可表述为两轮的基圆齿距相等，即

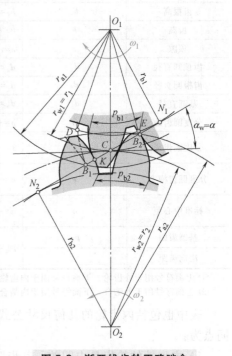

图 5-9 渐开线齿轮正确啮合

$$p_{b1} = p_{b2} \tag{5-6}$$

又因基圆齿距 p_b 与齿距 p 有如下关系
$$p_b = p\cos\alpha \tag{5-7}$$

故
$$p_{b1} = \pi m_1 \cos\alpha_1, \quad p_{b2} = \pi m_2 \cos\alpha_2$$

代入式（5-6）得

$$m_1\cos\alpha_1 = m_2\cos\alpha_2$$

式中，m_1、m_2 和 α_1、α_2 分别为两轮的模数和压力角。但因齿轮的模数和压力角都已标准化，故上式若成立，则必须满足

$$m_1 = m_2 = m, \quad \alpha_1 = \alpha_2 = \alpha \tag{5-8}$$

即渐开线直齿圆柱齿轮传动的正确啮合条件又可表述为：两轮的模数和压力角必须分别相等。

5.3.2 标准齿轮传动的正确安装条件

在齿轮传动中，为了消除反向传动空程和减小撞击，正确安装的渐开线齿轮理论上应为无齿侧间隙啮合，对于一对模数、压力角分别相等的外啮合标准齿轮正确安装时，因其分度圆上的齿厚等于齿槽宽，即 $s_1 = e_1 = \pi m/2 = s_2 = e_2$。两轮的节圆与分度圆重合，则 $s_{w1} = s_1 = e_2 = e_{w2}$，标准齿轮的这种安装称为标准安装。显然这时的啮合角 α_w 等于分度圆压力角 α，而中心距 a 称为标准中心距，其值为

$$a = r_{w1} + r_{w2} = r_1 + r_2 = \frac{m(z_1 + z_2)}{2} \tag{5-9}$$

当一对齿轮啮合时，为了避免一轮的齿顶端与另一轮的齿槽底相抵触，并能有一定的空隙储存润滑油，应使一轮的齿顶圆与另一轮的齿根圆之间留有一定的空隙，此空隙沿半径方向测量，称为顶隙，用 c 表示。标准齿轮在标准安装时的顶隙为

$$c = h_f - h_a = (h_a^* + c^*)m - h_a^* m = c^* m \tag{5-10}$$

此时顶隙为标准值。

因渐开线齿轮传动具有可分性，故齿轮安装的中心距可以不等于标准中心距，这时称为非标准安装。无论是标准安装还是非标准安装，其瞬时传动比都为

$$i_{12} = \frac{\omega_1}{\omega_2} = \frac{r_{w2}}{r_{w1}} = \frac{r_{b2}}{r_{b1}} = \frac{r_2}{r_1} = \frac{z_2}{z_1} = 常数$$

但非标准安装时齿侧出现间隙，反转时会有冲击。

5.3.3 渐开线齿轮连续传动的条件

从齿轮的啮合过程来看，对于齿轮定传动比的连续传动，仅具备两轮的法向齿距相等的条件是不够的。在图 5-9 中，若两轮不但法向齿距相等，而且 $\overline{B_1B_2} > p_b$，则当前一对齿在点 B_1 分离时，后一对齿已经进入啮合，因此能保证齿轮做定传动比的连续传动。若 $\overline{B_1B_2} = p_b$，则当前一对齿在点 B_1 分离时，后一对齿正好在点 B_2 开始进入啮合。理论上讲，这种情况也能保证齿轮做定传动比的连续传动，因此有

$$\overline{B_1B_2} \geqslant p_b \quad 或 \quad \frac{\overline{B_1B_2}}{p_b} \geqslant 1$$

通常把 $\overline{B_1B_2}$ 与 p_b 的比值称为重合度或重叠系数，用 ε 表示。因此，齿轮连续传动的条件为

$$\varepsilon = \frac{\overline{B_1B_2}}{p_b} \geqslant 1 \tag{5-11}$$

从理论上讲，重合度 $\varepsilon = 1$ 就能保证齿轮连续传动，但由于齿轮从制造到安装都存在一定的误差，在实际应用中，ε 值应大于 1，在一般的机械制造中，$\varepsilon \geqslant 1.1 \sim 1.4$。$\varepsilon$ 值越大，表明同时参加啮合轮齿的对数越多，且多对齿啮合的时间越长，这对提高齿轮传动的承载能力和传动的平稳性都有十分重要的意义。对于标准齿轮传动，其重合度都大于 1，故可不必验算。

5.4 轮齿的切削加工与变位齿轮的概念

5.4.1 齿轮轮齿的加工原理

齿轮加工的方法很多，如铸造法、冲压法、挤压法及切削法等。其中最常用的方法是切削法。齿轮切削加工的工艺很多，但就其加工原理可分为两大类，即仿形法和展成法。两者中又以展成法用得更为广泛，下面简要介绍仿形法和展成法加工的基本原理。

1. 仿形法

仿形法是用具有渐开线齿轮齿槽形状的成形刀具直接在轮坯上切出齿形的方法。常用的刀具有盘状铣刀和指形齿轮铣刀。如图 5-10 所示，加工时刀具绕本身轴线旋转，齿轮沿自身轴线做直线移动，当铣完一个齿槽后，轮坯便退回原位，并用分度头将轮坯转过 360°/z 的角度再铣第二个齿槽，这样依次地铣削，直到铣完所有的齿槽为止。

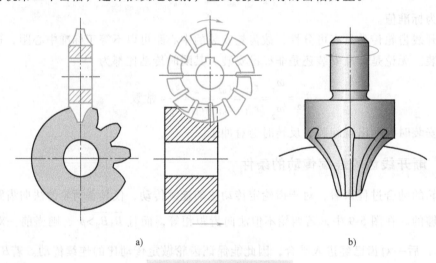

图 5-10 仿形法加工轮齿

a）盘状铣刀加工 b）指形齿轮铣刀加工

渐开线齿轮的齿廓形状是由模数、齿数、压力角三个参数决定的。因此要铣出准确的渐开线齿形，则在同一种模数的情况下，对于每一种齿数就要有一把铣刀，这实际上是不可能的。为了减少铣刀的数量，对于每一种模数、压力角，设计 8 把或 15 把成形铣刀，在允许的齿形误差范围内，用一把铣刀可以铣几个齿数相近的齿轮。

仿形法加工不需要专用机床，但生产率低，加工精度低，故只适用于修配或小批量生产及精度要求不高的齿轮加工。

2. 展成法

展成法又称为范成法，是齿轮加工中最常用的一种方法，是利用一对齿轮互相啮合时其共轭齿廓互为包络线的原理来加工齿轮的。如果把其中一个齿轮做成刀具，就可以切出与其共轭的渐开线齿廓。常用的展成法加工有插齿、滚齿、剃齿、磨齿等。剃齿和磨齿用来加工精度要求高的齿轮。

（1）插齿 在图 5-11a 中，齿轮插刀是一个齿廓为刀刃的外齿轮，其模数和压力角与被加工齿轮相同。加工时，将插刀和轮坯装在插齿机床上，机床的传动链使插刀和轮坯按恒定的传动比 $i=\omega_{刀}/\omega_{坯}=z_{坯}/z_{刀}$ 做缓慢转动，如同一对齿轮啮合一样，如箭头 Ⅰ、Ⅱ 所示。这样，刀刃在轮坯上留下连续的刀刃廓线族（即切痕），其包络线即为被加工齿轮的齿廓，如图 5-11b 所示。上述运动是加工齿轮的主运动，称为展成运动。为了形成齿槽，并将齿槽部分的材料切去，插刀还需沿轮坯轴线方向做往复运动，称为切削运动，如箭头 Ⅲ 所示。此外，为了切出全齿高，还有沿轮坯径向的进给运动及让刀运动（插刀每次回行时，轮坯沿径向做微让运动，以免刀刃擦伤已形成的齿面）。通过改变插齿刀与轮坯的传动比，即可用一把插齿刀加工出模数和压力角相同而齿数不同的若干个齿轮。

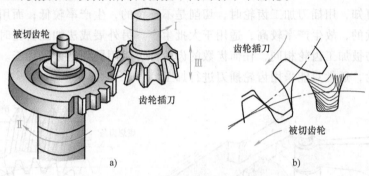

图 5-11 齿轮插刀加工轮齿

当插齿刀的齿数增加到无穷多时，其基圆半径变为无穷大，插齿刀的齿廓变为直线，插刀就变为齿条插刀。齿条插刀是齿廓为刀刃的齿条。它仅比标准齿条在齿顶部高出 c^*m 一段，以便切出齿轮的齿根，保证传动时的顶隙，其他部分完全一样，如图 5-12 所示。

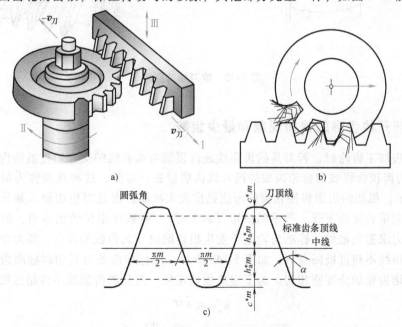

图 5-12 齿条插刀加工轮齿

（2）**滚齿** 在图 5-13b 中，滚刀像具有梯形螺纹的螺杆，其纵向开有斜槽（图 5-13a）。加工时，滚刀轴线与轮坯端面之间应有一个 λ 的安装角，此角为滚刀螺纹的升程角，亦即使滚刀螺纹切线恰与轮坯的齿向一致，以便加工出齿轮的直齿槽。滚刀加工的展成运动为滚刀和轮坯分别绕自己轴线的等速转动（见箭头 Ⅰ 和 Ⅱ），其恒定传动比 $i = \omega_刀/\omega_坯 = z_坯/z_刀$。因滚刀在轮坯回转面内的投影为一齿条，又因滚刀螺纹通常是单线的，故当滚刀转一周时，其螺纹移动一个螺距，相当于该齿条移过一个齿距。因此，滚刀连续地转动就相当于一根无限长的齿条在做连续移动，而转动的轮坯则成为与其啮合的齿轮。所以滚刀加工的展成运动实质上与齿条插刀展成加工一样。为了沿齿宽方向切出齿槽，滚刀在转动的同时，还需沿轮坯轴线方向移动（见箭头 Ⅲ）。

综上所述可知，用插刀加工齿轮时，切削是不连续的，生产率较低；而用齿轮滚刀加工时，切削是连续的，故生产率较高，适用于大批生产。另外展成法加工齿轮时，只要刀具的模数和压力角与被加工齿轮相同，任何齿数的齿轮都可以用同一把刀来加工。

对于内齿轮，通常只能采用齿轮插刀进行加工。

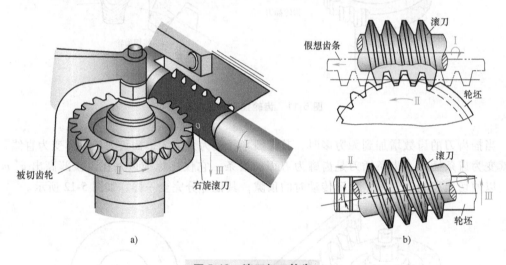

图 5-13　滚刀加工轮齿

5.4.2　渐开线齿廓的根切现象和最少齿数

用展成法加工齿轮时，若刀具的齿顶线或齿顶圆与啮合线的交点超过被切齿轮的极限点 N，则刀具的齿顶会将被切齿轮齿根的渐开线齿廓切去一部分，这种现象称为根切现象。如图 5-14a 所示，根切的齿廓将使轮齿的弯曲强度大大减弱，而且当根切侵入渐开线齿廓工作段时，将引起重合度的下降。严重的根切（$\varepsilon < 1$ 时），将破坏定传动比传动，影响传动的平稳性，故应力求避免根切。标准齿轮是否发生根切取决于其齿数的多少，要避免根切就必须使刀具的齿顶线不超过极限点 N。如图 5-14c 所示，用标准齿条刀具切制标准齿轮时，刀具的中线与被切齿轮的分度圆相切。为了避免根切现象，刀具的齿顶线不得超过极限点 N，即

$$h_a^* m \leqslant \overline{NM} \tag{5-12}$$

但

$$\overline{NM} = \overline{CN}\sin\alpha = r\sin^2\alpha = \frac{mz}{2}\sin^2\alpha$$

代入式（5-12）并整理得

$$z \geqslant \frac{2h_a^*}{\sin^2\alpha}$$

$$z_{\min} = \frac{2h_a^*}{\sin^2\alpha} \tag{5-13}$$

用标准齿条刀具切制标准齿轮时，因 $\alpha = 20°$，$h_a^* = 1$，则最少齿数 $z_{\min} = 17$。

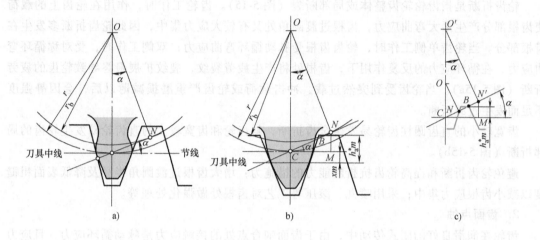

图 5-14 齿轮根切

5.4.3 变位齿轮的概念

当齿轮传动由于尺寸的限制，或由于传动比的要求，需要小齿轮的齿数少于最少齿数时，如前所述，若用标准齿条刀具加工标准齿轮，则必发生根切现象，如图 5-14a 的齿廓所示，这时刀具的齿顶线超过了轮坯的极限点 N。为了避免根切，应将刀具的安装位置远离轮坯中心 O 一段距离 xm（为了保证全齿高，轮坯的外圆也相应地预先做大些），使其齿顶线刚好通过点 N 或在点 N 以下，如图 5-14b 中实线齿廓所示，这时被切齿轮就不会产生根切，这种用改变刀具与轮坯径向相对位置来切制齿轮的方法称为径向变位法。采用径向变位法所切制的齿轮称为变位齿轮。以切制标准齿轮的位置为基准，刀具所移动的距离 xm 称为移距或变位，而 x 称为移距系数或变位系数；并且规定刀具远离轮坯中心的移距系数为正，反之为负（在这种情况下齿轮的齿数一定要多于最少齿数，否则将发生根切），对应于 $x>0$，$x=0$ 及 $x<0$ 的变位分别称为正变位、零变位及负变位。

采用刀具变位来加工齿轮，不仅可以避免根切现象，还能用来满足非标准中心距的一对齿轮啮合，改善小齿轮的弯曲强度和一对齿轮的啮合性能。由于变位齿轮具有很多优点，而切削变位齿轮时，所用的刀具及展成运动的传动比均与切削标准齿轮时一样，无须更换刀具和设备，因此在生产中得到了广泛的应用。有关变位齿轮的理论、计算和应用，可参阅有关书籍和资料。

5.5 直齿圆柱齿轮的强度计算

5.5.1 轮齿的失效

齿轮传动的失效主要是轮齿的失效。轮齿的失效形式主要有以下五种：

1. 轮齿折断

轮齿折断是指齿轮轮齿整体或局部断裂（图 5-15）。齿轮工作时，作用在轮齿上的载荷使齿根部分产生最大弯曲应力，齿根过渡圆角处又有较大应力集中，因此轮齿折断多发生在齿根部分。当轮齿单侧工作时，轮齿齿根受脉动循环弯曲应力；双侧工作时，受对称循环弯曲应力，在循环应力的反复作用下，齿根处将产生疲劳裂纹，裂纹扩展最终导致轮齿的疲劳折断（图 5-15a）。当轮齿受到突然过载、冲击载荷或轮齿严重磨损减薄以后，会因静强度不足而发生过载折断。

齿宽较小的直齿圆柱齿轮易发生全齿折断，斜齿轮和齿宽较大的直齿轮易发生轮齿的局部折断（图 5-15b）。

避免轮齿折断和提高轮齿抗折断能力的措施为：增大齿根过渡圆角半径及降低表面粗糙度以减小齿根应力集中；采用喷丸、滚压等工艺对齿根处做强化处理等。

2. 齿面点蚀

齿轮在润滑良好的闭式传动中，由于齿面啮合点处的接触应力是脉动循环应力，且应力值很大，故齿轮工作一定时间后首先使节线附近的根部齿面产生细微的疲劳裂纹，润滑油的挤入又加速这些疲劳裂纹的扩展，导致金属微粒剥落，形成图 5-16 所示的细小凹坑，这种现象称为点蚀。点蚀出现后，齿面不再是完整的渐开线曲面，从而影响轮齿的正常啮合，产生冲击和噪声，进而扩展凹坑到整个齿面而失效。点蚀常发生在润滑良好，齿面硬度≤350HBW 的闭式传动中。

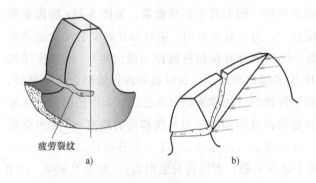

图 5-15 轮齿折断

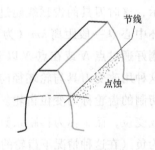

图 5-16 齿面点蚀

在开式齿轮传动中，由于齿轮表面磨损较快，点蚀未形成之前已被磨掉，因而一般不会发展成为点蚀。

避免或减缓点蚀产生的措施有限制齿面接触应力，提高齿面硬度和增加润滑油的黏度等。

3. 齿面磨损

齿轮啮合传动时，两渐开线齿廓之间存在相对滑动，在载荷作用下，齿面间的灰尘、硬屑粒会引起齿面磨损（图5-17）。严重的磨损将使齿面渐开线齿形失真，齿侧间隙增大，从而产生冲击和噪声，甚至发生轮齿折断。在开式传动中，特别是在多灰尘场合，齿面磨损是轮齿失效的一种主要形式。

采用闭式传动，提高齿面硬度，降低齿面粗糙度值和保持良好润滑，可大大减轻齿面磨损。

4. 齿面胶合

在高速重载传动中，常因啮合区温度升高或因齿面的压力很大而引起润滑油膜破裂使齿面金属直接接触，而熔粘在一起，由于两齿面间存在相对滑动，导致较软齿面上的金属被撕下，从而在齿面上形成与滑动方向一致的沟槽状伤痕，如图5-18所示，这种现象称为齿面胶合。在低速重载传动中，因齿面的压力很大，润滑油膜不易形成也可能产生胶合破坏。

为了防止产生胶合，除适当提高齿面硬度和降低表面粗糙度值外，对于低速齿轮传动应采用黏度大的润滑油，高速传动应采用含抗胶合添加剂的润滑油。

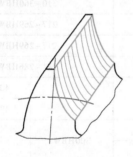

图 5-17　齿面磨损

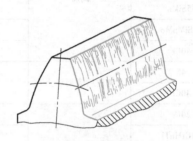

图 5-18　齿面胶合

5. 齿面塑性变形

在重载作用下，较软的齿面上可能产生局部的塑性变形，使齿廓失去正确的齿形。这种失效形式多发生在低速、过载和振动频繁的传动中。

提高齿面硬度、减小接触应力、改善润滑情况等有助于减轻或防止齿面塑性变形。

为了使轮齿具有一定的抗上述失效的能力，在选择齿轮材料时，应使齿面具有足够的硬度和耐磨性以抵抗齿面磨损、点蚀、胶合及塑性变形，而且应有足够的弯曲强度，以抵抗齿根折断，因此，对齿轮材料的基本要求是：齿面要硬，齿芯要韧。同时，选择材料时还应考虑加工和热处理的工艺性以及经济性的要求。常用的齿轮材料有各种钢材、铸铁及非金属材料。表5-4列出了常用的齿轮材料及其力学性能。

通常齿面硬度≤350HBW 时，称为软齿面，硬度>350HBW 时，称为硬齿面，软齿面的工艺过程较简单，适用于一般传动。当大小齿轮均为软齿面时，由于小齿轮受载次数较多，齿根弯曲强度较低，因此在选择材料和热处理时，一般使小齿轮齿面硬度比大齿轮高30~50HBW。为提高抗胶合性能，大小齿轮应采用不同钢号的材料。硬齿面齿轮的承载能力较大，但需专门设备磨齿，常用于要求结构紧凑，高速、重载及精密的机械中。

表 5-4　常用齿轮材料及其力学性能

材料牌号	热处理方法	强度极限 σ_b/MPa	屈服极限 σ_s/MPa	硬度	
				齿芯部	齿面
HT250		250		170~241HBW	
HT300		300		187~255HBW	
HT350		350		197~269HBW	
QT500-5		500		147~241HBW	
QT600-2		600		229~302HBW	
ZG310-570	常化	580	320	156~217HBW	
ZG340-640		650	350	169~229HBW	
45		580	290	162~217HBW	
ZG340-640		700	380	241~269HBW	
45		650	360	217~255HBW	
30CrMnSi	调质	1100	900	310~360HBW	
35SiMn		750	450	217~269HBW	
38SiMnMo		700	550	217~269HBW	
40Cr		700	500	241~286HBW	
45	调质后表面淬火				40~50HRC
40Cr					48~55HRC
20Cr		650	400	300HBW	
20CrMnTi	渗碳后淬火	1100	850		58~62HRC
12Cr2Ni4		1100	850	320HBW	
20Cr2Ni4		1200	110	350HBW	
35CrAlA	调质后氮化(氮化层	950	750	255~321HBW	>850HV
38CrMoAlA	厚度 $\delta \geqslant 0.3 \sim 0.5$)	1000	850		
夹布塑胶		100		25~35HBW	

5.5.2　轮齿的受力分析和计算载荷

为了计算轮齿的强度，设计轴和轴承装置等，需要求出作用在轮齿上的力。

图 5-19 所示为一对标准直齿圆柱齿轮按标准中心距安装，其齿廓在 C 点接触，若忽略齿面间的摩擦力，则轮齿间的总作用力 F_n 将始终沿啮合线方向作用，大小不变，将 F_n 分解为两个相互垂直的分力，即圆周力 F_t 和径向力 F_r。

$$\left. \begin{array}{l} F_t = \dfrac{2T_1}{d_1} \\[2mm] F_r = F_t \tan\alpha \\[2mm] F_n = \dfrac{F_t}{\cos\alpha} \end{array} \right\} \qquad (5\text{-}14)$$

式中　　T_1——小齿轮传递的转矩，单位为 N·mm，$T_1 = 9.55 \times 10^6 \dfrac{P}{n_1}$；

　　　　P——齿轮传递的功率，单位为 kW；

　　　　n_1——小齿轮转速，单位为 r/min；

　　　　d_1——小齿轮分度圆直径，单位为 mm；

　　　　α——压力角。

主、从动轮上各对应的力大小相等，方向相反。圆周力 F_t 的方向在主动轮上与圆周速度方向相反，在从动轮上与圆周速度相同。径向力 F_r 的方向由作用点指向轮心。

总作用力 F_n 是齿轮传动理想状态下的载荷，称为名义载荷。实际上由于制造误差、安装误差，轮齿、轴和轴承受载后的变形，以及传动中工作载荷和速度的变化等，使轮齿上所受到的实际作用力大于名义载荷，所以在齿轮的强度计算中，载荷应按修正后的计算载荷 F_{nc} 进行计算，即

$$F_{nc} = KF_n \tag{5-15}$$

式中　K——载荷系数，由表 5-5 查得。

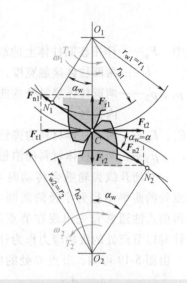

图 5-19　直齿圆柱齿轮传动的受力分析

表 5-5　载荷系数 K

原动机	工作机械的载荷特性		
	均匀	中等冲击	较大冲击
电动机	1~1.2	1.2~1.6	1.6~1.8
多缸内燃机	1.2~1.6	1.6~1.8	1.9~2.1
单缸内燃机	1.6~1.8	1.8~2.0	2.2~2.4

注：圆周速度低、传动精度高、齿宽系数小时取小值，圆周速度高、传动精度低、齿宽系数大时取大值。当齿轮在两轴承之间近于对称布置时取小值，非对称布置或悬臂布置时取大值。增速传动时 K 值应增大 1.1 倍。

5.5.3　齿轮的强度计算

齿轮强度计算的目的是避免齿轮可能出现失效。一对闭式齿轮的主要失效形式是齿面点蚀和齿根弯曲疲劳折断，因此在设计闭式齿轮传动时要进行齿面接触疲劳强度计算和齿根弯曲疲劳强度计算。开式齿轮的主要失效形式是齿面磨损和齿根弯曲疲劳折断，由于当前磨损计算方法尚不完善，因此只进行齿根弯曲疲劳强度计算，并适当考虑磨损的影响。

1. 齿面接触疲劳强度计算

齿面的点蚀与齿面接触应力的大小有关，为避免齿面点蚀，应使齿面接触应力小于材料许用接触应力。

齿面接触应力的计算公式是根据弹性力学的赫兹公式导出的。如图 5-20 所示，两圆柱体在载荷 F_n 的作用下，由于弹性变形，接触面呈窄矩形，最大接触应力发生在接触区中线上，其值为

$$\sigma_H = \sqrt{\dfrac{F_n\left(\dfrac{1}{\rho_1} \pm \dfrac{1}{\rho_2}\right)}{\pi b\left[\left(\dfrac{1-\mu_1^2}{E_1}\right) + \left(\dfrac{1-\mu_2^2}{E_2}\right)\right]}} \leqslant [\sigma_H] \tag{5-16}$$

式中 F_n——作用在圆柱体上的载荷，单位为 N；

    b——两圆柱体接触宽度，单位为 mm；

  ρ_1、ρ_2——两圆柱体接触处的曲率半径，单位为 mm，"+"号用于外接触，"-"号用于内接触；

  E_1、E_2——两圆柱体材料的弹性模量，单位为 MPa；

  μ_1、μ_2——两圆柱体材料的泊松比。

一对渐开线齿轮啮合传动时可看作是以两齿廓在接触点处的曲率半径为半径的两圆柱体相互接触。实验表明齿面点蚀通常首先出现在节点附近靠近齿根处，所以设计时以节点处的接触应力作为计算依据。

由图 5-19 可知，节点 C 处的曲率半径为

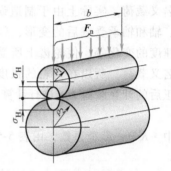

图 5-20 两圆柱体的接触应力

$$\rho_1 = \overline{N_1 C} = \dfrac{d_1}{2}\sin\alpha, \quad \rho_2 = \overline{N_2 C} = \dfrac{d_2}{2}\sin\alpha$$

取齿数比 $u = \dfrac{d_2}{d_1} = \dfrac{z_2}{z_1} \geqslant 1$，则

$$\dfrac{1}{\rho_1} \pm \dfrac{1}{\rho_2} = \dfrac{2}{d_1\sin\alpha} \pm \dfrac{2}{d_2\sin\alpha} = \dfrac{u \pm 1}{u} \cdot \dfrac{2}{d_1\sin\alpha}$$

在节点处一般只有一对齿啮合，即一对齿上所受载荷为

$$F_{nc} = KF_n = \dfrac{2KT_1}{d_1\cos\alpha}$$

若令弹性影响系数 $Z_E = \sqrt{\dfrac{1}{\pi\left[\left(\dfrac{1-\mu_1^2}{E_1}\right) + \left(\dfrac{1-\mu_2^2}{E_2}\right)\right]}}$，则两轮材料均为钢时，$Z_E =$

$189.8\sqrt{\text{MPa}}$。

将上述各式代入式（5-16）并令标准压力角 $\alpha = 20°$，齿宽系数 $\phi_d = b/d_1$，经整理可得一对钢制齿轮的齿面接触疲劳强度 σ_H（单位为 MPa）的验算公式为

$$\sigma_H = 670\sqrt{\dfrac{KT_1(u \pm 1)}{\phi_d d_1^3 u}} \leqslant [\sigma_H] \tag{5-17}$$

也可得按齿面接触强度确定小齿轮分度圆直径 d_1（单位为 mm）的公式，即

$$d_1 \geqslant \sqrt[3]{\dfrac{KT_1(u \pm 1)}{\phi_d u}\left(\dfrac{670}{[\sigma_H]}\right)^2} \tag{5-18}$$

上式只适用于一对钢制齿轮，若齿轮配对齿轮材料为钢对铸铁或铸铁对铸铁，则应将公式中的系数 670 分别改为 572 和 508。

齿面许用接触应力 $[\sigma_H]$（单位为 MPa）可按下式确定

$$[\sigma_H] = \frac{\sigma_{Hlim}}{S_H} \tag{5-19}$$

式中　σ_{Hlim}——轮齿齿面的接触疲劳强度极限，它主要取决于齿轮材料、齿面硬度、热处理方法，其值可查图 5-21；

　　　S_H——齿轮接触疲劳安全系数，按表 5-6 查取。

表 5-6　安全系数 S_H 和 S_F

安全系数	软齿面(≤350HBW)	硬齿面(>350HBW)	重要的传动、渗碳淬火齿轮和铸造齿轮
S_H	1.0~1.1	1.1~1.2	1.3
S_F	1.3~1.4	1.4~1.6	1.6~2.2

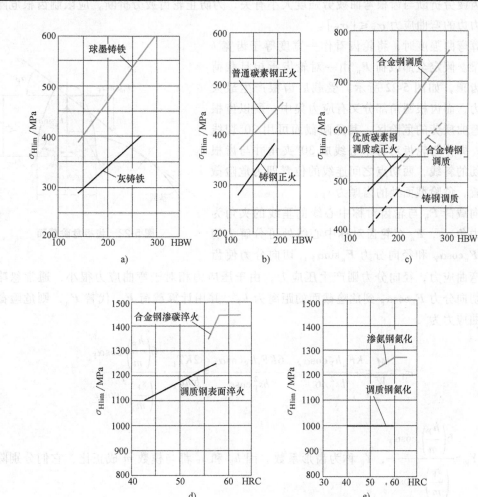

图 5-21　轮齿齿面的接触疲劳强度极限 σ_{Hlim}

在载荷一定的情况下，增大齿宽可以减小齿轮直径和传动中心距。但齿宽越大，载荷沿齿宽分布越不均匀，因此应合理选择齿宽系数 ϕ_d，其推荐值可从表 5-7 中选取。

表 5-7 齿宽系数 ϕ_d

齿轮相对于轴承的位置	对称布置	不对称布置	悬臂布置
ϕ_d	0.9 ~ 1.4	0.7 ~ 1.15	0.4 ~ 0.6

注：大、小齿轮均为硬齿面时，ϕ_d 取表中偏小值，否则可取表中偏大值。

为保证接触齿宽，圆柱齿轮的小齿轮齿宽 b_1 比大齿轮齿宽 b_2 略大，$b_1 = b_2 + （3 ~ 5）$ mm。

在进行齿面接触强度计算时，两轮的接触应力相同，但两轮的许用接触应力不一定相同，故应取两轮许用接触应力中的较小值代入式（5-17）、式（5-18）计算。

2. 齿根弯曲疲劳强度计算

轮齿疲劳折断与齿根弯曲疲劳强度大小有关，为防止轮齿疲劳折断，应限制齿根危险截面拉应力边的弯曲应力 $\sigma_F \leqslant [\sigma_F]$。

计算弯曲强度时，将轮齿看作一宽度等于齿宽 b 的悬臂梁。假定全部载荷 $\boldsymbol{F}_n$ 由一对轮齿承担且载荷作用于齿顶，如图 5-22 所示。受载后齿根产生最大弯曲应力，而齿根圆角部分又有应力集中，所以齿根部分是弯曲疲劳的危险区，其危险截面可用 30°切线法确定，即作与轮齿对称中心线成 30°夹角并与齿根圆角相切的斜线，两切点之间连线的位置即为危险截面的位置，危险截面处的齿厚为 s_F。

法向载荷 $\boldsymbol{F}_n$ 与轮齿对称中心线的垂线的夹角为齿顶压力角 α_F，$\boldsymbol{F}_n$ 在轮齿对称中心线处可分解为切向分力 $\boldsymbol{F}_n\cos\alpha_F$ 和径向分力 $\boldsymbol{F}_n\sin\alpha_F$，切向分力使齿

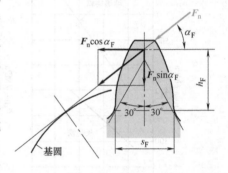

图 5-22 齿根危险截面

根产生弯曲应力，径向分力则产生压应力，由于压应力相对于弯曲应力很小，通常忽略不计。设切向分力 $\boldsymbol{F}_n\cos\alpha_F$ 到危险截面的距离为 h_F，并用计算载荷 $\boldsymbol{F}_{nc}$ 代替 $\boldsymbol{F}_n$，则危险截面处的弯曲应力为

$$\sigma_F = \frac{M}{W} = \frac{KF_n h_F \cos\alpha_F}{bs_F^2/6} = \frac{6KF_t h_F \cos\alpha_F}{bs_F^2 \cos\alpha} = \frac{2KT_1}{bmd_1} \cdot \frac{6\left(\dfrac{h_F}{m}\right)\cos\alpha_F}{\left(\dfrac{s_F}{m}\right)^2 \cos\alpha}$$

令 $Y_F = \dfrac{6\left(\dfrac{h_F}{m}\right)\cos\alpha_F}{\left(\dfrac{s_F}{m}\right)^2 \cos\alpha}$，$Y_F$ 称为齿形系数。因 h_F 和 s_F 都与模数 m 成正比，它们分别除以模数后，Y_F 成为一个无量纲参数，它的大小只与轮齿的齿廓形状有关，而与模数 m 无关。当齿廓基本参数已确定时，标准齿轮的 Y_F 只与齿数有关，其值可查表 5-8。

考虑到齿根危险截面处的过渡圆角会引起应力集中以及齿根危险截面上压应力等其他应力作用，在计算齿根弯曲应力时还应引入应力校正系数 Y_S。标准齿轮的 Y_S 也只与齿数有关，其值可查表 5-8。

表 5-8　齿形系数 Y_F 和应力校正系数 Y_S

$z(z_v)$	17	18	19	20	21	22	23	24	25	26	27	28	29
Y_F	2.97	2.91	2.85	2.80	2.76	2.72	2.69	2.65	2.62	2.60	2.57	2.55	2.53
Y_S	1.52	1.53	1.54	1.55	1.56	1.57	1.575	1.58	1.59	1.595	1.60	1.61	1.62
$z(z_v)$	30	35	40	45	50	60	70	80	90	100	150	200	∞
Y_F	2.52	2.45	2.40	2.35	2.32	2.28	2.24	2.22	2.20	2.18	2.14	2.12	2.06
Y_S	1.625	1.65	1.67	1.68	1.70	1.73	1.75	1.77	1.78	1.79	1.83	1.865	1.97

注：1. 基本齿形的参数为 $\alpha = 20°$、$h_a^* = 1$、$c^* = 0.25$、刀具圆角半径 $\rho = 0.38m$。
　　2. 内齿轮的齿形系数和应力校正系数可近似地取为 $z = \infty$ 时的齿形系数和应力校正系数。

因此，轮齿的齿根弯曲疲劳强度 σ_F（单位为 MPa）的验算公式为

$$\sigma_F = \frac{2KT_1 Y_F Y_S}{bmd_1} \leqslant [\sigma_F] \tag{5-20}$$

令 $\phi_d = b/d_1$，可得按齿根弯曲疲劳强度进行设计的计算公式为（模数 m 的单位为 mm）

$$m \geqslant \sqrt[3]{\frac{2KT_1}{\phi_d z_1^2} \cdot \frac{Y_F Y_S}{[\sigma_F]}} \tag{5-21}$$

在齿轮传动的设计中，因大、小齿轮的齿数、材料不一样，在设计或校核时需将小齿轮和大齿轮的 $\dfrac{Y_F Y_S}{[\sigma_F]}$ 进行比较，其值大的弯曲强度弱，应代入大值进行计算。由式（5-21）算得的模数应圆整成标准模数。传递动力的齿轮，其模数一般不小于 $1.5 \sim 2$mm。

为避免根切，标准直齿轮的最小齿数不应少于 17 齿，对于一般软齿面闭式齿轮，因齿面点蚀是主要失效方式，故只要保持小齿轮分度圆直径 d_1 不变，在满足弯曲疲劳强度条件下，可将齿数适当选多些，以增加重合度，提高传动平稳性，同时还可以减轻齿轮质量，节省制造费用。对于开式齿轮传动，齿数不宜过多，一般取 $z_1 = 17 \sim 20$，以免传动尺寸过大。

齿根许用弯曲应力 $[\sigma_F]$（单位为 MPa）可按下式确定

$$[\sigma_F] = \frac{\sigma_{Flim}}{S_F} \tag{5-22}$$

式中　σ_{Flim}——轮齿齿根的弯曲疲劳强度极限，其值可查图 5-23，该图是用各种材料的齿轮在单侧工作时测得的，对于长期双侧工作的齿轮传动，如惰轮或行星轮，其齿根弯曲应力为对称循环变应力，则应将图中数据乘以 0.7；

　　　　S_F——齿轮弯曲疲劳安全系数，按表 5-6 查取。

齿轮传动强度计算的方法取决于齿轮传动的失效形式，在设计齿轮时，先按主要失效形式进行强度计算，确定其主要参数，再对其他失效形式进行校核。对于一般软齿面闭式齿轮传动，齿面点蚀是其主要的失效形式，计算时先按接触疲劳强度计算公式求出小齿轮直径 d_1 和齿宽 b，再按弯曲疲劳强度校核公式校核。对于硬齿面的闭式齿轮传动，弯曲疲劳折断是其主要失效形式，计算时先按弯曲疲劳强度计算公式求出模数 m，经圆整后，再校核接触疲劳强度。对于开式齿轮传动，通常只进行弯曲疲劳强度计算，为了补偿因磨损而造成的轮齿强度削弱，应将计算所得的模数加大 $10\% \sim 15\%$。

例 5-1　某一级减速装置中的一对闭式标准直齿圆柱齿轮传动，已知某输入转速 $n_1 =$

960r/min，齿数比 $u = 3.2$，传递的功率为 $P = 10\text{kW}$，单向传动，载荷基本平稳，试设计该齿轮传动。

解 （1）选择齿轮材料　因载荷平稳、传递功率一般，小齿轮选 45 钢，调质处理，齿面硬度为 250HBW；大齿轮用 45 钢，调质处理，齿面硬度为 220HBW。

（2）选择齿数和齿宽系数　初定齿数 $z_1 = 25$，得 $z_2 = 80$；取齿宽系数 $\phi_d = 1.2$。

（3）确定轮齿的许用应力　根据两轮轮齿的齿面硬度，由图 5-21 和图 5-23 得两轮的齿面接触疲劳强度极限和齿根弯曲疲劳强度极限分别为：$\sigma_{\text{Hlim1}} = 580\text{MPa}$，$\sigma_{\text{Hlim2}} = 560\text{MPa}$，$\sigma_{\text{Flim1}} = 200\text{MPa}$，$\sigma_{\text{Flim2}} = 190\text{MPa}$。

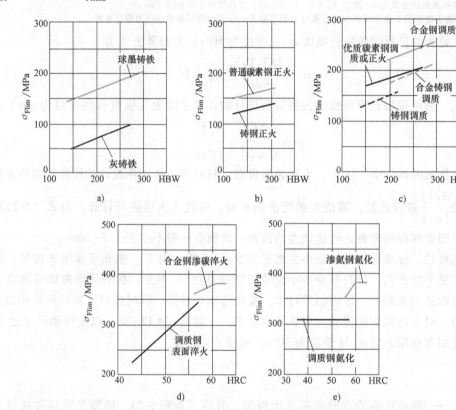

图 5-23　轮齿齿根的弯曲疲劳强度极限 σ_{Flim}

查表 5-6，得安全系数 $S_H = 1.1$，$S_F = 1.3$，则得

$$[\sigma_{H1}] = \frac{\sigma_{\text{Hlim1}}}{S_H} = \frac{580}{1.1}\text{MPa} = 527\text{MPa}$$

$$[\sigma_{H2}] = \frac{\sigma_{\text{Hlim2}}}{S_H} = \frac{560}{1.1}\text{MPa} = 509\text{MPa}$$

$$[\sigma_{F1}] = \frac{\sigma_{\text{Flim1}}}{S_F} = \frac{200}{1.3}\text{MPa} = 154\text{MPa}$$

$$[\sigma_{F2}] = \frac{\sigma_{\text{Flim2}}}{S_F} = \frac{190}{1.3}\text{MPa} = 146\text{MPa}$$

（4）按齿面接触强度设计

1）计算小齿轮所传递的转矩。

$$T_1 = 9.55 \times 10^6 \frac{P}{n_1} = 9.55 \times 10^6 \times \frac{10}{960} \text{N} \cdot \text{mm} = 99479 \text{N} \cdot \text{mm}$$

2）根据齿轮传动的条件，查表 5-5 得载荷系数 $K = 1.1$。

3）由式（5-18），确定小齿轮直径为

$$d_1 \geqslant \sqrt[3]{\frac{KT_1(u\pm1)}{\phi_d u}\left(\frac{670}{[\sigma_H]}\right)^2} = \sqrt[3]{\frac{1.1 \times 99479 \times (3.2+1)}{1.2 \times 3.2}\left(\frac{670}{509}\right)^2} \text{mm} = 59 \text{mm}$$

（5）确定模数和齿宽

模数
$$m = \frac{d_1}{z_1} = \frac{59}{25} \text{mm} = 2.36 \text{mm}$$

按表 5-2 取 $m = 2.5$mm，则得

$$d_1 = mz_1 = 2.5 \times 25 \text{mm} = 62.5 \text{mm}$$

齿宽
$$b = \phi_d d_1 = 1.2 \times 62.5 \text{mm} = 75 \text{mm}$$

（6）验算齿根弯曲强度　由表 5-8 可得，齿形系数 $Y_{F1} = 2.62$，$Y_{F2} = 2.22$；应力校正系数 $Y_{S1} = 1.59$，$Y_{S2} = 1.77$。

由式（5-20）得

$$\sigma_{F1} = \frac{2KT_1 Y_{F1} Y_{S1}}{bmd_1} = \frac{2 \times 1.1 \times 99479 \times 2.62 \times 1.59}{75 \times 2.5 \times 62.5} \text{MPa} = 77.8 \text{MPa} < [\sigma_{F1}]$$

$$\sigma_{F2} = \sigma_{F1} \frac{Y_{F2} Y_{S2}}{Y_{F1} Y_{S1}} = 77.8 \times \frac{2.22 \times 1.77}{2.62 \times 1.59} \text{MPa} = 73.4 \text{MPa} < [\sigma_{F2}]$$

故两轮轮齿的弯曲强度足够。

（7）齿轮传动的几何尺寸

两轮分度圆直径
$$d_1 = mz_1 = 2.5 \times 25 \text{mm} = 62.5 \text{mm}$$
$$d_2 = mz_2 = 2.5 \times 80 \text{mm} = 200 \text{mm}$$

中心距
$$a = \frac{1}{2}m(z_1+z_2) = \frac{1}{2} \times 2.5 \times (25+80) \text{mm} = 131.25 \text{mm}$$

齿宽
$$b_1 = b+(3 \sim 5) \text{mm}$$

故
$$b_1 = 80 \text{mm}, \quad b_2 = 75 \text{mm}$$

其他尺寸略。

5.5.4　齿轮的结构设计

通过齿轮传动的强度计算，只能确定出齿轮的主要尺寸，如齿数、模数、齿宽、分度圆直径等，而齿圈、齿辐、轮毂等的结构形式及尺寸大小，通常都由结构设计而定。

齿轮的结构设计与齿轮的几何尺寸、毛坯材料、加工工艺、适用要求及生产批量等因素有关。进行齿轮的结构设计时，必须综合地考虑上述各方面的因素。通常先按齿轮的直径大小，选定合适的结构形式，然后再根据推荐用的经验数据，进行结构设计。

对于直径很小的钢制齿轮（图 5-24），当为圆柱齿轮时，若齿根圆到键槽底部的距离 $e < 2m_t$（m_t 为端面模数）；当为锥齿轮时，按齿轮小端尺寸计算而得的 $e < 1.6m$ 时，均应将齿轮和

轴做成一体，称为齿轮轴（图 5-25）。若 e 值超过上述尺寸时，齿轮与轴以分开制造为合理。

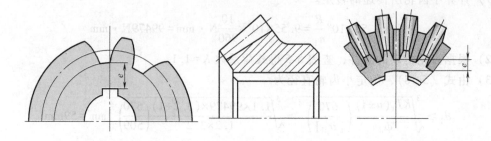

图 5-24　齿轮结构尺寸 e

当齿顶圆直径 $d_a \leq 160mm$ 时，可以做成实心结构的齿轮（图 5-26）；当齿顶圆直径 $d_a <$ 500mm 时，可做成腹板式结构的齿轮（图 5-27），腹板上开孔的数目按结构尺寸大小及需要而定；当齿顶圆直径 $400mm < d_a < 1000mm$ 时，可做成轮辐截面为"十"字形的轮辐式结构的齿轮（图 5-28）。

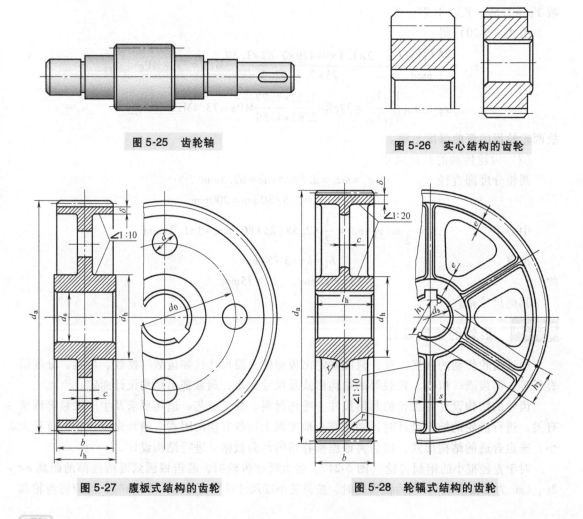

图 5-25　齿轮轴　　　　　　　　　　　　　　图 5-26　实心结构的齿轮

图 5-27　腹板式结构的齿轮　　　　　　　　　图 5-28　轮辐式结构的齿轮

5.6 斜齿圆柱齿轮传动

任何齿轮总是有一定宽度的。因此，直齿圆柱齿轮的齿廓实际上不是一条曲线，而是一个曲面，如图 5-29a 所示，直齿圆柱齿轮的齿廓曲面是发生面 S 在基圆柱上做纯滚动时，其上与基圆柱母线 NN 平行的某一条直线 KK 所展成的渐开线柱面。这个渐开线柱面与基圆柱的交线 AA 是一条与轴线平行的直线，由此可知，渐开线直齿圆柱齿轮啮合时，齿廓曲面的接触线是与轴平行的，如图 5-29b 所示，这种齿轮的啮合情况是突然地沿整个齿宽同时进入啮合和退出啮合，从而轮齿上所受的力也是突然加上或卸掉的，故容易引起冲击、振动和噪声，传动的平稳性差，对齿轮的制造安装误差较为敏感。

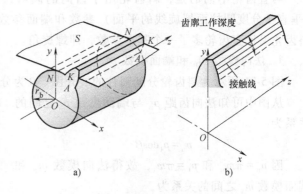

图 5-29　直齿圆柱齿轮的齿廓曲面

a）直齿圆柱齿轮齿廓曲面的形成

b）直齿圆柱齿轮的接触线

斜齿轮齿廓曲面的形成方法与直齿轮相同，只不过直线 KK 不平行于 NN 而与它成一个角度 β_b。如图 5-30a 所示，当发生面 S 沿基圆柱做纯滚动时，直线 KK 上任一点的轨迹都是基圆柱的一条渐开线，而整个直线 KK 展出一个渐开线曲面，称为渐开线螺旋面。它在齿顶圆柱和基圆柱之间的部分构成了斜齿轮的齿廓曲面。渐开线螺旋面与基圆柱的交线 AA 是一条螺旋线，该螺旋线的切线与基圆柱母线 NN 的夹角称为基圆柱上的螺旋角，用 β_b 表示。

两斜齿轮啮合时，齿廓曲面的接触线是斜直线，如图 5-30b 所示，在两齿廓啮合过程中，齿廓接触线的长度由零逐渐增长，到某一啮合位置后，再逐渐缩短，直到脱离啮合。因此斜齿圆柱齿轮是逐渐进入和退出啮合的，同时啮合的齿数比直齿圆柱齿轮多，从而斜齿轮的传动的重合度较大，轮齿上所受的力，也是由小到大，再由大到小，故传动较平稳，冲击和噪声小，承载能力大。

从斜齿轮齿廓曲面的形成可知，斜齿轮端面（垂直于其轴线的截面）的齿廓曲线为渐

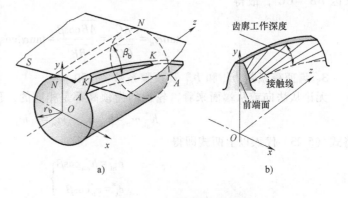

图 5-30　斜齿圆柱齿轮的齿廓曲面

a）斜齿圆柱齿轮齿廓曲面的形成

b）斜齿圆柱齿轮的接触线

开线，因此从端面看，一对渐开线斜齿轮传动就相当于一对渐开线直齿轮传动，能满足定角速比的要求，其正确啮合条件为两轮分度圆的模数和压力角分别相等，分度圆柱面上的螺旋角大小相等，方向相反，即 $\beta_1 = -\beta_2$。斜齿圆柱齿轮轮齿的倾斜程度一般用分度圆柱面上的螺旋角 β 表示，不特别说明时，斜齿轮的螺旋角即指分度圆柱面上的螺旋角。

5.6.2　斜齿轮的基本参数和尺寸计算

与直齿轮不同的是，斜齿轮由于齿向的倾斜，它的每一个基本参数都可以分为法向（垂直于分度圆柱面螺旋线的平面）参数和端面参数，分别用下角标 n 和 t 来区别。此外，斜齿轮又比直齿轮多了一个基本参数，即螺旋角。

1. 法向模数 m_n 和端面模数 m_t

图 5-31 所示为斜齿轮分度圆柱的展开图。β 为分度圆柱的螺旋角。

从图中可知法向齿距 p_n 与端面齿距 p_t 之间的关系为

$$p_n = p_t \cos\beta$$

因 $p_n = \pi m_n$ 和 $p_t = \pi m_t$，故得法向模数 m_n 和端面模数 m_t 之间的关系为

$$m_n = m_t \cos\beta \qquad (5-23)$$

2. 压力角 α_n 和 α_t

为了便于分析，用斜齿条来说明。在图 5-32 所示的斜齿条中，平面 ABB' 为前端面，平面 ACC' 为法面，$\angle ACB = 90°$。

在直角三角形 ABB'、ACC' 及 ABC 中

$$\tan\alpha_t = \frac{\overline{AB}}{\overline{BB'}}, \qquad \tan\alpha_n = \frac{\overline{AC}}{\overline{CC'}}$$

而

$$\overline{AC} = \overline{AB}\cos\beta$$

又因 $\overline{BB'} = \overline{CC'}$，故得

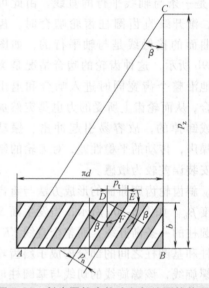

图 5-31　斜齿圆柱齿轮法向与端面的关系

$$\tan\alpha_n = \frac{\overline{AC}}{\overline{CC'}} = \frac{\overline{AB}\cos\beta}{\overline{BB'}} = \tan\alpha_t \cos\beta \qquad (5-24)$$

3. 齿顶高系数 h_{an}^* 和 h_{at}^* 及顶隙系数 c_n^* 和 c_t^*

无论从法向或从端面来看，轮齿的齿顶高都是相同的，顶隙也是相同的，即

$$h_{an}^* m_n = h_{at}^* m_t, \quad c_n^* m_n = c_t^* m_t$$

将式（5-23）代入以上两式即得

$$\left.\begin{array}{l} h_{at}^* = h_{an}^* \cos\beta \\ c_t^* = c_n^* \cos\beta \end{array}\right\} \qquad (5-25)$$

由于无论是展成法或仿形法加工斜齿轮，刀具都是沿轮齿的螺旋齿槽方向运动的，而刀具齿廓的法向参数为标准值，所以斜齿轮的法向参数应取标准值，设计、加工和测量斜齿轮时均以法向为基准，而端面参数为非标准值。

4. 斜齿轮的螺旋角

在图 5-31 中，斜齿轮分度圆柱面上的螺旋角 β 为

$$\tan\beta = \pi d/p_z$$

式中　p_z——螺旋线的导程，即螺旋线绕一周时它沿轮
　　　　　轴方向前进的距离。

因为斜齿轮各个圆柱面上的螺旋线的导程相同，所以基圆柱面上的螺旋角 β_b 应为

$$\tan\beta_b = \pi d_b/p_z$$

由以上两式得

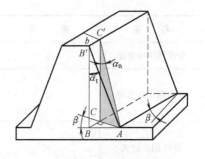

图 5-32　斜齿圆柱齿轮的压力角

$$\tan\beta_b = \frac{d_b}{d}\tan\beta = \tan\beta\cos\alpha_t$$

上式表明 $\beta_b < \beta$，并可推知，各圆柱面上的螺旋角是不等的。

从斜齿轮齿廓的形成可知，斜齿轮的端面齿廓曲线为渐开线，相当于直齿轮齿廓，所以斜齿轮在端面上的几何尺寸关系与直齿轮相同，但在计算时，必须将标准的法向参数换算为端面参数。渐开线标准斜齿圆柱齿轮的几何尺寸可按表 5-9 计算。

5.6.3　斜齿轮的当量齿数和最少齿数

斜齿圆柱齿轮的法向齿廓与端面齿廓是不同的，用仿形铣刀加工斜齿轮时，铣刀是沿螺旋齿槽的方向进刀的，所以必须按照齿轮的法向齿廓来选择铣刀的号码。在计算斜齿轮轮齿的弯曲强度时，因为力是作用在法面内的，所以也需要知道它的法向齿廓。这就要求人们研究具有 z 个齿的斜齿轮，其法向的齿廓应与多少个齿的直齿轮的齿廓相同或者最接近。

表 5-9　渐开线标准斜齿圆柱齿轮几何尺寸计算公式　　（单位：mm）

名　称	符　号	公　式　与　说　明
齿数	z	根据工作要求确定
螺旋角	β	一般取 $8° \sim 20°$
法向模数	m_n	按强度条件或经验类比选用表 5-2 中标准值
端面模数	m_t	$m_t = m_n/\cos\beta$
法向压力角	α_n	$\alpha_n = 20°$
端面压力角	α_t	$\alpha_t = \arctan\dfrac{\tan\alpha_n}{\cos\beta}$
分度圆直径	d	$d = m_t z = \dfrac{m_n z}{\cos\beta}$
齿顶高	h_a	$h_a = h_{at}^* m_t = h_{an}^* m_n$　　（$h_{an}^* = h_a^* = 1$ 或 0.8）
齿根高	h_f	$h_f = (h_{at}^* + c_t^*) m_t = (h_{an}^* + c_n^*) m_n$
齿高	h	$h = h_a + h_f$
顶隙	c	$c = c_t^* m_t = c_n^* m_n = 0.25 m_n$　　（$c_n^* = c^* = 0.25$ 或 0.3）
齿顶圆直径	d_a	$d_a = d + 2h_a$
齿根圆直径	d_f	$d_f = d - 2h_f$
基圆直径	d_b	$d_b = d\cos\alpha_t$

（续）

名　称	符　号	公　式　与　说　明
分度圆法向齿距	p_n	$p_n = \pi m_n$
分度圆法向齿厚	s_n	$s_n = \dfrac{1}{2}\pi m_n$
分度圆齿槽宽	e	$e = \dfrac{1}{2}\pi m$
中　心　距	a	$a = \dfrac{1}{2}(d_1+d_2) = \dfrac{m_n(z_1+z_2)}{2\cos\beta}$
基圆齿距	p_{bn}	$p_{bn} = p_n\cos\alpha_n$

图 5-33 所示为实际齿数为 z 的斜齿轮的分度圆柱，过任一齿的齿厚中点 C 作分度圆柱螺旋线的法平面 $n\text{-}n$，则法平面 $n\text{-}n$ 截该齿的齿形为斜齿轮的法向齿廓。此法平面截斜齿轮的分度圆柱得一椭圆，若斜齿轮分度圆柱的半径为 r，则椭圆的长半轴 $a = r/\cos\beta$，短半径 $b = r$。由图可见，点 C 的一段椭圆弧段与作用在椭圆该点处的曲率半径 ρ 所画的圆弧非常接近，因此如果以 ρ 为半径作一个圆作为假想的直齿轮的分度圆，并设此假想直齿轮的模数和压力角分别等于斜齿轮的 m_n 和 α_n，则此直齿轮的齿形与斜齿轮的法向齿廓最接近。这个假想的直齿轮称为斜齿轮的当量齿轮，它的齿数 z_v 称为当量齿数，可按如下方法求出。

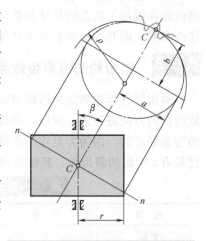

图 5-33　斜齿圆柱齿轮的当量齿数

由解析几何可知，椭圆在点 C 的曲率半径 ρ 为

$$\rho = \frac{a^2}{b} = \left(\frac{r}{\cos\beta}\right)^2\frac{1}{r} = \frac{r}{\cos^2\beta}$$

则当量齿数 z 为

$$z_v = \frac{2\pi\rho}{\pi m_n} = \frac{2r}{m_n\cos^2\beta} = \frac{z}{\cos^3\beta} \tag{5-26}$$

当量齿数除用于斜齿轮弯曲强度计算及铣刀号码的选择外，在斜齿轮变位系数的选择及齿厚测量等处也要用到。

由于当量齿轮为一假想的直齿圆柱齿轮，其不发生根切的最少齿数 $z_{vmin} = 17$。因此斜齿圆柱齿轮不发生根切的最少齿数为 $z_{min} = z_{vmin}\cos^3\beta = 17\cos^3\beta$。

5.6.4　斜齿圆柱齿轮轮齿的受力分析

在图 5-34 中，斜齿圆柱齿轮轮齿所受总法向力 $\boldsymbol{F}_n$ 可分解为三个相互垂直的分力，即圆周力 $\boldsymbol{F}_t$、径向力 $\boldsymbol{F}_r$ 和轴向力 $\boldsymbol{F}_a$（单位为 N），于是有

$$F_t = \frac{2T_1}{d_1}$$

$$F_r = \frac{F_t \tan\alpha_n}{\cos\beta}$$

$$F_a = F_t \tan\beta$$

$$F_n = \frac{F_t}{\cos\beta\cos\alpha_n}$$

(5-27)

主、从动轮上各对应的力大小相等，方向相反。圆周力 F_t 的方向在主动轮上与其回转方向相反，在从动轮上与其回转方向相同；径向力 F_r 的方向分别由作用点指向各自的轮心；轴向力 F_a 的方向可以利用"主动轮左、右手法则"来判别，即当主动轮为右旋时用右手，左旋时用左手，握紧的四指表示主动轮的回转方向，则大拇指的指向即为主动轮所受轴向力的方向。

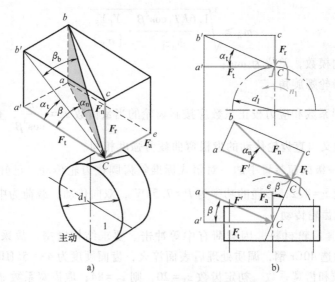

图 5-34　斜齿圆柱齿轮轮齿的受力分析

从式（5-27）可看出，斜齿轮因存在螺旋角 β，传动时会产生轴向力 F_a，对传动不利。为了既能发挥斜齿轮的优点，又不致使轴向力过大，故一般采用的螺旋角为 8°~20°。

若采用人字齿轮，其左、右两排轮齿的螺旋角大小相等、方向相反，可使左、右两侧的轴向力自行抵消，因而人字齿轮的螺旋角 β 可取较大的数值（15°~40°），传递的功率也较大，但人字齿轮制造比较困难。

5.6.5　斜齿圆柱齿轮强度计算

斜齿圆柱齿轮所受载荷作用在轮齿的法面上，其法向齿廓和齿厚反映其强度。所以斜齿轮的强度计算是按轮齿的法向进行分析的，其基本原理与直齿圆柱齿轮传动相似。由于在同样参数、同样载荷下，斜齿轮的重合度大于直齿圆柱齿轮，且接触线为一斜直线，同时在法面内斜齿轮的当量齿轮的分度圆半径也较大，因此斜齿轮的接触应力和弯曲应力均比直齿轮

小，根据推导，可得到一对钢制标准斜齿轮传动的接触疲劳强度 σ_H（单位为 MPa）的验算公式为

$$\sigma_H = 610\sqrt{\frac{KT_1(u\pm1)}{\phi_d d_1^3 u}} \leqslant [\sigma_H] \qquad (5\text{-}28)$$

则得按齿面接触强度确定小齿轮分度圆直径 d_1（单位为 mm）的公式为

$$d_1 \geqslant \sqrt[3]{\frac{KT_1(u\pm1)}{\phi_d u}\left(\frac{610}{[\sigma_H]}\right)^2} \qquad (5\text{-}29)$$

式中，$\phi_d = b/d_1$。其他各符号意义与直齿轮传动的接触疲劳强度公式相同。

同样，斜齿轮轮齿的齿根弯曲疲劳强度 σ_F（单位为 MPa）的验算公式为

$$\sigma_F = \frac{1.6KT_1 Y_F Y_S}{bm_n d_1} \leqslant [\sigma_F] \qquad (5\text{-}30)$$

令 $\phi_d = b/d_1$，可得斜齿圆柱齿轮按齿根弯曲疲劳强度进行设计的计算公式为

$$m_n \geqslant \sqrt[3]{\frac{1.6KT_1\cos^2\beta}{\phi_d z_1^2} \cdot \frac{Y_F Y_S}{[\sigma_F]}} \qquad (5\text{-}31)$$

式中　　m_n——法向模数，单位为 mm；

　　　　β——斜齿轮螺旋角；

Y_F、Y_S——齿形系数和应力校正系数应按斜齿轮的当量齿数 $z_v = \dfrac{z}{\cos^3\beta}$，查表 5-8。

其他符号及意义与直齿轮传动的齿根弯曲疲劳强度相同。

例 5-2　某一级减速装置中的一对闭式标准斜齿圆柱齿轮传动，已知其输入转速 $n_1 = 960\text{r/min}$，齿数比 $u = 4.2$，传递的功率为 $P = 7.5\text{kW}$，双向传动，载荷为中等冲击，要求结构紧凑，试设计此齿轮传动。

解　（1）选择齿轮材料　因载荷有中等冲击、要求结构紧凑，故采用硬齿面齿轮传动。大、小齿轮均选 40Cr 钢，调质处理后表面淬火，齿面硬度为 48~55HRC。

（2）选择齿数和齿宽系数　初定齿数 $z_1 = 20$，则 $z_2 = 84$；取齿宽系数 $\phi_d = 0.9$。

（3）确定轮齿的许用应力　根据两轮轮齿的齿面硬度（按齿面硬度中间值 52HRC 查取），由图 5-21 和图 5-23 得两轮的齿面接触疲劳极限和齿根弯曲疲劳极限分别为

$$\sigma_{Hlim1} = \sigma_{Hlim2} = 1190\text{MPa}$$

$$\sigma_{Flim1} = \sigma_{Flim2} = 300\text{MPa}$$

查表 5-6，得安全系数 $S_H = 1.2$，$S_F = 1.5$，故

$$[\sigma_{H1}] = [\sigma_{H2}] = \frac{\sigma_{Hlim}}{S_H} = \frac{1190}{1.2}\text{MPa} = 992\text{MPa}$$

$$[\sigma_{F1}] = [\sigma_{F2}] = \frac{0.7\sigma_{Flim}}{S_F} = \frac{0.7\times300}{1.5}\text{MPa} = 140\text{MPa}$$

（4）按轮齿弯曲强度设计计算

1）计算小齿轮所传递的转矩。

$$T_1 = 9.55\times10^6\frac{P}{n_1} = 9.55\times10^6\times\frac{7.5}{960}\text{N}\cdot\text{mm} = 74609\text{N}\cdot\text{mm}$$

2）根据齿轮传动的条件，查表 5-5 得载荷系数 $K = 1.3$。

3）初步选择螺旋角 $\beta = 15°$。

4）确定齿形系数。

当量齿数

$$z_{v1} = \frac{z_1}{\cos^3 \beta} = \frac{20}{\cos^3 15°} = 22.19$$

$$z_{v2} = \frac{z_2}{\cos^3 \beta} = \frac{84}{\cos^3 15°} = 93.21$$

由表 5-8 可得，齿形系数 $Y_{F1} = 2.71$，$Y_{F2} = 2.21$；应力校正系数 $Y_{S1} = 1.571$，$Y_{S2} = 1.783$。

因

$$\frac{Y_{F1}Y_{S1}}{[\sigma_{F1}]} = \frac{2.71 \times 1.571}{140} = 0.0304 , \quad \frac{Y_{F2}Y_{S2}}{[\sigma_{F2}]} = \frac{2.21 \times 1.783}{140} = 0.0281$$

故

$$\frac{Y_{F1}Y_{S1}}{[\sigma_{F1}]} > \frac{Y_{F2}Y_{S2}}{[\sigma_{F2}]}$$

5）设计计算。由式（5-31）计算模数，得

$$m_n \geqslant \sqrt[3]{\frac{1.6KT_1\cos^2\beta}{\phi_d z_1^2} \cdot \frac{Y_F Y_S}{[\sigma_F]}}$$

$$= \sqrt[3]{\frac{1.6 \times 1.3 \times 74609 \times \cos^2 15°}{0.9 \times 20^2} \times 0.0304}\, \text{mm} = 2.30\text{mm}$$

按表 5-2 取 $m_n = 2.5\text{mm}$。

中心距

$$a = \frac{m_n(z_1 + z_2)}{2\cos\beta} = \frac{2.5 \times (20 + 84)}{2\cos 15°}\text{mm} = 134.59\text{mm}$$

取 $a = 135\text{mm}$。

确定螺旋角

$$\beta = \arccos \frac{m_n(z_1 + z_2)}{2a} = \arccos \frac{2.5 \times (20 + 84)}{2 \times 135} = 15°38'33''$$

则

$$d_1 = \frac{m_n z_1}{\cos\beta} = \frac{2.5 \times 20}{\cos 15°38'33''}\text{mm} = 51.923\text{mm}$$

$$d_2 = \frac{m_n z_2}{\cos\beta} = \frac{2.5 \times 84}{\cos 15°38'33''}\text{mm} = 218.077\text{mm}$$

齿宽

$$b = \phi_d d_1 = 0.9 \times 51.923\text{mm} = 46.73\text{mm}$$

圆整后取 $b_2 = 47\text{mm}$，$b_1 = 52\text{mm}$。

（5）验算齿面接触强度 将各参数代入式（5-28），得

$$\sigma_H = 610 \sqrt{\frac{KT_1(u+1)}{\phi_d d_1^3 u}}$$

$$= 610 \sqrt{\frac{1.3 \times 74609 \times (4.2 + 1)}{0.9 \times 51.923^3 \times 4.2}}\text{MPa} = 595.5\text{MPa} < [\sigma_H]$$

满足强度要求，安全。

5.7 直齿锥齿轮传动

锥齿轮机构是用来传递两相交轴之间的运动和动力的一种齿轮机构。其轮齿排列在截圆锥体上，轮齿由齿轮的大端到小端逐渐收缩变小。对应于直齿轮的各有关"圆柱"，锥齿轮有齿顶圆锥、齿根圆锥、基圆锥、分度圆锥以及节圆锥。由于锥齿轮大端和小端参数不同，为计算和测量方便，通常取大端参数为标准值。图 5-35 所示为一对正确安装的标准锥齿轮，其节圆锥与分度圆锥重合。

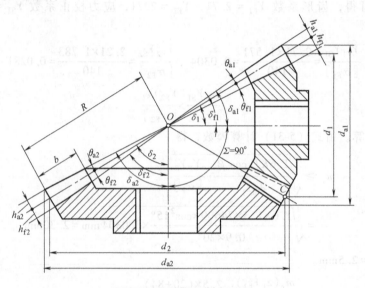

图 5-35 直齿锥齿轮传动

设 δ_1 和 δ_2 分别为小齿轮和大齿轮的分度圆锥角，Σ 为两轴线的夹角，$\Sigma = \delta_1 + \delta_2$。因

$$r_1 = \overline{OC}\sin\delta_1 , \quad r_2 = \overline{OC}\sin\delta_2$$

故

$$i = \frac{\omega_1}{\omega_2} = \frac{z_2}{z_1} = \frac{r_2}{r_1} = \frac{\sin\delta_2}{\sin\delta_1}$$

若 $\Sigma = \delta_1 + \delta_2 = 90°$，则

$$i = \frac{\omega_1}{\omega_2} = \frac{z_2}{z_1} = \frac{r_2}{r_1} = \frac{\sin\delta_2}{\sin\delta_1} = \tan\delta_2 = \cot\delta_1 \qquad (5\text{-}32)$$

按分度圆锥上齿的方向，可将锥齿轮分为直齿、斜齿和曲齿三类。直齿锥齿轮的设计、制造及安装均较简单，故应用最广，而且是研究其他类型锥齿轮的基础，所以本节仅讨论直齿锥齿轮。

5.7.1 直齿锥齿轮的背锥及当量齿数

锥齿轮齿廓曲面的形成与圆柱齿轮类似。如图 5-36 所示，圆平面 S（发生面）与基圆锥相切于 OC，圆平面的圆心与锥顶 O 重合。当该扇形面沿基圆锥做纯滚动时，其上任一条过锥顶的直线 OB 在空间展出一渐开锥面。该曲面为锥齿轮的齿廓曲面。渐开锥面与以 O 为

球心的球面的交线 AB 为球面渐开线。所以，直齿
锥齿轮的齿廓曲线在理论上是以 O 为球心的球面
渐开线。

由于球面不能展成平面，这给锥齿轮的设计
和制造带来很多困难，所以人们便采用一种近似
的方法来研究锥齿轮的齿廓曲线。图 5-37 所示为
一对互相啮合的直齿锥齿轮在其轴平面上的投影。
$\triangle OCA$ 和 $\triangle OCB$ 分别表示两轮的分度圆锥，OC 为
锥距。过大端上 C 点作 OC 的垂线与两轮的轴线分
别交于 O_1 和 O_2 点，以 OO_1 和 OO_2 为轴线、以
O_1C 和 O_2C 为母线作圆锥 O_1CA 和 O_2CB。这两个
圆锥称为辅助圆锥或背锥。显然背锥与球面切于
锥齿轮大端的分度圆上，在背锥上自点 A 和点 B
取齿顶高和齿根高，由图 5-37 可见，在点 A 和 B

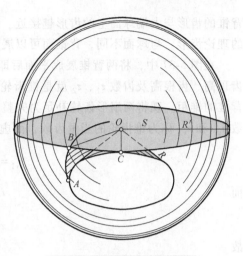

图 5-36　球面渐开线的形成

附近，背锥面和球面非常接近，而且锥距 R 与大端模数 m 的比值越大，则两者越接近，即

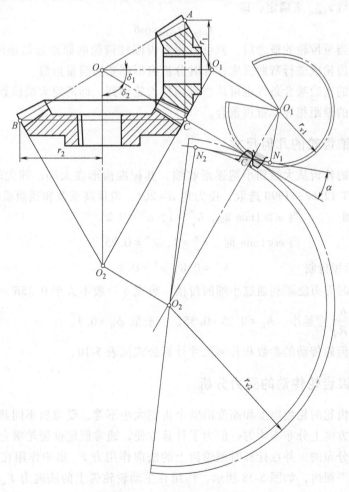

图 5-37　背锥和扇形齿轮

背锥的齿形与大端球面上的齿形越接近。因此可以近似地用背锥上的齿形来代替大端球面上的理论齿形。与球面不同，背锥面可以展成平面，这样，便不难设计和制造锥齿轮了。

在图 5-37 中，将两背锥展成平面后即得到两个扇形齿轮。该扇形齿轮的模数、压力角、齿顶高、齿根高及齿数 z_1、z_2 就是锥齿轮的相应参数，扇形齿轮的分度圆半径 r_{v1} 和 r_{v2} 即背锥的锥距。现将两扇形齿轮补足为完整的圆柱齿轮，则它们的齿数将增大为 z_{v1} 和 z_{v2}。齿数 z_{v1} 和 z_{v2} 称为锥齿轮的当量齿数，而虚拟的圆柱齿轮称为锥齿轮的当量齿轮。由图可知

$$r_{v1} = \frac{r_1}{\cos\delta_1} = \frac{mz_1}{2\cos\delta_1}$$

而

$$r_{v1} = mz_{v1}/2$$

故

$$\left.\begin{array}{l} z_{v1} = \dfrac{z_1}{\cos\delta_1} \\[3mm] z_{v2} = \dfrac{z_2}{\cos\delta_2} \end{array}\right\} \tag{5-33}$$

由于 $\delta > 0$，所以 $z_v > z$，且一般不是整数。锥齿轮不产生根切的最少齿数 $z_{\min}$ 可由相应的当量圆柱齿轮最少齿数 $z_{v\min}$ 来确定，即

$$z_{\min} = z_{v\min}\cos\delta$$

引入背锥和当量齿轮的概念后，就可以将直齿圆柱齿轮的原理近似地应用到锥齿轮上。如用仿形法加工齿轮或进行弯曲强度计算时分析齿形都要用当量齿数。

直齿锥齿轮的正确啮合条件也可从当量圆柱齿轮得到，即两轮大端模数、压力角必须分别相等，且两轮的锥距相等、锥顶重合。

5.7.2　直齿锥齿轮的几何尺寸

直齿锥齿轮的轮齿从大端到小端逐渐收缩，其标准齿形在大端，即大端模数 m 的值为标准值，按 GB/T 12368—1990 选取；压力角 $\alpha = 20°$，齿顶高系数和顶隙系数如下：

1）正常齿制　　　　当 $m \geqslant 1\text{mm}$ 时，$h_a^* = 1$，$c^* = 0.2$

当 $m < 1\text{mm}$ 时，$h_a^* = 1$，$c^* = 0.25$

2）非标准的短齿制　　　　$h_a^* = 0.8$，$c^* = 0.3$

为了使切削时刀刃能顺利通过小端的齿槽，齿宽 b 一般不大于 $0.35R$。传动比越大，齿宽系数 $\phi_R\left(\phi_R = \dfrac{b}{R}\right)$ 应越小，$\phi_R = 0.25 \sim 0.35$，一般取 $\phi_R = 0.3$。

标准直齿锥齿轮传动的参数和几何尺寸计算公式见表 5-10。

5.7.3　直齿锥齿轮传动的受力分析

由于直齿锥齿轮的轮齿厚度和高度沿整个齿宽大小不等，受力后不同截面的弹性变形不同，载荷在齿宽方向上分布不均匀，但为了计算方便，通常假定锥齿轮啮合传动时，载荷沿轮齿齿宽是均匀分布的，并在计算时把轮齿上的法向作用力 F_n 集中作用在分度圆锥上轮齿齿宽中点的法向平面内，如图 5-38 所示，作用在主动轮轮齿上的法向力 F_n（单位为 N）可分解为三个相互垂直的分力，即圆周力 F_t、径向力 F_r 和轴向力 F_a，于是有

$$
\left.
\begin{aligned}
F_t &= \frac{2T_1}{d_{m1}} \\
F_{r1} &= F'\cos\delta_1 = F_t\tan\alpha\cos\delta_1 = -F_{a2} \\
F_{a1} &= F'\sin\delta_1 = F_t\tan\alpha\sin\delta_1 = -F_{r2} \\
F_n &= \frac{F_t}{\cos\alpha_n}
\end{aligned}
\right\}
\tag{5-34}
$$

式中 d_{m1}——主动轮齿宽中点处的分度圆直径，$d_{m1} = d_1\left(1-0.5\dfrac{b}{R}\right) = d_1(1-0.5\phi_R)$。

表 5-10 标准直齿锥齿轮传动的参数和几何尺寸计算公式（$\Sigma = 90°$）（单位：mm）

名 称	符 号	公 式 与 说 明
齿数	z	根据工作要求确定
模数	m	按强度条件或经验类比选用标准值
分度圆压力角	α	$\alpha = 20°$
分度圆锥角	δ	$\delta_1 = \arctan\dfrac{z_1}{z_2}$，$\delta_2 = \arctan\dfrac{z_2}{z_1} = 90°-\delta_1$
分度圆直径	d	$d_1 = mz_1$，$d_2 = mz_2$
齿顶高	h_a	$h_a = h_a^* m = m$
齿根高	h_f	$h_f = (h_a^* + c^*)m$
齿高	h	$h = h_a + h_f$
顶隙	c	$c = c^* m$
齿顶圆直径	d_a	$d_{a1} = d_1 + 2h_a\cos\delta_1$，$d_{a2} = d_2 + 2h_a\cos\delta_2$
齿根圆直径	d_f	$d_{f1} = d_1 - 2h_f\cos\delta_1$，$d_{f2} = d_2 - 2h_f\cos\delta_2$
锥距	R	$R = \dfrac{d}{2\sin\delta} = 0.5m\sqrt{z_1^2+z_2^2}$
齿顶角	θ_a	$\theta_a = \arctan\dfrac{h_a}{R}$
齿根角	θ_f	$\theta_f = \arctan\dfrac{h_f}{R}$
顶锥角	δ_a	$\delta_{a1} = \delta_1 + \theta_a$，$\delta_{a2} = \delta_2 + \theta_a$
根锥角	δ_f	$\delta_{f1} = \delta_1 - \theta_f$，$\delta_{f2} = \delta_2 - \theta_f$

　　主、从动轮上各对应的力大小相等，方向相反。圆周力 F_t 的方向在主动轮上与其回转方向相反，在从动轮上与其回转方向相同；径向力 F_r 的方向分别由作用点指向各自的轮心；轴向力 F_a 的方向分别指向大端。

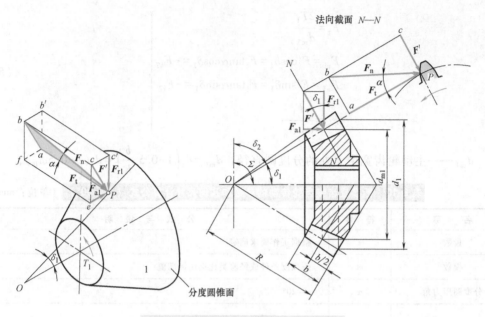

图 5-38 直齿锥齿轮传动的受力分析

5.8 蜗杆传动

5.8.1 蜗杆传动的特点和类型

蜗杆机构是由蜗杆和蜗轮组成的（图 5-39），用于实现两交错轴间的传动，其两轴交错角通常为 90°。传动中，一般蜗杆为主动件，蜗轮为从动件。

蜗杆传动的主要优点是：①可以得到很大的传动比，单级传动比可达 8~80，在分度机构中可达 1000，结构紧凑。②因是线接触，故承载能力较大。③传动平稳无噪声。④在一定条件下，机构具有自锁性，常用在起重机械中，起安全保护作用。

蜗杆传动的主要缺点是：①由于啮合时相对滑动速度较大，易磨损，易发热，因此传动效率较低，当蜗杆为主动件时，效率一般为 0.7~0.8，而对于具有自锁性的蜗杆传动，其效率更低。②为了散热和减小磨损，常需贵重的抗磨材料和良好的润滑装置，故成本较高。③蜗杆的轴向力较大。

蜗杆与螺杆相仿，也有左旋、右旋以及单头和多头之分。通常采用右旋蜗杆，蜗杆的头数就是其齿数（应从端面看）z_1，一般取 $z_1 = 1~10$。蜗杆在轴剖面内的齿形为齿条，过齿形中线处的圆柱称为蜗杆的分度圆柱，在此圆柱上轴向齿厚与齿槽宽相等。蜗杆分度圆柱面上螺旋线的导程角 $\gamma = 90° - \beta_1 = \beta_2$。

根据蜗杆形状的不同，蜗杆蜗轮机构可以分为：圆

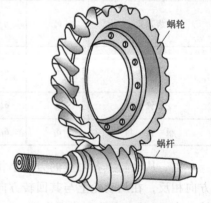

图 5-39 蜗杆与蜗轮

柱蜗杆机构（图 5-40a）、环面蜗杆机构（图 5-40b）以及锥蜗杆机构（图 5-40c）三类。圆柱蜗杆机构又可以分为普通圆柱蜗杆和圆弧圆柱蜗杆两类机构。在普通圆柱蜗杆机构中，最简单的是阿基米德圆柱蜗杆，其历史最久、应用最广泛，其他蜗杆机构是为了进一步改善蜗杆传动的质量于近代发展起来的。以下仅讨论普通圆柱蜗杆传动计算。

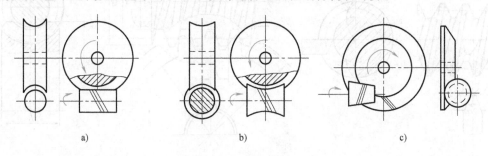

图 5-40　蜗杆传动的类型

5.8.2　蜗杆传动的正确啮合条件

图 5-41 所示为阿基米德圆柱蜗杆机构，蜗杆的齿廓曲面是用安装成通过蜗杆轴线平面的斜直刃车刀车削出来的，因而其轴平面内的齿形为直线齿廓的齿条，而端平面与齿廓曲面的交线为阿基米德螺旋线，故其齿廓曲面称为阿基米德螺旋面。

阿基米德蜗杆和蜗轮啮合时，在通过蜗杆轴线并垂直于蜗轮轴线的平面（称为中间平面）内相当于渐开线齿轮与直齿条的啮合。其他圆柱蜗杆机构在中间平面内也是齿轮齿条啮合，但不是渐开线齿轮和直齿廓齿条的啮合。由此可知蜗杆传动的正确啮合条件为：蜗杆轴面的模数和压力角分别等于蜗轮端面的模数和压力角，即

$$m_{x1} = m_{t2} = m, \quad \alpha_{x1} = \alpha_{t2} = \alpha \tag{5-35}$$

此外，还应该保证 $\gamma = \beta_2$，蜗杆与蜗轮的螺旋线方向相同。

5.8.3　蜗杆传动的主要参数和几何尺寸

（1）模数 m　蜗杆模数系列与齿轮模数系列有所不同，国家标准对蜗杆模数做出规定，见表 5-11。

（2）压力角 α　国标规定，阿基米德蜗杆的压力角的标准值为 $\alpha = 20°$。另外又规定，在动力传动中，允许增大压力角，推荐采用 $\alpha = 25°$；在分度传动中，推荐用 $\alpha = 15°$ 或 $12°$。

（3）传动比 i、蜗杆的头数 z_1 和蜗轮齿数 z_2　设蜗杆的头数为 z_1，蜗轮齿数为 z_2，当蜗杆转一周时，蜗轮将转过 z_1 个齿。因此，其传动比为

$$i = \frac{n_1}{n_2} = \frac{z_2}{z_1} \tag{5-36}$$

蜗杆头数 z_1 通常取 $1\sim10$，推荐取 $z_1 = 1$、2、4、6。若要得到大传动比时，可取 $z_1 = 1$，但传动效率较低。传动功率较大时，为提高效率，可采用多头蜗杆，取 $z_1 = 2$ 或 4。

蜗轮齿数 z_2 一般取为 $27\sim80$。

（4）导程角 γ　蜗杆的形成原理与螺旋相同，设其头数为 z_1，螺旋线的导程为 p_z，轴面齿距为 p_x，则有 $p_z = z_1 p_x = z_1 \pi m$，则蜗杆分度圆柱面上的导程角 γ 为

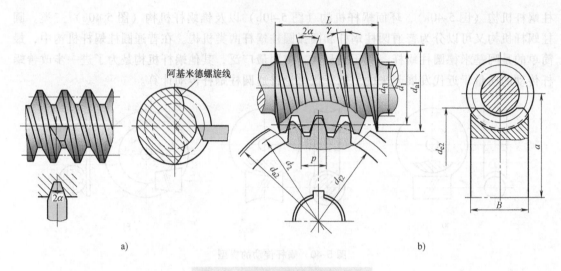

图 5-41　阿基米德圆柱蜗杆机构

$$\tan\gamma = \frac{z_1 p_x}{\pi d_1} = \frac{z_1 m}{d_1} \tag{5-37}$$

式中　d_1——蜗杆分度圆直径。

（5）蜗杆的分度圆直径 d_1 和蜗杆的直径系数 q　展成法切制蜗轮时，蜗轮滚刀除了外径稍大些外，其余尺寸和齿形均与相应的蜗杆相同。因此对于同一模数的蜗杆，每有一种蜗杆的分度圆直径，相应就需要一把加工其蜗轮的滚刀，这样一来滚刀的数量势必很多，在设计、制造中是不允许的。所以，为了限制蜗轮滚刀的数目，国家标准规定，对于每一个标准模数，只规定 1~4 种标准的蜗杆分度圆直径，并令 $q = d_1/m$，q 称为蜗杆的直径系数。GB/T 10085—2018 对蜗杆的模数 m 与分度圆直径的搭配等列出了标准系列，详见表 5-11。

蜗杆的直径系数 q 在蜗杆传动设计中具有重要意义。因为 $q = d_1/m = z_1/\tan\gamma_1$，在 z_1 一定时，q 小则导程角 γ 增大，可以提高传动效率。又在 m 一定时，q 大则 d_1 大，蜗杆的刚度增大。

（6）蜗杆蜗轮传动的几何尺寸（表 5-12）　计算蜗轮的分度圆直径 d_2 为

$$d_2 = z_2 m_{t2} = z_2 m$$

蜗杆、蜗轮的齿顶高、齿根高、齿高、齿顶圆直径及齿根圆直径可仿直齿轮公式计算，但其齿顶高系数 $h_a^* = 1$，顶隙系数 $c^* = 0.2$。

蜗杆机构的标准中心距 a 为

$$a = \frac{1}{2}(d_1 + d_2) = \frac{m}{2}(q + z_2) \tag{5-38}$$

（7）齿面间滑动速度　图 5-42 所示为一右旋蜗杆传动，当蜗杆按图示方向转动时，在节点处，蜗杆的圆周速度 v_1 使

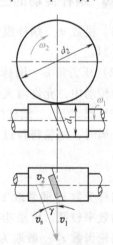

图 5-42　蜗杆传动的滑动速度

蜗轮产生向左的圆周速度 v_2，v_1 和 v_2 之间成90°的夹角，因而沿齿面螺旋线方向有相对滑动。蜗轮相对蜗杆的滑动速度为

$$v_s = \sqrt{v_1^2 + v_2^2} = \frac{v_1}{\cos\gamma}$$

(5-39)

表 5-11 圆柱蜗杆的基本尺寸和参数

模数 m /mm	分度圆直径 d_1 /mm	头数 z_1	直径系数 q	模数 m /mm	分度圆直径 d_1 /mm	头数 z_1	直径系数 q
1	18	1	18.000	6.3	63	1, 2, 4, 6	10.000
1.25	20	1	16.000		112	1	17.778
	22.4	1	17.920	8	80	1, 2, 4, 6	10.000
1.6	20	1, 2, 4	12.500		140	1	17.500
	28	1	17.500	10	90	1, 2, 4, 6	9.000
2	22.4	1, 2, 4, 6	11.200		160	1	16.000
	35.5	1	17.750	12.5	112	1, 2, 4	8.960
2.5	28	1, 2, 4, 6	11.200		200	1	16.000
	45	1	18.000	16	140	1, 2, 4	8.750
3.15	35.5	1, 2, 4, 6	11.270		250	1	15.625
	56	1	17.778	20	160	1, 2, 4	8.000
4	40	1, 2, 4, 6	10.000		315	1	15.750
	71	1	17.750	25	200	1, 2, 4	8.000
5	50	1, 2, 4, 6	10.000		400	1	16.000
	90	1	18.000				

表 5-12 圆柱蜗杆蜗轮传动的几何尺寸计算

名　称	代　号	公式与说明	
		蜗　杆	蜗　轮
模数	m	按强度条件或经验类比选用标准值	
压力角	α	$\alpha = 20°$	
分度圆直径	d	$d_1 = mq$	$d_2 = mz_2$
齿顶圆直径	d_a	$d_{a1} = d_1 + 2h_a$	$d_{a2} = d_2 + 2h_a$
齿根圆直径	d_f	$d_{f1} = d_1 - 2h_f$	$d_{f2} = d_2 - 2h_f$
齿顶高	h_a	$h_a = h_a^* m$	
齿根高	h_f	$h_f = (h_a^* + c^*) m$	
齿高	h	$h = h_a + h_f$	
中心距	a	$a = \dfrac{m}{2}(q + z_2)$	
蜗杆轴向齿距	p	$p = \pi m$	

注：蜗杆传动中心距标准系列为：40、50、63、80、100、125、160、（180）、200、（225）、250、（280）、315、（355）、400、（450）、500mm。

由于蜗杆传动的滑动速度较大，如果没有良好的润滑及形成油膜的条件，齿面很容易发生磨损和发热，降低传动效率，严重时甚至发生齿面胶合，导致传动失效。为了减摩和耐磨，蜗轮齿圈常采用较贵重的青铜制造，并应注意散热，使蜗杆传动工作的油温限制在70~80℃，否则需增加散热的措施。

5.8.4 蜗杆传动的受力分析

在图5-43中，蜗杆传动的受力分析和斜齿圆柱齿轮传动相似，轮齿所受总法向力 F_n（单位为 N）可分解为三个相互垂直的分力，即圆周力 F_t、径向力 F_r 和轴向力 F_a。当蜗杆轴与蜗轮轴交错成90°时，蜗杆圆周力 F_{t1} 等于蜗轮轴向力 F_{a2}，蜗杆轴向力 F_{a1} 等于蜗轮圆周力 F_{t2}，蜗杆径向力 F_{r1} 等于蜗轮径向力 F_{r2}，即

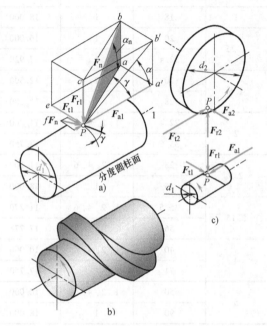

$$\left.\begin{aligned} F_{t1} = -F_{a2} = \frac{2T_1}{d_1} \\ F_{a1} = -F_{t2} = \frac{2T_2}{d_2} \\ F_{r1} = -F_{r2} = F_{t2}\tan\alpha \end{aligned}\right\} \quad (5\text{-}40)$$

式中　T_1、T_2——作用在蜗杆和蜗轮上的转矩，$T_2 = T_1 i\eta$（η 为蜗杆传动的效率）。

在分析蜗杆传动受力时，应注意其受力方向的确定。主、从动轮上各对应的力大小相等，方向相反。蜗杆受的轴向力 F_{a1} 的方向由螺旋线的旋向和蜗杆的转向来决定。当蜗杆为

图 5-43　蜗杆传动的受力分析

主动件时，若为右旋蜗杆，则 F_{a1} 的方向用右手定则确定；若为左旋蜗杆则用左手定则确定。所谓右（左）手定则，是指以右（左）手握拳时，四指表示蜗杆回转方向，则拇指所指的方向就是 F_{a1} 的方向。蜗杆所受圆周力 F_{t1} 的方向总是与它的转向相反；径向力 F_{r1} 的方向总是指向轴心的。

思考题及习题

5-1　为什么要规定模数的标准系列？在直齿圆柱齿轮、斜齿圆柱齿轮、蜗杆蜗轮和直齿锥齿轮上，何处的模数是标准值？

5-2　分度圆与节圆有什么区别？在什么情况下节圆与分度圆重合？

5-3　试根据渐开线特性说明一对模数相等、压力角相等，但齿数不等的渐开线标准直齿圆柱齿轮，其分度圆齿厚、齿顶圆和齿根圆齿厚是否相等，哪一个较大？

5-4　何谓齿廓的根切现象？产生根切的原因是什么？是否基圆越小越容易发生根切？根切

有什么危害？如何避免根切？

5-5 平行轴斜齿圆柱齿轮机构、蜗杆蜗轮机构和直齿锥齿轮机构的正确啮合条件与直齿圆柱齿轮机构的正确啮合条件相比较有何异同？

5-6 何谓平行轴斜齿圆柱齿轮机构和直齿锥齿轮机构的当量齿数？当量齿数有什么用途？

5-7 齿轮传动常见的失效形式有哪些？各种失效形式常在何种情况下发生？试对工程实际中所见到的齿轮失效形式和原因进行分析。齿轮传动的设计计算准则有哪些，它们分别针对何种失效形式？在工程设计实践中，对于一般使用的闭式硬齿面、闭式软齿面和开式齿轮传动的设计计算准则是什么？

5-8 主要根据哪些因素来决定齿轮的结构形式？常见的齿轮结构形式有哪几种？它们分别用于何种场合？

5-9 已知一对外啮合正常齿制标准直齿圆柱齿轮 $m = 2\text{mm}$，$z_1 = 20$，$z_2 = 45$，试计算这对齿轮的分度圆直径、齿顶高、齿根高、顶隙、中心距、齿顶圆直径、齿根圆直径、基圆直径、齿距、齿厚和齿槽宽。

5-10 已知一正常齿制标准直齿圆柱齿轮 $m = 5\text{mm}$，$\alpha = 20°$，$z = 45$，试分别求出分度圆、基圆、齿顶圆上渐开线齿廓的曲率半径和压力角。

5-11 试比较正常齿制渐开线标准直齿圆柱齿轮的基圆和齿根圆，在什么条件下基圆大于齿根圆？什么条件下基圆小于齿根圆？

5-12 现需要传动比 $i = 3$ 的一对渐开线标准直齿圆柱齿轮传动。有三个压力角相等的渐开线标准直齿圆柱齿轮，它们的齿数分别为 $z_1 = 20$，$z_2 = z_3 = 60$，齿顶圆直径分别为 $d_{a1} = 44\text{mm}$，$d_{a2} = 124\text{mm}$，$d_{a3} = 139.5\text{mm}$，问哪两个齿轮能用？中心距 a 等于多少？并用作图法求出它们的重合度 ε。

5-13 单级闭式直齿圆柱齿轮传动中，小齿轮材料为 45 钢调质处理，大齿轮的材料为 ZG270-500 正火，$P = 4\text{kW}$，$n_1 = 720\text{r/min}$，$m = 4\text{mm}$，$z_1 = 25$，$z_2 = 73$，$b_1 = 84\text{mm}$，$b_2 = 78\text{mm}$，单向传动，载荷有中等冲击，用电动机驱动，试验算此单级传动的强度。

5-14 已知一对正常齿渐开线标准斜齿圆柱齿轮 $a = 250\text{mm}$，$z_1 = 23$，$z_2 = 98$，$m_n = 4\text{mm}$，试计算其螺旋角、端面模数、端面压力角、当量齿数、分度圆直径、齿顶圆直径和齿根圆直径。

5-15 设计一对外啮合圆柱齿轮，已知 $z_1 = 21$，$z_2 = 32$，$m_n = 2\text{mm}$，实际中心距为 55mm，问：

1）该对齿轮能否采用标准直齿圆柱齿轮传动？

2）若采用标准斜齿圆柱齿轮传动来满足中心距要求，其分度圆螺旋角 β，分度圆直径 d_1、d_2 和节圆直径 d_{w1}、d_{w2} 各为多少？

5-16 已知单级闭式斜齿轮传动 $P = 10\text{kW}$，$n_1 = 960\text{r/min}$，$i = 3.7$，电动机驱动，载荷平稳，双向传动，设小齿轮用 40MnB 调质，大齿轮用 45 钢调质，$z_1 = 25$，试设计此单级斜齿轮传动。

5-17 标准蜗杆传动的蜗杆轴向齿距 $p = 15.708\text{mm}$，蜗杆头数 $z_1 = 2$，蜗杆齿顶圆直径 $d_{a1} = 60\text{mm}$，蜗轮的齿数 $z_2 = 40$，试确定其模数 m、蜗杆特性系数 q、蜗轮分度圆直径 d_2 和中心距 a。

5-18 在图 5-44 所示的二级展开式斜齿圆柱齿轮减速器中，已知动力从 I 轴输入，III 轴为输出轴，其转动方向如图所示，齿轮 4 的轮齿旋向为右旋，试解答：

1）标出输入轴 I 和中间轴 II 的转向。

2）确定并标出齿轮 1、2 和 3 的轮齿旋向，要求使 II 轴上所受轴向力尽可能小。

3）标出各个齿轮在啮合点处所受各分力的方向。

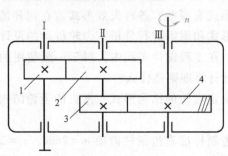

图 5-44　题 5-18 图

第6章 轮系

6.1 轮系及其分类

在前一章中研究了一对齿轮的啮合原理和运动设计方法。为了达到减速或增速、变速、换向以及转动的合成和分解等目的，实际机械中常常采用一系列互相啮合的齿轮将输入轴与输出轴连接起来，这种由一系列齿轮组成的传动系统称为轮系。

根据轮系在运转过程中，其各轮轴线的位置是否固定，可以将轮系分为下列两大类。

1. 定轴轮系

当轮系运动时，其各轮轴线的位置固定不动的称为定轴轮系。图 6-1 所示的轮系就是一个定轴轮系。

2. 周转轮系

当轮系运动时，凡至少有一个齿轮的几何轴线是绕另一齿轮的几何轴线转动的称为周转轮系。

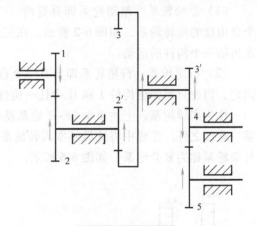

图 6-1　定轴轮系

在图 6-2 所示的轮系运动时，它的齿轮 1 和 3 以及构件 H 各绕固定的互相重合的几何轴线 O_1、O_3 及 O_H 转动，而齿轮 2 则松套在构件 H 的小轴上，因此它一方面绕自己的几何轴线 O_2 回转（自转），同时又随构件 H 绕几何轴线 O_H 回转（公转），所以该轮系是一个周转轮系。齿轮 2 的运动和天文上行星的运动相同，故称其为行星轮；支持行星轮的构件 H 称为系杆（或行星架或转臂），而几何轴线固定的齿轮 1 和 3 称为太阳轮。系杆绕之转动的轴线 O_H 称为主轴线。由于太阳轮 1、太阳轮 3 和系杆 H 的回转轴线的位置均固定且重合，通常以它们作为运动的输入或输出构件，称其为周转轮系的基本构件。

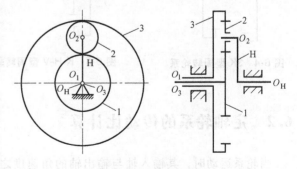

图 6-2　周转轮系

周转轮系根据其基本构件的不同加以分类，并设定中心轮用 K 表示，系杆用 H 表示，输出构件用 V 表示。常见的类型有三种：

（1）2K-H 型 其基本构件为两个太阳轮和一个行星架，如图 6-3 所示。

（2）3K 型 其基本构件为三个太阳轮，如图 6-4 所示。

（3）K-H-V 型 其基本构件为一个太阳轮、一个行星架和一个输出构件，如图 6-5 所示。

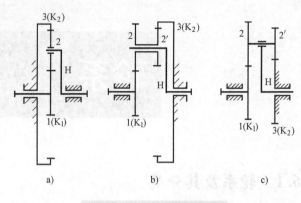

图 6-3　2K-H 型周转轮系

周转轮系按其自由度的数目又可以分为两种基本类型：

（1）差动轮系 差动轮系即具有两个自由度的周转轮系，如图 6-2 所示。在三个基本构件中，必须给定两个构件的运动，才能求出第三个构件的运动。

（2）行星轮系 行星轮系即具有一个自由度的周转轮系，如图 6-3 所示。由于太阳轮 3 固定，因此只要知道构件 1 和 H 中任一构件的运动，就可求出另一构件的运动。

作为周转轮系，上述单个 2K-H 轮系及单个 K-H-V 轮系是不可再分的，称为基本周转轮系。除此之外，工程中将这类基本周转轮系与定轴轮系或者若干个基本周转轮系组合而成的复杂轮系称为复合轮系，如图 6-6 所示。

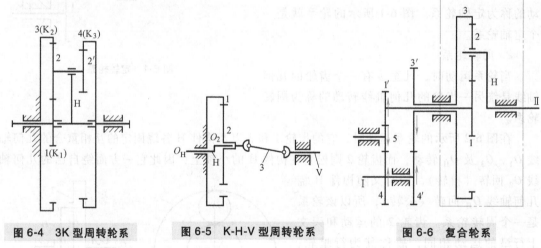

图 6-4　3K 型周转轮系　　　图 6-5　K-H-V 型周转轮系　　　图 6-6　复合轮系

6.2　定轴轮系的传动比计算

当轮系运动时，其输入轴与输出轴的角速度之比称为轮系的传动比。设 A 为轮系的输入轴，B 为输出轴，则该轮系的传动比为

$$i_{AB} = \omega_A / \omega_B = n_A / n_B$$

式中　ω、n——角速度和转速。

要确定一个轮系的传动比，包括计算其传动比的大小和确定其输入轴与输出轴转向之间的关系。下面介绍定轴轮系的传动比计算方法。

1. 传动比大小的计算

在图 6-1 中，设齿轮 1 为主动轮，齿轮 5 为最后的从动轮，则该轮系的总传动比为 $i_{15} = \dfrac{\omega_1}{\omega_5}$，$z_1$、$z_2$、$z_{2'}$、$z_3$、$z_{3'}$、$z_4$ 及 z_5 为各轮的齿数；ω_1、ω_2、$\omega_{2'}$、ω_3、$\omega_{3'}$、ω_4 及 ω_5 为各轮的角速度。下面来计算该轮系的总传动比的大小。

由图 6-1 可见，主动轮 1 到从动轮 5 之间的传动，是通过一对对齿轮依次啮合来实现的。因此可先求出各对齿轮的传动比的大小为

$$i_{12} = \frac{\omega_1}{\omega_2} = \frac{z_2}{z_1}, \quad i_{2'3} = \frac{\omega_{2'}}{\omega_3} = \frac{\omega_2}{\omega_3} = \frac{z_3}{z_{2'}}$$

$$i_{3'4} = \frac{\omega_{3'}}{\omega_4} = \frac{\omega_3}{\omega_4} = \frac{z_4}{z_{3'}}, \quad i_{45} = \frac{\omega_4}{\omega_5} = \frac{z_5}{z_4}$$

将以上各式两边分别连乘后得

$$i_{12} \cdot i_{2'3} \cdot i_{3'4} \cdot i_{45} = \frac{\omega_1}{\omega_2} \cdot \frac{\omega_2}{\omega_3} \cdot \frac{\omega_3}{\omega_4} \cdot \frac{\omega_4}{\omega_5} = \frac{z_2 z_3 z_4 z_5}{z_1 z_{2'} z_{3'} z_4}$$

即

$$i_{15} = \frac{\omega_1}{\omega_5} = \frac{z_2 z_3 z_5}{z_1 z_{2'} z_{3'}}$$

上式表明：定轴轮系中输入轴 A 与输出轴 B 的传动比为各对齿轮传动比的连乘积，其值等于各对啮合齿轮中所有从动轮齿数的连乘积与各主动轮齿数的连乘积之比，即

$$i_{AB} = \frac{\omega_A}{\omega_B} = \frac{\omega_主}{\omega_从} = \frac{\text{所有各对齿轮的从动轮齿数的乘积}}{\text{所有各对齿轮的主动轮齿数的乘积}} \tag{6-1}$$

在上面的推导中，因为齿轮 4 同时与齿轮 3′ 和齿轮 5 相啮合，对于齿轮 3′ 来说，其为从动轮，对于齿轮 5 来说，其为主动轮，故公式右边分子、分母中的 z_4 可互相消去，表明齿轮 4 的齿数不影响传动比的大小，这种齿轮通常称为惰轮（又称为介轮）。惰轮虽然不影响传动比的大小，但能改变输出轮的转向。由图显然可见，如果没有齿轮 4 而齿轮 3′ 直接与齿轮 5 啮合，则齿轮 5 的转动方向与齿轮 1 相同。

2. 主、从动轮转向关系的确定

根据轮系中各个齿轮轴线的相互位置关系，下面分几种情况加以讨论。

（1）轮系中各轮几何轴线均相互平行　这种轮系由圆柱齿轮所组成，其各轮的几何轴线互相平行，因此它们的传动比有正负之分，如果输入轴与输出轴的转动方向相同，则其传动比为正，反之为负。由于连接平行轴的内啮合两轮的转动方向相同，故不影响轮系的传动比的符号，而外啮合两轮的传动方向相反，所以每经过一次外啮合就改变一次方向，如果轮系中有 m 次外啮合，则从输入轴到输出轴，其角速度方向应经过 m 次变化，因此这种轮系传动比的符号可用 $(-1)^m$ 来判定。对于图 6-1 所研究的轮系，$m = 3$，$(-1)^3 = -1$，故

$$i_{15} = \frac{\omega_1}{\omega_5} = (-1)^3 \frac{z_2 z_3 z_5}{z_1 z_{2'} z_{3'}} = -\frac{z_2 z_3 z_5}{z_1 z_{2'} z_{3'}}$$

轮系传动比的正、负号也可以用画箭头的方法来确定，如图6-1所示。

（2）轮系中所有齿轮的几何轴线不都平行，但首、尾两轮的轴线相互平行 在图6-7中，这种轮系不但包含了圆柱齿轮，而且还包含了锥齿轮和蜗杆蜗轮等空间齿轮。由于这种轮系的轴线不都平行，不能说其两轮的转向是相同还是相反，所以这种轮系中各轮的转向必须在图上用箭头表示出来而不能用 $(-1)^m$ 来确定。由于该轮系的输入轴与输出轴互相平行，仍可在传动比的计算结果中加"+""−"号来表示主、从动轮的转向关系。

（3）轮系中首、尾两轮的几何轴线不平行 在图6-8中，主动轮1和从动轮5的几何轴线不平行，它们分别在两个不同的平面内转动，转向无所谓相同或相反，故在计算公式中不再加正、负号，其转向关系只能用箭头表示在图上。

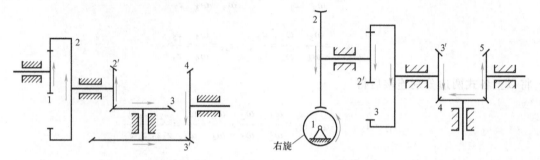

图 6-7 首、尾两轮的轴线相互平行的空间定轴轮系

图 6-8 首、尾两轮的几何轴线不平行的空间定轴轮系

例 6-1 在图6-8所示的轮系中，已知各轮齿数分别为 $z_1 = 2$（蜗杆为右旋），$z_2 = 60$，$z_{2'} = 30$，$z_3 = 72$，$z_{3'} = 20$，$z_4 = 25$，$z_5 = 20$，试求：1）传动比 i_{15}。2）当 $n_1 = 1440\text{r/min}$，转向如图6-8所示时，求 n_5。

解 （1）求传动比 i_{15} 由式（6-1）可得

$$i_{15} = \frac{\omega_1}{\omega_5} = \frac{n_1}{n_5} = \frac{z_2 z_3 z_4 z_5}{z_1 z_{2'} z_{3'} z_4} = \frac{60 \times 72 \times 25 \times 20}{2 \times 30 \times 20 \times 25} = 72$$

由于此轮系为空间定轴轮系，故只能用画箭头的方法确定输出轴的转向，如图6-8所示。

（2）求转速 n_5 由 $$i_{15} = \frac{n_1}{n_5} = 72$$

得 $$n_5 = \frac{n_1}{i_{15}} = \frac{1440}{72} \text{r/min} = 20\text{r/min}$$

轮5的转向如图6-8中箭头所示。

6.3 周转轮系的传动比计算

在周转轮系中，由于其行星轮的运动不是绕定轴的简单转动，因此其传动比的计算不能像定轴轮系那样，直接以简单的齿数反比的形式来表示。

6.3.1 周转轮系传动比的计算

周转轮系与定轴轮系的根本区别在于周转轮系中有一个转动着的系杆，因此使行星轮既自转又公转。如果能够设法使系杆固定不动，那么周转轮系就可转化成一个定轴轮系。为此，假想给整个轮系加上一个公共的角速度（$-\omega_H$），由相对运动原理可知，周转轮系各构件间的相对运动并不改变。但此时系杆的角速度就变成了 $\omega_H - \omega_H = 0$，即系杆可视为静止不动。于是周转轮系就转换成了一个假想的定轴轮系。以图 6-9 所示的周转轮系为例来说明。设 ω_1、ω_2、ω_3 及 ω_H 为齿轮 1、2、3 及行星架 H 的绝对角速度。现在给该周转轮系加上一个角速度为（$-\omega_H$）的附加转动后，则其各构件的转速变化情况见表 6-1。

表中，$\omega_H^H = \omega_H - \omega_H = 0$ 表示这时系杆静止不动，而原来的周转轮系变为"定轴轮系"了，如图 6-10 所示。

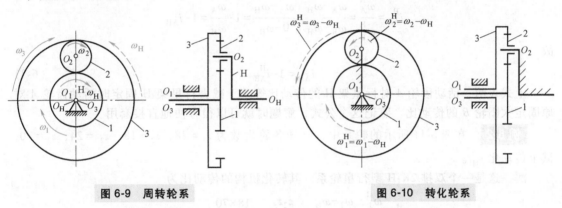

图 6-9 周转轮系　　　　　　　　　　图 6-10 转化轮系

表 6-1 轮系中构造的角速度

构件代号	原有角速度	转化机构中的角速度（即相对于系杆的角速度）
1	ω_1	$\omega_1^H = \omega_1 - \omega_H$
2	ω_2	$\omega_2^H = \omega_2 - \omega_H$
3	ω_3	$\omega_3^H = \omega_3 - \omega_H$
H	ω_H	$\omega_H^H = \omega_H - \omega_H = 0$

角速度 ω_1^H、ω_2^H、ω_3^H 及 ω_H^H 的右上角标 H 表示构件 1、2、3 及 H 相对于构件 H 的相对角速度。经加上附加转动后所得的机构称为原来周转轮系的"转化机构"。转化机构中任意两轮的传动比均可用定轴轮系的方法求得，例如

$$i_{13}^H = \frac{\omega_1^H}{\omega_3^H} = \frac{\omega_1 - \omega_H}{\omega_3 - \omega_H} = -\frac{z_3}{z_1}$$

其中，齿数比前的"$-$"号表示在转化机构中齿轮 1 和齿轮 3 的转向相反。

上式表明，在三个活动构件 1、3 及 H 中，必须知道任意两个构件的运动（如 ω_3 和 ω_H），才能求出第三个构件的运动（如 ω_1），从而构件 1、3 之间和 1、H 之间的传动比 $i_{13} = \omega_1/\omega_3$ 和 $i_{1H} = \omega_1/\omega_H$ 便也完全确定了。

根据上述原理可知，在一般情况下，任何周转轮系中的任意两个齿轮 A 和 B（包括 A、

B 中可能有一个是行星轮的情况）以及行星架 H 的角速度之间的关系应为

$$i_{AB}^{H} = \frac{\omega_A^H}{\omega_B^H} = \frac{\omega_A - \omega_H}{\omega_B - \omega_H} = (\pm)\frac{\text{转化轮系从 } A \text{ 到 } B \text{ 所有从动轮齿数的乘积}}{\text{转化轮系从 } A \text{ 到 } B \text{ 所有主动轮齿数的乘积}} \qquad (6\text{-}2)$$

式中　i_{AB}^{H}——转化机构中 A 轮主动、B 轮从动时的传动比，其大小和正负完全按定轴轮系的方法求出，计算时要特别注意不可忘记或弄错转化机构传动比的正、负号，它不仅表明在转化机构中齿轮 A 和 B 转向之间的关系，而且直接影响周转轮系传动比的大小和方向。其中，ω_A、ω_B 及 ω_H 是周转轮系中各基本构件的真实角速度，对于差动轮系，若已知的两个转速方向相反，则代入公式时一个用正值而另一个用负值，这样求出的第三个转速就可按其符号来确定转动方向。

式（6-2）也适用于由锥齿轮组成的周转轮系，不过 A、B 两个太阳轮和系杆 H 的轴线必须互相平行，且其转化机构传动比的正、负号必须用画箭头的方法来决定。

对于行星轮系，由于它的一个太阳轮（如齿轮 B）固定不动，所以由式（6-2）得

$$i_{AB}^{H} = \frac{\omega_A^H}{\omega_B^H} = \frac{\omega_A - \omega_H}{\omega_B - \omega_H} = \frac{\omega_A - \omega_H}{0 - \omega_H} = 1 - \frac{\omega_A}{\omega_H} = 1 - i_{AH}$$

故

$$i_{AH} = 1 - i_{AB}^{H} \qquad (6\text{-}3)$$

上式表明：活动齿轮 A 对行星架 H 的传动比等于 1 减去行星架 H 固定时活动齿轮 A 对原固定太阳轮 B 的传动比。熟记这个公式，解题时就可以很方便地直接套用。

例 6-2　在图 6-11 所示的轮系中，已知各轮齿数为 $z_1 = 28$，$z_2 = 18$，$z_{2'} = 24$，$z_3 = 70$，试求传动比 i_{1H}。

解　这是一个双排 2K-H 型行星轮系。其转化机构的传动比为

$$i_{13}^{H} = \frac{\omega_1^H}{\omega_3^H} = \frac{\omega_1 - \omega_H}{\omega_3 - \omega_H} = -\frac{z_2 z_3}{z_1 z_{2'}} = -\frac{18 \times 70}{28 \times 24} = -1.875$$

由于 $\omega_3 = 0$，故

$$\frac{\omega_1 - \omega_H}{-\omega_H} = -1.875$$

因此

$$i_{1H} = \frac{\omega_1}{\omega_H} = 1 - i_{13}^{H} = 1 + 1.875 = 2.875$$

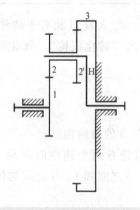

图 6-11　2K-H 型行星轮系

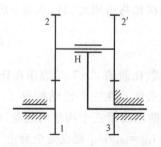

图 6-12　大传动比行星轮系

计算结果 i_{1H} 为正值，说明系杆 H 和太阳轮 1 转向相同。

例 6-3　在图 6-12 所示的行星轮系中，已知各轮齿数为 $z_1 = 100$，$z_2 = 101$，$z_{2'} = 100$，试求传动比 i_{H1}。1）当 $z_3 = 99$ 时。2）$z_3 = 100$ 时。

解　由式（6-3）得

$$i_{13}^{H} = 1 - i_{1H} = (-1)^2 \frac{z_2 z_3}{z_1 z_{2'}}$$

即

$$i_{1H} = 1 - i_{13}^{H} = 1 - \frac{z_2 z_3}{z_1 z_{2'}}$$

1）当 $z_3 = 99$ 时，

$$i_{1H} = 1 - i_{13}^{H} = 1 - \frac{101 \times 99}{100 \times 100} = \frac{1}{10000}$$

$$i_{H1} = \frac{1}{i_{1H}} = 10000$$

2）当 $z_3 = 100$ 时，

$$i_{1H} = 1 - i_{13}^{H} = 1 - \frac{101 \times 100}{100 \times 100} = -\frac{1}{100}$$

$$i_{H1} = \frac{1}{i_{1H}} = -100$$

从本例可以看出，行星轮系可以用少数齿轮得到很大的传动比，故比定轴轮系紧凑，但传动比越大，其机械效率越低。一般用于减速传动，用于增速传动时将发生自锁。在本例 2）中，同样结构的行星轮系，当其一轮的齿数变动了一个齿，轮系的传动比则变动了 100 倍，且传动方向发生改变。这与定轴轮系不同。

6.3.2　复合轮系的传动比

前述可知，在实际机械中，除了广泛应用单一的定轴轮系和单一的周转轮系外，还大量用到由基本周转轮系与定轴轮系或者几个基本周转轮系组合而成的复合轮系。对于这样复杂的轮系不能直接套用前述有关定轴轮系和周转轮系的公式，计算复合轮系传动比的正确方法是：

1）首先将各个基本轮系正确地区分开。

2）分别列出计算各个基本轮系传动比的计算式。

3）找出各基本轮系之间的联系。

4）将各基本轮系传动比计算式联立求解，即可求出复合轮系的传动比。

从复合轮系中找定轴轮系及基本周转轮系的方法如下：

首先要找出各个单一的周转轮系，具体的方法是：先找行星轮，即找出那些几何轴线不固定而是绕其他定轴齿轮几何轴线转动的齿轮。当行星轮找到后，那么支持行星轮的构件就是系杆。而几何轴线与系杆重合且直接与行星轮相啮合的定轴齿轮就是太阳轮。由这些行星轮、太阳轮、系杆及机架便组成一个周转轮系。重复上述过程，直至将所有周转轮系均一一找出。区分出各个基本的周转轮系后，剩余的那些定轴齿轮和机架便组成定轴轮系。

例 6-4　在图 6-6 所示的轮系中，设已知各轮的齿数为 $z_1 = 30$，$z_2 = 30$，$z_3 = 90$，$z_{1'} = 20$，$z_4 = 30$，$z_{3'} = 40$，$z_{4'} = 30$，$z_5 = 15$，试求轴 I、轴 II 之间的传动比 i_{4H}。

解　这是一个复合轮系。首先将各个基本轮系区分开，从图中可以看出：齿轮2的几何轴线不固定，它是一个行星轮；支承该行星轮的构件 H 即为系杆；而与行星轮2相啮合的定轴齿轮1、3为太阳轮。因此，齿轮1、2、3和系杆 H 组成一个基本周转轮系，它是一个差动轮系，剩余的由定轴齿轮4-4′、5、1′、3′所组成的轮系为一定轴轮系。

对于差动轮系，有

$$i_{13}^{H}=\frac{n_1-n_H}{n_3-n_H}=-\frac{z_3}{z_1}=-\frac{90}{30}=-3$$

对于定轴轮系，有

$$i_{41'}=\frac{n_4}{n_{1'}}=\frac{z_{1'}}{z_4}=\frac{20}{30}=\frac{2}{3}$$

即

$$n_{1'}=\frac{3}{2}n_4$$

$$i_{43'}=\frac{n_4}{n_{3'}}=-\frac{z_{3'}}{z_4}=-\frac{40}{30}=-\frac{4}{3}$$

即

$$n_{3'}=-\frac{3}{4}n_4$$

且 $n_{1'}=n_1$，$n_{3'}=n_3$，代入得

$$\frac{\frac{3}{2}n_4-n_H}{-\frac{3}{4}n_4-n_H}=-3$$

则有

$$i_{4H}=\frac{n_4}{n_H}=-\frac{16}{3}\approx-5.33$$

负号表明轴Ⅰ、轴Ⅱ转向相反。

例 6-5　图 6-13 所示为汽车后桥差速器。设已知各轮齿数，且 $z_1=z_3$，求当汽车直线行驶或转弯时，其左、右两后轮的转速 n_1、n_3 与齿轮4的转速 n_4 的关系。

解　此差速器是由一个定轴轮系（齿轮4、5）和一个差动轮系（齿轮1、2、3和系杆4）组成的复合轮系。

对于定轴轮系4、5有

$$i_{45}=\frac{n_4}{n_5}=\frac{z_5}{z_4}$$

即

$$n_5=\frac{z_4}{z_5}n_4$$

对于差动轮系1、2、3、4，有

$$i_{13}^{H}=\frac{n_1-n_4}{n_3-n_4}=-\frac{z_3}{z_1}=-1$$

即

$$n_4=\frac{n_1+n_3}{2}$$

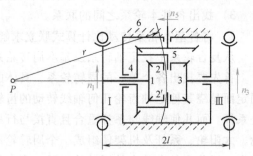

图 6-13　汽车后桥差速器

当汽车在平坦的道路上直线行驶时，左、右两车轮滚过的路程相等，所以转速也相等，因此 $n_1 = n_3 = n_4$，即齿轮 1 和齿轮 3 之间没有相对运动，齿轮 2 不绕自己的轴线转动，此时齿轮 1、2、3 成一整体，由齿轮 4 带动一起转动。

当汽车左转弯时，（转动中心为 P），由于左、右轮行走轨迹的曲率半径分别为 $r-l$ 和 $r+l$。所以左、右两轮的转速不等。因此

$$\frac{n_1}{n_3} = \frac{r-l}{r+l}$$

即可得

$$n_1 = \frac{r-l}{r} n_4, \quad n_3 = \frac{r+l}{r} n_4$$

此时齿轮 4 的转速 n_4 通过差动轮系分解为齿轮 1 和齿轮 3 的两个独立的转动。

6.4　轮系的功用

轮系在实际机械中应用得非常广泛，其主要功用如下：

1. 实现大传动比传动

由式（6-1）可知，只需适当选择齿轮的对数和各齿轮的齿数，即可得到一个所需的大传动比传动。除了用定轴轮系以外，也可采用周转轮系和复合轮系，在例 6-3 中采用少齿差的四个齿轮组成行星轮系，实现了传动比为 10000 的大传动比齿轮传动。又如习题 6-15 中的复合轮系，它是由一锥齿轮差动轮系被两个定轴轮系封闭而成的，其减速比更大，竟达 1980000∶1。

2. 实现较远距离传动

在图 6-14 中，当输入轴 I 和输出轴 IV 的距离较远而传动比却不大时，若仅用一对齿轮 1′ 和 4′ 来传动，则两轮的尺寸一定很大，如图中的虚线所示，这是很不合理的。为此可用一系列的齿轮将该两轴连接起来，如图中的实线所示，这种结构既可节省材料和成本，又可减少机构所占的空间。当然，替代轮系的 i_{14} 和原轮系的 $i_{1'4'}$ 的大小和方向均应当相同。

3. 实现变速与换向传动

机器的原动机的转速是常数，而执行机构的转速往往因工作需要必须能够随时变换。这时可采用几个定轴齿轮来达到这个目的。例如，在图 6-15 所示的汽车齿轮变速器中，牙嵌离合器的一半 x 与齿轮 1 固连在输入轴 I 上。其另一半 y 则和双联齿轮 4-6 用滑键与输出轴 III 相连。齿轮 2、3、5、7 固连在中间轴 II 上，而齿轮 8 则固连在另一中间轴 IV 上。1 和 2 及 8 和 7 分别互相啮合，图中括号内的数字为各轮的齿数，且设 $n_1 = 1000\text{r/min}$。这样，当拨动双联齿轮到不同的位置时，便可得到四种不同的输出转速。

1）当向右移动双联齿轮使 x 与 y 接合时，则 $n_{III} = n_1 = 1000\text{r/min}$，这时汽车以高速前进。

2）当向左移动双联齿轮使 4 和 3 啮合时，运动经齿轮 1、2、3、4 传给 III，故 $n_{III} = n_I \times (z_1 z_5 / z_2 z_6) = 1000 \times [19 \times 31/(38 \times 26)]\text{r/min} = 596\text{r/min}$，这时汽车以中速前进。

3）当向左移动双联齿轮使 6 和 5 啮合时，$n_{III} = n_I \times (z_1 z_5 / z_2 z_6) = 1000 \times [19 \times 21/(38 \times 36)]\text{r/min} = 292\text{r/min}$，这时汽车以低速前进。

4）当再向左移动双齿轮使 6 与 8 啮合时，$n_{III} = n_I \times (-z_1 z_7 / z_2 z_6) = 1000 \times [-19 \times 14/(38 \times 36)]\text{r/min} = -194\text{r/min}$，这时汽车以最低速倒车。

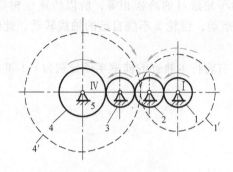

图 6-14　较远距离的齿轮传动

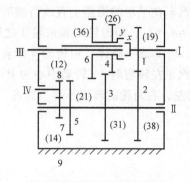

图 6-15　汽车齿轮变速器

4. 实现分路传动

在一个动力源的机械中，常常需要使其几个执行构件配合起来完成预期的动作，这时可采用定轴轮系作为几分路传动来实现。图 6-16 所示的滚齿机工作台就是一例。电动机带动主动轴转动，经由齿轮 1 和 3 分两路把运动传给滚刀 A 和轮坯 B，从而使刀具和轮坯之间具有确定的对滚关系。

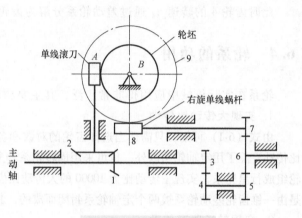

图 6-16　滚齿机工作台

5. 实现运动的合成与分解

如前所述，差动轮系有两个自由度。利用差动轮系的这一特点，可以把两个运动合成为一个运动。

图 6-17 所示的由锥齿轮所组成的差动轮系，就常被用来进行运动的合成。在该轮系中，因两个太阳轮的齿数相等，即 $z_1 = z_3$，故

$$i_{13}^H = \frac{n_1 - n_H}{n_3 - n_H} = -\frac{z_3}{z_1} = -1$$

即

$$n_H = \frac{1}{2}(n_1 + n_3)$$

上式说明，系杆 H 的转速是两个中心轮转速的合成，故这种轮系可用作加法机构。

差动轮系不仅能将两个独立的运动合成为一个运动，而且还可以将一个基本构件的输入运动分解为另两个基本构件的输出转动，两个输出转动之间的分配由附加的约束条件确定。如例 6-5 中的汽车后桥差速器。

6. 利用行星轮输出的复杂运动满足某些特殊要求

周转轮系的行星轮上各点的运动轨迹是许多形状和性质不同的摆线或变态摆线，可以满足一些特殊的需要。图 6-18 所示的行星搅拌机构，其搅拌器与行星轮固结为一体，从而得到复合运动，以增加搅拌效果。

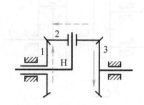

图 6-17 运动的合成与分解

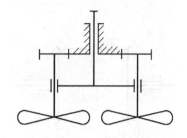

图 6-18 行星搅拌机构

思考题及习题

6-1 什么是惰轮？它在轮系中起什么作用？

6-2 在定轴轮系中，如何来确定首、末两轮转向间的关系？

6-3 什么是周转轮系的"转化机构"？它在计算周转轮系传动比中起什么作用？

6-4 在差动轮系中，若已知两个基本构件的转向，如何确定第三个基本构件的转向？

6-5 周转轮系中两轮传动比的正负号与该周转轮系转化机构中两轮传动比的正负号相同吗？为什么？

6-6 计算复合轮系传动比的基本思路是什么？能否通过给整个轮系加上一个公共的角速度（$-\omega_H$）的方法来计算整个轮系的传动比？为什么？

6-7 如何从复杂的混合轮系中划分出各个基本轮系？

6-8 什么样的轮系可以进行运动的合成和分解？

6-9 在图 6-19 所示的车床变速箱中，已知各轮齿数为 $z_1 = 42$，$z_2 = 58$，$z_{3'} = 38$，$z_{4'} = 42$，$z_{5'} = 50$，$z_{6'} = 48$，电动机转速为 1450r/min，若移动三联滑移齿轮 a 使齿轮 3′ 和 4′ 啮合，又移动双联滑移齿轮 b 使齿轮 5′ 和 6′ 啮合，试求此时带轮转速的大小和方向。

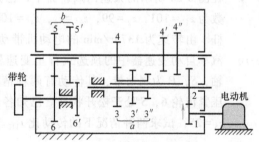

图 6-19 题 6-9 图

6-10 在图 6-16 所示的滚齿机工作台的传动系统中，已知各齿轮的齿数为 $z_1 = 15$，$z_2 = 28$，$z_3 = 15$，$z_4 = 55$，$z_9 = 40$，被加工齿轮 B 的齿数为 72，试计算传动比 i_{75}。

6-11 在图 6-20 所示的轮系中，已知各轮齿数为 $z_1 = z_3$，$n_H = 100$r/min，$n_1 = 20$r/min，试求下列两种情况下轮 3 的转速 n_3：1）当 n_1 与 n_H 同向时。2）当 n_1 与 n_H 反向时。

6-12 在图 6-21 所示的轮系中，已知各轮齿数为 $z_1 = 30$，$z_2 = 30$，$z_3 = 90$，$z_{3'} = 40$，$z_4 = 30$，$z_{4'} = 40$，$z_5 = 30$，试求此轮系的传动比 i_{1H}。

6-13 在图 6-22 所示的轮系中，已知各轮齿数为 $z_1 = 24$，$z_2 = 48$，$z_{2'} = 30$，$z_3 = 102$，$z_{3'} = 20$，$z_4 = 40$，$z_5 = 100$，试求该轮系的传动比 i_{1H}。

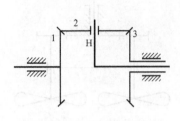

图 6-20　题 6-11 图

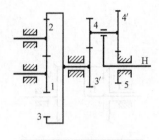

图 6-21　题 6-12 图

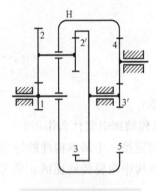

图 6-22　题 6-13 图

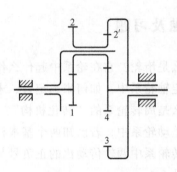

图 6-23　题 6-14 图

6-14　在图 6-23 所示的轮系中，已知各轮齿数为 $z_1 = 26$，$z_2 = 32$，$z_{2'} = 22$，$z_3 = 80$，$z_4 = 36$，又 $n_1 = 300 \text{r/min}$，$n_3 = 50 \text{r/min}$，两者转向相反，试求齿轮 4 的转速 n_4 的大小和方向。

6-15　在图 6-24 所示的大速比减速器中，已知蜗杆 1 和 5 的头数为 1，且均为右旋，各轮齿数为 $z_{1'} = 101$，$z_2 = 99$，$z_{2'} = z_4$，$z_{4'} = 100$，$z_{5'} = 100$，试求 1）传动比 i_{1H}。2）若主动蜗杆 1 由转速为 1375r/min 的电动机带动，问输出轴 H 转一周需要多长时间？

6-16　汽车自动变速器中的预选式行星变速器如图 6-25 所示。I 轴为主动轴，II 轴为从动轴，S，P 为制动带，其传动有两种情况：1）S 压紧齿轮 3，P 处于松开状态。2）P 压紧齿轮 6，S 处于松开状态。已知各齿轮齿数为 $z_1 = 30$，$z_2 = 30$，$z_3 = z_6 = 90$，$z_4 = 40$，$z_5 = 25$，试求两种情况下的传动比 i_{1H}。

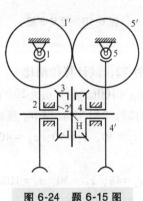

图 6-24　题 6-15 图

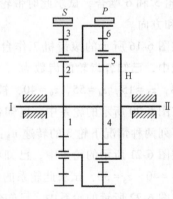

图 6-25　题 6-16 图

第7章 其他常用机构

在各种机器和仪表中，除了前面讨论的平面连杆机构、凸轮机构、齿轮机构等以外，还常用到其他类型的机构。特别是常需要某些构件实现周期性的运动和停歇。能够将主动件的连续运动转换成从动件有规律的运动和停歇的机构称为间歇运动机构。本章简要介绍这些机构的工作原理、类型、运动特点及用途。

7.1 棘轮机构

7.1.1 棘轮机构的基本结构和工作原理

棘轮机构的基本结构如图 7-1 所示，图 7-1a 所示为外啮合棘轮机构，图 7-1b 所示为内啮合棘轮机构。其机构的组成主要由摆杆 1、棘爪 2、棘轮 3、机架 4 和止回爪 5 组成。当摆杆 1 顺时针方向摆动时，棘爪 2 将插入棘轮齿槽中，并带动棘轮顺时针方向转过一定的角度；当摆杆逆时针方向摆动时，棘爪在棘轮的齿背上滑过，这时棘轮不动。为防止棘轮倒转，机构中装有止回爪 5，并用弹簧使止回爪与棘轮轮齿始终保持接触。这样，当摆杆 1 连续往复摆动时，就实现了棘轮的单向间歇运动。

如果改变摆杆 1 的结构形状，就可以得到图 7-2 所示的双动式棘轮机构，摆杆 1 往复摆动时，棘轮 2 沿着同一方向间歇转动。驱动棘爪 3 可以制成直杆的形状，如图 7-2a 所示；或带钩头的形状，如图 7-2b 所示。

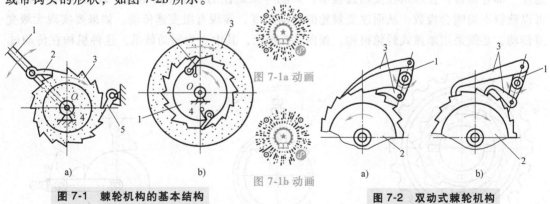

图 7-1a 动画

图 7-1b 动画

| a) | b) |

图 7-1 棘轮机构的基本结构

1—摆杆　2—棘爪　3—棘轮　4—机架　5—止回爪

| a) | b) |

图 7-2 双动式棘轮机构

1—摆杆　2—棘轮　3—棘爪

要使一个棘轮获得双向的间歇运动，可把棘轮轮齿的侧面制成对称的形状，一般采用矩形，棘爪需制成可翻转的或可回转的，如图 7-3 所示。

图 7-3a 所示的可变向棘轮机构，通过翻转棘爪实现棘轮的反方向转动。当棘爪在实线

位置时，棘轮将沿逆时针方向做间歇运动；当棘爪翻转到虚线位置时，棘轮将沿着顺时针方向做间歇运动。

图 7-3b 所示的可变向棘轮机构，通过回转棘爪实现棘轮的反方向转动。当棘爪在图示位置时，棘轮将沿逆时针方向做间歇运动；若棘爪被提起绕自身轴线旋转 180° 后再插入棘轮中，则可实现沿顺时针方向的间歇运动；若棘爪被提起绕自身轴线旋转 90° 放下，棘爪就会架在壳体的顶部平台上，使棘轮与架子脱离接触，则当摆杆往复运动时棘轮静止不动。此种棘轮机构常应用在牛头刨床工作台的自动进给装置中。

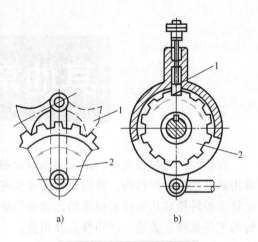

图 7-3　双向式棘轮机构

1—棘爪　2—棘轮

7.1.2　棘轮机构的特点和应用

棘轮机构具有结构简单、制造方便和运动可靠的特点，在各类机械中有较广泛的应用。

1）棘轮机构具有间歇运动的特性，可实现单向和多向间歇运动。当棘轮直径为无穷大时，即变为棘条，此时可实现间歇移动。

2）棘轮机构具有快速超越运动特性。如图 7-4 所示自行车小链轮中的内啮合棘轮机构，当脚蹬踏板时，小链轮 3 带动车轮轴 1 做顺时针转动，驱动自行车前进。当自行车前进时，如果脚踏板不动，车轮轴 1 及安装在其上的棘爪 2 可以超越小链轮 3（即车上的小链轮）而转动。这种从动件可以超越主动件做快速转动的特点，称为棘轮机构的超越运动特性。

3）棘轮机构可以实现有级变速传动。如图 7-5 所示，齿罩 2 在棘爪 1 摆角 α 的范围内遮住一部分棘齿，使棘爪在摆动过程中，只能与未遮住的棘轮轮齿啮合。改变齿罩的位置，可以获得不同啮合齿数，从而改变棘轮的转动角度，实现有级变速传动。如果要实现无级变速传动，必须采用摩擦式棘轮机构，如图 7-6 所示，其中 3 为制动棘爪。这种机构在传动过

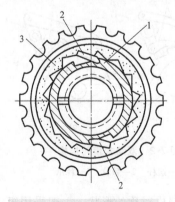

图 7-4　自行车小链轮中的内啮合棘轮机构

1—轴　2—棘爪　3—小链轮

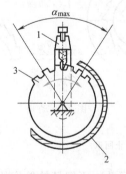

图 7-5　有级变速棘轮机构

1—棘爪　2—齿罩　3—棘轮

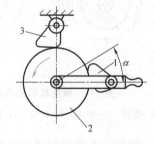

图 7-6　摩擦式棘轮机构

1—棘爪　2—棘轮
3—制动棘爪

程中很少发生噪声，但其接触面积间容易发生滑动，因此传动精度不高，传递的转矩也受到一定的限制。实际应用中，常把摩擦式棘轮机构作为超越离合器，实现进给和传递运动。

7.1.3 棘轮机构的设计

1. 棘爪顺利进入棘轮齿槽的条件

在图 7-7 中，棘爪与棘轮在 A 点接触，即将进入齿槽，轮齿对棘爪作用有正压力 N 与摩擦力 F （$F=fN$）。为了棘爪顺利进入齿槽，使棘爪滑入齿槽的力矩 $NL\tan\alpha$ 应大于阻止其滑入齿槽的力矩 FL，即棘爪顺利进入棘轮齿槽的条件为

$$NL\tan\alpha>FL$$

由于

$$F=fN=N\tan\rho$$

代入上式，得

$$\tan\alpha>\tan\rho$$

$$\alpha>\rho \tag{7-1}$$

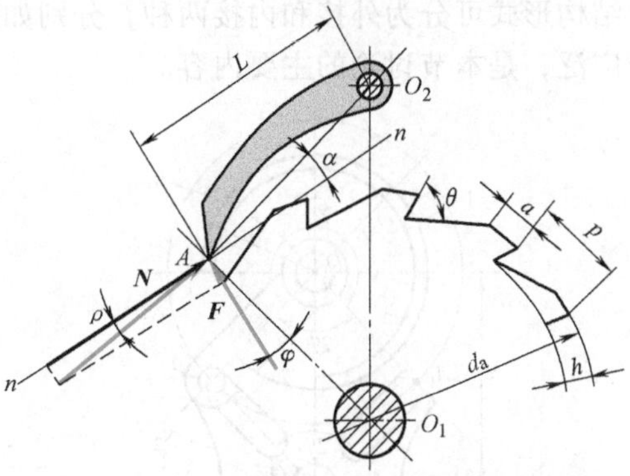

式中　α——棘爪与轮齿接触点 A 的公法线 nn 与 O_2A 所夹锐角；

　　　　ρ——摩擦角，$\rho=\arctan f$，f 为摩擦系数。

上式说明，棘爪顺利进入棘轮齿槽的条件是：$\alpha>\rho$。

若齿面有倾角 φ，且 O_2A 垂直于 O_1A，则 $\alpha=\varphi$，这时，顺利进入齿槽的条件为 $\varphi>\rho$，一般 φ 取 $15°\sim20°$。

图 7-7　棘爪顺利进入棘轮齿槽的条件

2. 棘轮机构的主要参数

（1）棘轮齿数 z　齿数 z 主要根据工作要求的转角选定。例如，牛头刨床的横向进给机构的丝杆，导程 $p_z=6mm$，要求最小进给量为 $0.2mm$，如果棘爪每次拨过一个齿，则棘轮最小转角 α 为

$$\alpha=0.2/6\times360°=12°$$

所以，此时棘轮最小齿数 z 为

$$z=360°/12°=30$$

此外，还应当考虑载荷大小，对于传递载荷较轻的进给机构，齿数可取多一点，可达 $z=250$；传递载荷较大时，应考虑轮齿的强度，齿数通常取少一点，一般取 $z=8\sim30$。

（2）齿距和模数　棘轮齿顶圆上相邻两齿对应点之间的弧长称为齿距，用 p 表示。令 $m=p/\pi$，m 称为模数，单位为 mm。

（3）几何尺寸　棘轮齿数 z 和模数 m 确定后，棘轮和棘爪的主要几何尺寸计算公式见表 7-1。

表 7-1　棘轮机构的主要几何尺寸

齿顶圆直径	$d_a=mz$	全齿高	$h=0.75m$
齿距	$p=\pi m$	齿顶弦厚	$a=m$
齿槽夹角	$\theta=55°\sim60°$	棘爪长度	$L\approx2p$

7.2 槽轮机构

7.2.1 槽轮机构的类型和工作原理

　　槽轮机构又称为马耳他机构或日内瓦机构，是一种常见的间歇运动机构。槽轮机构的基本结构形式可分为外接和内接两种，分别如图7-8和图7-9所示。其中外接槽轮机构应用比较广泛，是本节讨论的主要内容。

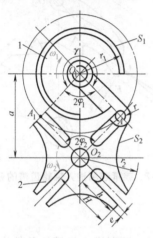

图7-8　外接式槽轮机构

1—拨盘　2—槽轮

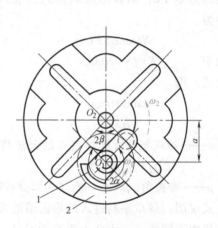

图7-9　内接式槽轮机构

1—拨盘　2—槽轮

　　槽轮机构是由具有圆销的自动拨盘1和具有若干径向槽的槽轮2及机架组成的。当拨盘1做等速连续转动时，槽轮做反向（外啮合）或同向（内啮合）的单向间歇转动。在圆销未进入槽轮径向槽时，槽轮上的内凹锁住弧 S_2 被主动拨盘的外凸锁住弧 S_1 卡住，使槽轮停歇在确定的位置上不动。当拨盘上圆销 A 进入槽轮径向槽时，锁住弧松开，圆销驱动槽轮转动，循环往复，时动时停，因此，槽轮机构是一种间歇运动机构。

　　为避免槽轮2在驱动和停歇时发生刚性冲击，圆销 A 开始进入径向槽或从径向槽中脱出时，径向槽的中心线应切于圆销中心的运动圆周，即 $O_1A \perp O_2A$ 或者 $O_1A_1 \perp O_2A_1$。

7.2.2 槽轮机构的特点和应用

　　槽轮机构具有构造简单、制造容易、工作可靠和机械效率高等特点。但不像棘轮机构那样具有超越性能，也不能改变或调节从动轮的转动角度。由于槽轮机构工作时，存在冲击，故不能运用于高速的场合，其适用的范围受到一定的限制。当需要槽轮停歇时间短，传动较平稳，机构外廓尺寸小和实现同向传动时，可采用内接式槽轮机构。

7.2.3 槽轮机构的主要参数选择及几何尺寸计算

1. 槽数 z 的选择

　　在图7-8中，槽轮上分布的槽数为z，当拨盘转过角度 $2\varphi_1$ 时，则槽轮转过 $2\varphi_2$，两转角

之间的关系为

$$2\varphi_1 + 2\varphi_2 = \pi$$

因此，槽轮转角与槽轮的径向槽数 z 的关系为

$$2\varphi_2 = 2\pi/z$$

由以上两式可得

$$2\varphi_1 = \pi - 2\varphi_2 = \pi - 2\pi/z = (z-2)\pi/z \qquad (7\text{-}2)$$

由式（7-2）可以看出，外槽轮径向槽数 z 应至少不小于 3。当 $z = 3$ 时，槽轮转动时将有较大的振动和冲击，所以一般 $z = 4 \sim 8$。

2. 圆销数目 z' 的选择

在一个运动循环内，槽轮运动时间 t_d 与拨盘运动时间 t_j 之比值 K_t 称为运动特性系数。当拨盘 1 等速转动时，这两个时间之比也可用转角之比表示。对于只有一个圆销的槽轮机构，t_d 和 t_j 分别对应拨盘 1 转过的角度 $2\varphi_1$ 和 2π，故 K_t 可写为

$$K_t = t_d/t_j = 2\varphi_1/2\pi = (z-2)/(2z) \qquad (7\text{-}3)$$

由上式可知，当 $z > 3$ 时，$K_t < 0.5$，这说明槽轮转动时间占的比例小，如果想增加槽轮运动时间的比例，可在拨盘上安装数个圆销。设拨盘上均布 z' 个圆销，当拨盘回转一周时，则槽轮转动 K 次，这时槽轮运动系数

$$K_t = z'(z-2)/(2z) \qquad (7\text{-}4)$$

由于 K_t 总小于 1，故圆销数

$$z' < 2z/(z-2) \qquad (7\text{-}5)$$

由上式可以看出，圆销数目 z' 不能任意选取。当 $z = 3$ 时，$z' = 1 \sim 5$；当 $z = 4 \sim 5$ 时，$z' = 1 \sim 3$；当 $z \geqslant 6$ 时，$z' = 1 \sim 2$。对于内槽轮机构，圆销数目 z' 只能是 1 个。

3. 几何尺寸计算

槽轮机构的中心距 a 可根据机械结构尺寸确定，其余主要几何尺寸计算公式见表 7-2。

表 7-2　槽轮机构的主要几何尺寸

圆销的回转半径	$r_1 = a\sin(\pi/z)$
槽顶高	$L = a\cos(\pi/z)$
槽底高	$h < L - (r_1 + r) - (3 \sim 5)\,\mathrm{mm}$
凸圆弧张开角	$\gamma = 2\pi(1/z + 1/2)$
槽顶侧壁厚	$e > (3 \sim 5)\,\mathrm{mm}$

7.3　凸轮式间歇运动机构

7.3.1　凸轮式间歇运动机构的组成和工作原理

凸轮式间歇运动机构一般由主动凸轮、从动转盘和机架组成。图 7-10 所示为圆柱凸轮间歇运动机构，其主动凸轮 1 的圆柱面上有一条两端开口不闭合的曲线沟槽（或凸脊），从动转盘 2 的端面上有均匀分布的圆柱销 3。当凸轮转动时，通过其曲线沟槽（或凸脊）拨动从动转盘 2 上的圆柱销，使从动转盘 2 做间歇运动。

图 7-11 所示为蜗杆凸轮间歇运动机构，其主动凸轮 1 上有一条凸脊，犹如圆弧面蜗杆，

从动转盘 2 的圆柱面上均匀分布有圆柱销 3，犹如蜗轮的齿。当蜗杆凸轮转动时，将通过转盘上的圆柱销推动从动转盘 2 做间歇运动。

图 7-10 动画　　图 7-11 动画

图 7-10　凸轮式间歇运动机构

1—凸轮　2—转盘　3—圆柱销

图 7-11　蜗杆凸轮间歇运动机构

1—凸轮　2—转盘　3—圆柱销

7.3.2　凸轮式间歇运动机构的特点和应用

凸轮式间歇运动机构的优点是结构简单、运转可靠、转位精确，无须专门的定位装置，易实现工作对动程和动停比的要求。通过适当选择从动件的运动规律和合理设计凸轮的轮廓曲线，可减小动载荷和避免冲击，以适应高速运转的要求，这是这种间歇运动机构不同于棘轮机构、槽轮机构的最突出优点。

凸轮式间歇运动机构的主要缺点是精度要求较高，加工比较复杂，安装调整比较困难。

凸轮式间歇运动机构在轻工机械、冲压机械等高速机械中常用作高速、高精度的步进进给、分度转位等机构。例如，用于高速压力机、多色印刷机、包装机、折叠机等。

7.4　不完全齿轮机构

不完全齿轮机构是从一般的渐开线齿轮机构演变而来的，与一般齿轮机构相比，其最大区别在于齿轮的轮齿不布满整个圆周。如图 7-12 所示，主动轮 1 上有 1 个或几个轮齿，其

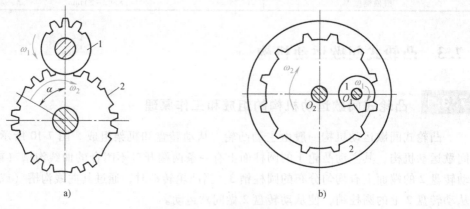

图 7-12　不完全齿轮机构

余部分为外凸锁止弧，从动轮 2 上有与主动轮轮齿相应的齿间和内凹锁止弧相间布置。不完全齿轮机构可分为外啮合（图 7-12a）、内啮合（图 7-12b）以及不完全齿轮齿条机构（图 7-13）。

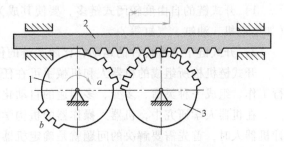

图 7-13　不完全齿轮齿条机构

1、3—齿轮　2—齿条

在不完全齿轮机构中，主动轮 1 连续转动，当轮齿进入啮合时，从动轮 2 开始转动，齿轮 1 上的轮齿退出啮合时，由于两轮的凸、凹锁止弧的定位作用，齿轮 2 可靠停歇，从而实现从动齿轮 2 的间歇转动。在图 7-12a 所示的外啮合不完全齿轮机构中，主动轮上有 3 个轮齿，从动轮上有 6 段轮齿和 6 个内凹圆弧相间分布，每段轮齿上有 3 个齿间与主动轮齿相啮合。当主动轮转动一周时，从动轮转动 α 角度，$\alpha = 2\pi/6$。

不完全齿轮机构的优点是设计灵活，从动轮运动角度范围大，很容易实现一个周期中的多次动、停时间不等的间歇运动。缺点是加工复杂；在进入和退出啮合时速度有突变，引起刚性冲击，不宜用于高速传动；主、从动轮不能互换。

不完全齿轮机构常用于多工位、多工序的自动机械或生产线上，实现工作台的间歇转动和进给运动。

7.5　开式链机构

由开式运动链所组成的机构称为开式链机构，简称开链机构。近年来开式链机构受到人们的很大重视，其中最重要的原因是开式链机构在工业生产中的广泛应用，实际上，串联机器人（图 7-14）、机器狗（图 7-15）就是典型的开式链机构。

拓展视频

中国创造：
蛟龙号

图 7-14　串联机器人

图 7-15　机器狗

7.5.1　开式链机构的特点

开式链机构的特点主要有：

1）开式链的自由度较闭式链多，要使其成为具有确定运动的机构，需要更多的原动机（如电动机、油缸、气缸等）。

2）开式链中末端构件的运动，比闭式链的任何构件的运动，更为任意和复杂多样。

开式链机构所组成的机器人和机械手可在任意位置、方向和任何环境下单独或协同地进行工作，组成一种灵活、多变、多用途的自动化系统。

在机器人学研究中，机器人操作器的机构学问题是最重要的研究问题之一。因为，在设计机器人时，首先需要解决的问题就是确定机器人操作器中运动副的种类、数目，以及相关杆件的几何尺寸等。

7.5.2 开式链机构的结构分析

1. 串联机器人机构的组成

图 7-16 所示为一空间通用工业串联机器人的执行系统。它由多个刚性连杆组成，各连杆间由运动副相连，使得相邻连杆间具有相对运动。在机器人学中，这些运动副称为关节。通常把这一执行系统称为机器人操作器（或机械手）。

从功能的角度，串联机器人可分为手部、腕部、臂部、腰部和机座。

（1）手部 手部也称为末端执行器，是工业机器人直接进行工作的部分，如各种夹持器。

（2）腕部 腕部通过机械接口与手部相连，通常具有三个自由度，主要功能是带动手部完成任意姿态。

（3）臂部 臂部用来连接腰部和腕部，通常由两个臂杆组成。其作用是支承腕部和手部，并带动它们在空间运动。

（4）腰部 腰部用来连接臂部和机座，通常是回转部件。腰部的回转运动，加上臂部的运动，能实现腕部做空间运动。腰部是操作器的关键部件，其制造误差、运动精度和平稳性对机器人的精度有决定性影响。

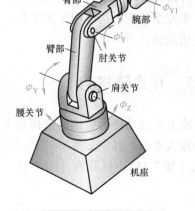

图 7-16 串联机器人

（5）机座 机座为整个机器人的支承部分，有固定式和移动式两类，机座必须具有足够的刚度和稳定性。

2. 串联机器人自由度分析

串联机器人中的运动副仅包含单自由度的运动副，即转动副和移动副。在机器人学中，分别称其为转动关节和移动关节。由于每个关节具有一个自由度，所以机器人操作器的自由度为各运动部件自由度之和，即

$$F = \sum F_i \tag{7-6}$$

图 7-16 所示的串联机器人，臂部有三个关节，故臂部具有三个自由度；腕部也有三个关节，故腕部也具有三个自由度。那么，整个机器人应具有六个自由度。

3. 串联机器人的结构分类

按照机器人结构坐标系的特点，机器人的结构主要可分为直角坐标型、圆柱坐标型、球坐标型和关节型四类。

（1）直角坐标型机器人　在图 7-17 中，直角坐标型机器人通过沿着互相垂直的轴向移动来改变手部的空间位置。其前三个关节为移动关节，可使手部产生三个互相垂直的独立位移。由于其运动方程可独立处理，且为线性，因此具有定位精度高、空间轨迹易求解、计算机控制简单等特点。其缺点是占用空间尺寸大，操作灵活性较差，速度较低，工作范围较小。

（2）圆柱坐标型机器人　在图 7-18 中，圆柱坐标型机器人通过两个移动副和一个转动副来实现手部的空间位置变化。此机器人是工业机器人中采用较多的一种形式，具有空间尺寸小，相对工作范围较大，手部可获得较高的速度等特点。缺点是手部外伸离中心轴较远，线位移分辨精度较低。

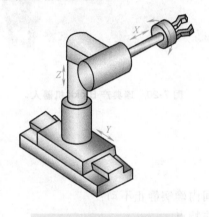

图 7-17　直角坐标型机器人

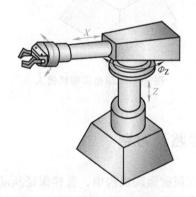

图 7-18　圆柱坐标型机器人

（3）球坐标型机器人　在图 7-19 中，球坐标型机器人用两个转动副和一个移动副来改变手部的空间位置。一般腰关节和大臂可转，小臂进行伸缩移动。著名的 Unimate 机器人就采用这种形式。这种操作器所占空间小，结构紧凑。缺点是运动直观性差，结构较复杂，臂端位置误差会随臂的伸长而放大。

（4）关节型机器人　在图 7-16 中，关节型机器人是模拟人的上臂而构成的。该类操作器的特点是结构紧凑，所占空间体积小，相对工作空间较大，能绕过机座周围的一些障碍物。这是机器人中使用最多的一种形式。

4. 工业机器人的分类

工业机器人（通用及专用）一般指用于机械制造业中代替人完成具有大批量、高质量要求的工作，如汽车制造、摩托车制造、舰船制造、某些家电产品（电视机、电冰箱、洗衣机）、化工等行业自动化生产线中的点焊、弧焊、喷漆、切割、电子装配及物流系统的搬运、包装、码垛等作业的机器人。图 7-20 所示的 Brokk 机器人，该机器人可远程操控，擅长在恶劣环境下作业。

目前，还没有统一的机器人分类标准，根据不同的要求可进行不同的分类。

（1）按驱动方式分　机器人可分为液动式、气动式、电动式和混动式，如液-气或电-气混合驱动。

（2）按用途分 机器人可分为搬运机器人、喷涂机器人、焊接机器人、装配机器人及其他用途机器人，如航天用机器人、探海用机器人等。

（3）按机器人机构形式分 机器人可分为串联机器人和并联机器人。并联机器人由于其运动空间小、精度高、承载能力大，已得到广泛应用。

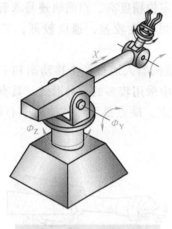

图 7-19 球坐标型机器人

图 7-20 瑞典产 Brokk 机器人

思考题及习题

7-1 在间歇运动机构中，怎样保证从动件在停歇时间内确实静止不动？

7-2 常见的棘轮机构有哪几种？试述棘轮机构的工作特点。

7-3 槽轮机构有哪几种基本形式？槽轮机构的运动系数是如何定义的？

7-4 试述凸轮式间歇运动机构的工作原理及运动特点。

7-5 不完全齿轮机构与普通齿轮机构的啮合过程有何异同点？

7-6 已知棘轮的模数 $m = 10mm$，棘轮的最小转角 $\theta_{max} = 12°$，试设计该外啮合棘轮机构。

7-7 某自动机床工作转台要求有六个工作位置，转台静止时完成加工工序，最长的工序时间为 5s，原动机转动速度为 720r/min，槽轮与拨盘之间的中心距 $a \leqslant 200mm$，试设计此槽轮机构。

7-8 试述开式链机构的特点。串联机器人的组成及结构分类有哪几种？

第8章　机械的调速与平衡

8.1　机械的速度波动与调节

机械是在外力作用下运转的。外力可分为驱动力（驱使主动件运动的力）和阻力（阻止构件运动的力）两种。若工作中驱动力所做的功（驱动功）始终等于阻力所做的功（阻力功），则机械的主轴将保持匀速运转，如电动机驱动的离心式鼓风机。但是大多数机械运转时，驱动功并不总是等于阻力功。当驱动功大于阻力功时，出现盈功，机械的动能将增加；当驱动功小于阻力功时，出现亏功，则使机械的动能减小。机械动能的变化使得机械主轴的角速度发生变化，从而形成机械运转的速度波动。这种速度波动将使机械各运动副中产生附加的动压力，降低了机械效率，同时还会引起机械振动，使机械加工出来的产品质量下降。因此，必须对机械的速度波动进行调节。

8.1.1　机械速度波动的类型及调节方法

机械速度波动可分为周期性速度波动和非周期性速度波动两类。

1. 周期性速度波动

当外力周期性变化时，机械主轴的角速度也做周期性变化，则这种速度波动称为周期性速度波动。如图 8-1 中虚线所示，主轴的角速度 ω 在经过一个运动周期 T 后，又变回到初始状态，其动能没有增减，即在一个周期中，驱动功与阻力功相等。但在周期中的某一时间间隔内，驱动功与阻力功不相等。

机械运动的周期 T 通常对应于机械主轴转一转（如压力机）、两转（如四冲程内燃机）或数转（如轧钢机）的时间。

调节周期性速度波动的常用方法是在机械中加上一个转动惯量很大的回转件——飞轮。加装飞轮后，盈功使飞轮动能增加（储存能量）；亏功使飞轮动能减少（释放能量）。飞轮动能的变化 $\Delta E = J(\omega^2 - \omega_0^2)/2$，当动能变化值 ΔE 一定时，飞轮的转动惯量 J 越大，主轴角速度 ω 的波动越小。如图 8-1 中实线所示，

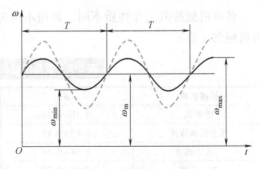

图 8-1　周期性速度波动

安装飞轮后主轴的角速度波动明显减小。此外，由于飞轮有储能作用，可以克服短期过载，故在确定原动机功率时，只需按它的平均功率，而不需按某瞬时的最大功率。如冲压机、轧钢机、缝纫机等都装有飞轮。

2. 非周期性速度波动

机械运转时，如驱动功在很长一段时间内总是大于阻力功，则机械的转速不断增大，将导致"飞车"事故；反之，如驱动功总是小于阻力功，则机械的转速不断下降，直至停车。这种速度波动是随机的，无规律的，没有一定的循环周期，故称为非周期性速度波动。非周期性速度波动，只能用特殊的装置——调速器来调节。

调速器的种类很多，图 8-2 所示为机械式离心调速器的工作原理。当负荷减少时，原动机和工作机的转速升高，由锥齿轮驱动的调速器主轴的转速也随着升高，由于离心力的作用，两重球将张开带动滑块 N 上升，通过连杆机构关小节流阀，使进入原动机的工作介质减少，从而减小驱动力；反之，若负荷增加，则调速器的工作过程相反。调速器是一种反馈装置，它可以使驱动功与阻力功趋于平衡，以保持速度稳定。

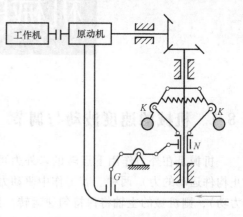

图 8-2　机械式离心调速器

8.1.2　机械运转的平均速度和不均匀系数

由于机械运转时角速度波动，故工程上常用算术平均角速度作为实际平均角速度，即

$$\omega_\mathrm{m} = \frac{\omega_{\max} + \omega_{\min}}{2} \tag{8-1}$$

式中　$\omega_{\max}$、$\omega_{\min}$——主轴的最大角速度和最小角速度，单位为 rad/s。

各种机器铭牌上所标注的转速就是与平均角速度 ω_m 相对应的转速 n，通常称为名义转速或额定转速。

机械运转的不均匀程度常用机械运转的不均匀系数 δ 表示，即

$$\delta = \frac{\omega_{\max} - \omega_{\min}}{\omega_\mathrm{m}} \tag{8-2}$$

各种机械按其工作性质不同，许用不均匀系数 δ 的大小也不同。表 8-1 中列出了几种常用机械的 δ 值。

表 8-1　常用机械的许用不均匀系数 δ 值

机械名称	δ	机械名称	δ
破碎机	0.10~0.20	金属切削机床	0.02~0.05
压力机和剪床	0.05~0.15	减速机	0.015~0.020
轧钢机	0.04~0.10	造纸机、织布机	0.02~0.025
农业机械	0.02~0.20	内燃机	0.007~0.0125
压缩机和水泵	0.03~0.05	交流发电机	0.003~0.005

8.1.3　飞轮设计的基本原理

飞轮设计的基本问题是求出能保证许用不均匀系数的飞轮转动惯量。

在一般机械中，其他构件所具有的动能与飞轮相比，其值甚小，故可近似用飞轮的动能代替整个机器的动能。当飞轮处于最大角速度 ω_{max} 时，具有动能最大值 E_{max}；反之，当飞轮处于最小角速度 ω_{min} 时，具有动能的最小值 E_{min}。E_{max} 与 E_{min} 之差应等于机械的最大盈亏功 ΔW_{max}，即

$$\Delta W_{max} = E_{max} - E_{min} = \frac{1}{2}J(\omega_{max}^2 - \omega_{min}^2) = J\omega_m^2\delta$$

由此得飞轮的转动惯量为

$$J = \frac{\Delta W_{max}}{\omega_m^2\delta} \tag{8-3}$$

由上式可知：①当 ΔW_{max} 与 δ 一定时，J 与 δ 成反比，J 越大，δ 越小。但当 δ 很小时，略微减小 δ 的数值，就会使 J 增加很多。因此，过分追求机械运转的均匀性，会使飞轮笨重，成本增加。②当 J 与 ω_m 一定时，ΔW_{max} 与 δ 成正比，最大盈亏功越大，机械运转越不均匀。③当 ΔW_{max} 与 δ 一定时，J 与 ω_m^2 成反比，为了减小飞轮尺寸，宜将飞轮安装在机器的高速轴（主轴）上。

飞轮常用的结构如图 8-3 所示，它绝大部分质量集中在轮缘部分，轮毂及轮辐的转动惯量可忽略不计。则

$$J = m\left(\frac{D_m}{2}\right)^2 = \frac{m}{4}D_m^2 \tag{8-4}$$

设轮缘的宽度为 B，厚度为 H，材料的密度为 ρ（单位为 kg/m^3），则飞轮质量为

$$m = \pi D_m H B \rho \tag{8-5}$$

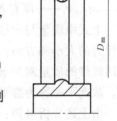

图 8-3 飞轮的结构

由上式可知，求出飞轮转动惯量 J 之后，轮缘的截面尺寸即可求出。

8.2 回转件的平衡

机械运转时，运动的构件由于加速，结构不对称或材质不均匀等将产生惯性力。若惯性力的大小是变化的，则机构各运动副中将产生附加的动压力，不仅使零件的强度和寿命降低，而且还会产生有害的机械振动，导致机械的工作精度降低，甚至可能因共振而使机械破坏。因此，对高速、精密机械，必须设法完全或部分地消除惯性力的影响，减小或消除附加的动压力，减轻有害的机械振动，这就是研究机械平衡的目的。

机械平衡可分为回转件的平衡和机构的平衡两类。回转件又可分为刚性回转件（工作转速低于一阶临界转速）和挠性回转件（工作转速接近或高于一阶临界转速）。由于一般机械中的回转件都是刚性回转件，故本节主要讨论刚性回转件的平衡问题。

拓展视频

大国工匠：
大技贵精

8.2.1 回转件的平衡设计

对于高速精密的回转件在结构设计时，必须进行平衡设计，以检查其惯性力和惯性力矩是否平衡。若不平衡，则在结构上必须采取措施，消除不平衡惯性力的影响。根据不平衡质量分布情况，回转件的平衡可分为静平衡和动平衡。

1. 静平衡设计

对于轴向尺寸很小的回转件，如宽径比（b/D）小于0.2的齿轮、飞轮、砂轮等，其质量可以近似地认为分布在同一回转面内。因此，当回转件匀速转动时，这些质量产生的离心惯性力构成一平面汇交力系。如果回转件的总质心不在回转轴线上，则其惯性力系的合力 $\sum F_i$ 不等于零，这种不平衡现象称为静不平衡。由平面汇交力系的平衡条件可知，若要使其平衡，只要在同一回转面内加一平衡质量 m_b，使其产生的离心惯性力 F_b 与原有质量产生的离心惯性力之和 F 等于零，即回转件的平衡条件为

$$F = F_b + \sum F_i = 0 \tag{8-6}$$

上式用质量和向径表示可写成

$$me\omega^2 = m_b r_b \omega^2 + \sum m_i r_i \omega^2 = 0$$

消去 ω^2 后可得

$$me = m_b r_b + \sum m_i r_i = 0 \tag{8-7}$$

式中　m、e——回转件的总质量和总质心的向径；

　　　　m_b、r_b——平衡质量及其质心的向径；

　　　　m_i、r_i——原有各质量及其质心的向径。

上式中质量与向径的乘积称为质径积，它相对表达了在同一转速下各质量所产生的离心惯性力的大小和方向。式（8-7）表明回转件平衡后，$e = 0$，即总质心与回转轴线重合，此时回转件的质量对回转轴线的静力矩为零（$mge = 0$），该回转件可以在任何位置都保持静止，故此平衡称为静平衡。

由上述分析可知：①静平衡的条件是回转件上各偏心质量的离心惯性力的合力为零或质径积的向量和为零；②对于静不平衡的回转件，无论有多少个偏心质量，都只需在同一回转平面内加一个平衡质量即可获得平衡，故静平衡又称为单面平衡。

求解平衡质量质径积的方法有解析法和图解法。如图8-4a所示，已知在同一回转面内有三个不平衡质量 m_1、m_2、m_3，其质心向径为 r_1、r_2、r_3，设应加的平衡质量为 m_b，其向径为 r_b，由式（8-7）得

$$m_b r_b + m_1 r_1 + m_2 r_2 + m_3 r_3 = 0$$

式中仅 $m_b r_b$ 未知，无论用解析法还是用图解法均可求出。图8-4b所示为用图解法求 $m_b r_b$ 的大小和方向的过程。当求出 $m_b r_b$ 后，由结构选定 r_b 的值，再确定 m_b 的值。一般只要结构允许，r_b 尽可能选大些，以便使 m_b 小些。若回转件的实际结构不允许在向径 r_b 的位置安装平衡质量，也可在向径 r_b 的相反方向上去掉一部分质量使其平衡。若在所需平衡的回转面内实际结构不允许安装或减少平衡质量，如图8-5所示的单缸曲轴，则可另选两个回转平面 T' 和 T'' 面内安装（或减少）平衡质量（图中将两平衡质量安装在两平面的下部），使回转件达到平衡。

2. 动平衡设计

对于轴向尺寸较大（$b/D > 0.2$）的回转件，如电动机的转子、多缸发动机的曲轴等，其质量不能近似地认为分布在同一回转平面内，而是分布在几个不同的回转平面内。这时回转件转动时所产生的离心力系不再是平面汇交力系，而是空间力系。因此，即使回转件的质心在回转轴线上，惯性力的合力为零，但由于有惯性力偶存在，仍使回转件处于不平衡状态。这种不平衡状态只有在回转件转动时才能显示出来，故称为动不平衡。

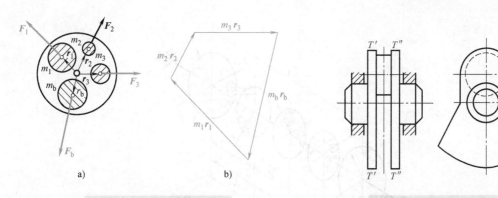

图 8-4 回转件静平衡设计   图 8-5 单缸曲轴的静平衡

要解决回转件的动不平衡问题，必须使回转件内各质量产生的离心惯性力的合力与合力偶矩都等于零。因此，对动不平衡的回转件，至少要在两个选定的平面内加平衡质量，才能达到动平衡。

在图 8-6a 中，设回转件不平衡质量 m_1、m_2、m_3 分别分布在 1、2、3 回转平面内，其向径分别为 r_1、r_2、r_3。现将平面 1 内的质量 m_1 产生的离心惯性力 F_1 用任选的两个平衡平面 T' 和 T'' 内的 F'_1 和 F''_1 来代替，则由力学知识可知

$$F'_1 = \frac{l''_1}{l} F_1, \quad F''_1 = \frac{l'_1}{l} F_1$$

设 F'_1、F''_1 分别为平面 T'、T'' 中向径为 r_1 的偏心质量 m'_1、m''_1 所产生的离心惯性力，则有

$$F'_1 = m'_1 r_1 \omega^2 = \frac{l''_1}{l} m_1 r_1 \omega^2$$

$$F''_1 = m''_1 r_1 \omega^2 = \frac{l'_1}{l} m_1 r_1 \omega^2$$

即得

$$m'_1 = \frac{l''_1}{l} m_1, \quad m''_1 = \frac{l'_1}{l} m_1$$

同理可得

$$\left. \begin{array}{l} m'_2 = \dfrac{l''_2}{l} m_2, \quad m''_2 = \dfrac{l'_2}{l} m_2 \\[2mm] m'_3 = \dfrac{l''_3}{l} m_3, \quad m''_3 = \dfrac{l'_3}{l} m_3 \end{array} \right\} \tag{8-8}$$

上式表明：原分布在平面 1、2、3 内的偏心质量 m_1、m_2、m_3，完全可以用平面 T'、T'' 上的 m'_1 和 m''_1、m'_2 和 m''_2、m'_3 和 m''_3 所代替，它们的不平衡效果是一样的。这样处理可将回转件的动平衡问题转变为静平衡问题来解决。

对于平面 T'，设其面内的平衡质量为 m'_b，向径为 r'_b，则有

$$m'_b r'_b + m'_1 r_1 + m'_2 r_2 + m'_3 r_3 = 0$$

式中，$m'_b r'_b$ 可由图 8-6b 所示的图解法求出。选定 r'_b 后，即可确定 m'_b。

同理，对于平面 T'' 有

$$m''_b r''_b + m''_1 r_1 + m''_2 r_2 + m''_3 r_3 = 0$$

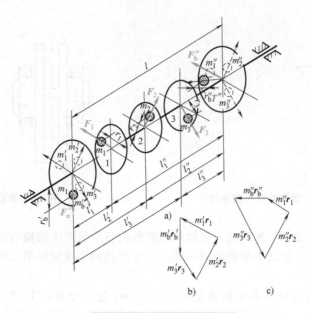

图 8-6　回转件动平衡设计

由图 8-6c 求出 $m_b''r_b''$。选定 r_b'' 后即可确定 m_b''。

由上述分析知：①动平衡的条件是分布在回转件上各个质量的离心惯性力的合力及合力矩均为零。②对于动不平衡的回转件，无论它有多少个偏心质量，都只需要在任选的两个平衡平面 T'、T'' 内分别增加或减少一个适当的平衡质量，即可使回转件获得动平衡。③由于动平衡同时满足了静平衡条件，故经过动平衡的回转件一定是静平衡的。反之，静平衡的回转件则不一定是动平衡的。

8.2.2　回转件的平衡工艺及平衡精度

经过上述平衡设计的回转件在理论上是完全平衡的，但由于制造和安装误差及材质不均匀等原因，还会存在不平衡现象，这种不平衡现象只能用试验的方法来进一步平衡。平衡试验也相应有静平衡试验和动平衡试验两种。

如何选择回转件的平衡方式，是一个关键问题。其选择原则是：只要满足回转件平衡后的工作要求，能做静平衡的，则不做动平衡，能做动平衡的，则不做静平衡。原因很简单，静平衡要比动平衡容易做，省工、省力、省费用。

1. 平衡平面

平衡一般在垂直于旋转轴线，且被称为校正面的平面上进行。这个校正面是由回转件的形状及其允许加去重的位置所决定的。刚性回旋体的静平衡，一般只需要一个校正面，这个校正面应该是该回转件的质心所在的平面或其很近的位置，对于刚性回转件的动平衡则必须选择两个校正面。

确定是进行静平衡还是进行动平衡，可以根据回旋件的两个支承轴承间的距离 L，两个校正面的距离和回转件的直径 D 之间的关系，粗略地决定。

2. 平衡试验

（1）**静平衡试验**　由前述可知，对于 $b/D \leqslant 0.2$ 的回转件，通常只需进行静平衡试验。

常用的静平衡架如图 8-7 所示。图 8-7a 所示为导轨式静平衡架，试验时，首先应将两导轨调整为水平且互相平行，然后把需要平衡的回转件放在导轨上让其自由滚动。如果回转件的质心 S 不在轴线上，由于重力的作用，当滚动停止时，其质心 S 必在轴心的正下方，此时可在轴心的正上方加平衡质量（一般用橡皮泥）。反复试验，加减平衡质量，直至回转件在任何位置都能保持静止为止。最后根据所加橡皮泥的质量和位置，得到其质径积。再根据回转件的结构，在合适的位置上增加或减少相应的平衡质量，使回转件达到平衡。

导轨式静平衡架结构简单，平衡精度较高，但不能来平衡两端轴径不等的回转件。图 8-7b 所示的圆盘式静平衡架，其平衡方法与上述相同。它的主要优点是可以平衡两端轴径不等的回转件，且设备安装、调整简单，但由于摩擦阻力较大，对平衡精度有一定影响。

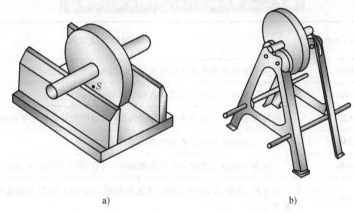

a)   b)

图 8-7 静平衡试验架

（2）**动平衡试验** 对于 $b/D>0.2$ 的回转件或有特殊要求的重要回转件一般都要进行动平衡试验。

动平衡试验一般是在专用的动平衡试验机上进行。动平衡试验机的种类很多，除机械式动平衡机外，还有电测式动平衡试验机、激光自动去重动平衡试验机以及硬支承动平衡机等。各种形式的动平衡试验机的结构、工作原理等详细内容，可参阅有关资料。

各类机器所使用的平衡方法较多，如单面平衡（又称为静平衡）常使用平衡架，双面平衡（又称为动平衡）使用各类动平衡试验机。静平衡精度太低，平衡时间长；动平衡试验机虽能较好地对转子本身进行平衡，但是对于转子尺寸相差较大时，往往需要不同规格尺寸的动平衡机，而且试验时仍需将转子从机器上拆下来，这样明显是既不经济，又十分费工（如大修后的汽轮机转子）。特别是动平衡机无法消除由于装配或其他随动元件引发的系统振动。使转子在正常安装与运转条件下进行平衡通常称为"现场平衡"。现场平衡不但可以减少拆装转子的劳动量，不再需要动平衡机；同时由于试验的状态与实际工作状态一致，有利于提高测算不平衡量的精度，降低系统振动。

3. **平衡精度**

回转件通过平衡试验后可将不平衡惯性力以及其引起的动力效应减小到相当低的程度，但回转件一般不可能达到完全平衡。回转件的不平衡量常用质径积（me）或偏心距（e）表示。对于同一回转件，质径积的大小直接反映了不平衡量的大小。但是对于质径积相同，而质量不同的两个回转件，它们的不平衡程度显然是不同的。因此，用偏心距表示回转件的不平衡量比较合理。

在实际工作中对回转件的平衡要求过高是没有必要的，应该对不同工作条件的回转件，规定不同的许用不平衡质径积 [mr] 或许用偏心距 [e]。

回转件平衡状态的优良程度称为平衡精度。由于回转件运转时，其不平衡量产生的惯性力与转速有关，故工程上常用 $e\omega$ 来表示平衡精度，国际标准化组织（ISO）将转子平衡等级分为 11 个级别，每个级别间以 2.5 倍为增量，以 $A = \dfrac{[e]\omega}{1000}$（单位为 mm/s）表示平衡精度等级的高低。表 8-2 给出了各种典型刚性回转件的平衡精度等级，供使用时参考。

表 8-2　各种典型刚性回转件的平衡精度等级

精度等级	$\dfrac{[e]\omega}{1000}$/(mm/s)	回转件类型示例
G4000	4000	刚性安装的具有奇数气缸的低速[1]船用柴油机曲轴部件[2]
G1600	1600	刚性安装的大型两冲程发动机曲轴部件
G630	630	刚性安装的大型四冲程发动机曲轴部件、弹性安装的船用柴油机曲轴部件
G250	250	刚性安装的高速四缸柴油机曲轴部件
G100	100	六缸和六缸以上高速柴油机曲轴部件，汽车、机车用发动机整机
G40	40	汽车轮、轮缘、轮组、传动轴，弹性安装的六缸和六缸以上高速四冲程发动机曲轴部件
G16	16	特殊要求的传动轴（螺旋桨轴、万向节轴），破碎机械和农业机械的零部件，汽车和机车用发动机特殊部件，特殊要求的六缸和六缸以上发动机的曲轴部件
G6.3	6.3	作业机械的回转零件，船用主汽轮机的齿轮、风扇，航空燃气轮机转子部件，泵的叶轮，离心机的鼓轮，机床及一般机械的回转零、部件，普通电动机转子，长期特殊要求的发动机回转零、部件
G2.5	2.5	燃气轮机和汽轮机的转子部件、刚性汽轮发电机转子、透平压缩机转子、机床主轴和驱动部件、特殊要求的大型和中型电动机转子、小型电动机转子、透平驱动泵
G1.0	1.0	磁带记录仪及录音机驱动部件、磨床驱动部件、特殊要求的微型电动机转子
G0.4	0.4	精密磨床的主轴、砂轮盘及电动机转子、陀螺仪

[1] 按国际标准，低速柴油机的活塞速度小于 9m/s，高速柴油机的活塞速度大于 9m/s。
[2] 曲轴部件是指包括曲轴、飞轮、离合器、带轮等的组合。

例 8-1　某电动机转子的平衡精度等级为 G6.3，转子最高转速为 $n = 3000$r/min，转子的总质量为 5kg，问平衡后的最大允许不平衡量是多少？当校正半径为 20mm 时，其剩余不平衡质量 m_{per} 是多少？

解　将 $\omega = 2\pi n/60 = n\pi/30$ 代入平衡精度计算式，得到许用偏心距 [e] 为

$$[e] = \frac{A \times 1000}{\omega} = \frac{6.3 \times 1000}{3000\pi/30}\mu m = 20\mu m$$

将总质量代入，得到平衡后允许的不平衡量为

$$m_{per}r = [mr] = m[e] = 5 \times 20 \times 10^{-3} kg \cdot mm = 0.1 kg \cdot mm$$

剩余不平衡质量为

$$m_{per} = \frac{m[e]}{r} = \frac{0.1}{20}kg = 0.005kg = 5g$$

思考题及习题

8-1 什么是速度波动？为什么机械运转时会产生速度波动？

8-2 机械速度波动的类型有哪几种？分别用什么方法来调节？

8-3 飞轮的作用有哪些？能否用飞轮来调节非周期性速度波动？

8-4 机械运转的不均匀程度用什么来表示？飞轮的转动惯量与不均匀系数有何关系？

8-5 机械平衡的目的是什么？

8-6 机械平衡有哪几类？

8-7 刚性回转件的动平衡和静平衡有何不同？它们的平衡条件分别是什么？

8-8 为什么要进行平衡试验？平衡试验有哪几种？

8-9 为什么设计一个刚性回转件时要确定它的许用不平衡量？

8-10 有四个不平衡质量 $m_1 = 3kg$、$m_2 = 6kg$、$m_3 = 7kg$、$m_4 = 9kg$，它们位于同一回转平面内，向径分别为 $r_1 = 20mm$、$r_2 = 12mm$、$r_3 = 10mm$、$r_4 = 8mm$，其夹角依次互为 $90°$，如图 8-8 所示。现要求在回转半径 $r_b = 10mm$ 处加一平衡质量 m_b，试求 m_b 的大小和方位。

8-11 有一薄壁转盘，质量为 m，经静平衡试验测定其质心偏距为 r，方向如图 8-9 所示垂直向下。由于该回转面不允许安装平衡质量，只能在平面 I、II 上调整，求应加的平衡质径积及其方向。

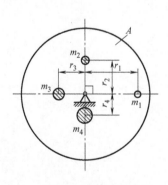

图 8-8 题 8-10 图

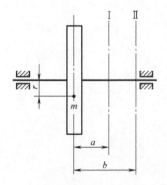

图 8-9 题 8-11 图

8-12 图 8-10 所示为 A、B 两根曲轴，曲拐在同一平面中，其质径积 $m_1r_1 = m_2r_2 = m_3r_3 = m_4r_4$，长度 $l_1 = l_2 = l_3$。试分析其平衡状态（不平衡、静平衡、动平衡）。

8-13 高速水泵的凸轮轴由三个互相错开 $120°$ 的偏心轮组成。每一偏心轮的质量为 $0.4kg$，其偏心距为 $12.7mm$。设在校正平面 A 和 B 中各装一个平衡质量 m_A 和 m_B 使之平衡，其回转半径为 $10mm$，其他尺寸如图 8-11 所示（单位为 mm），试求 m_A 和 m_B 的大小和位置。

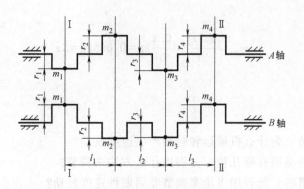

图 8-10 题 8-12 图

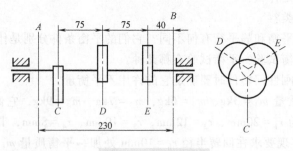

图 8-11 题 8-13 图

第9章　带传动

9.1　带传动的类型、特点和应用

9.1.1　带传动的组成及主要类型

带传动是一种应用很广的挠性机械传动。按其工作原理可分为摩擦型带传动和啮合型带传动。摩擦型带传动主要靠带与带轮接触面间的摩擦力实现传动。啮合型带传动靠带齿与轮齿之间的啮合实现传动。本章主要讨论摩擦型带传动设计的有关问题。

摩擦型带传动主要由主动轮1、从动轮2和张紧在两带轮上的传动带3组成，如图9-1所示。由于带在工作以前就具有一定的张紧力，使带与带轮接触面间产生正压力。当原动机驱动主动轮回转时，由于带和带轮间的摩擦作用，主动轮拖动带、带拖动从动轮一起回转，并传递一定的运动和动力。

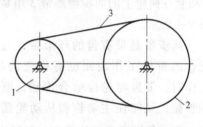

图 9-1　摩擦型带传动

摩擦型带传动，按传动带的横截面形状可分为平带传动（图 9-2a）、V 带（也称三角带）传动（图 9-2b）、多楔带传动（图 9-2c）和圆形带传动（图 9-2d）。

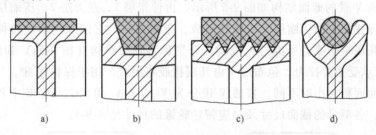

a)　　　　　　b)　　　　　　c)　　　　　　d)

图 9-2　摩擦型带传动的类型

平带由多层胶帆布构成，其横截面为扁平矩形，工作面是与带轮表面相接触的内表面。平带传动结构简单，带长可根据需要剪截后用接头接成封闭环形。传动形式有：①开口传动，用于两带轮轴线平行、两轮共面、转向相同的传动中（图 9-3a）；②交叉传动，用于两带轮轴线平行、两轮共面、转向相反的传动中（图 9-3b）；③半交叉传动，用于两带轮轴线在空中交错的传动中，交错角通常为 90°（图 9-3c）。

V 带横截面为等腰梯形，其工作面是带与轮槽相接触的两侧面，带与轮槽底面不接触。V 带传动只能用于开口传动。

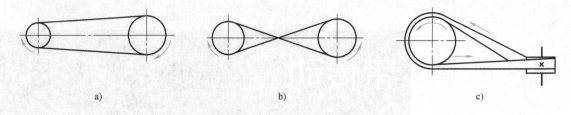

图 9-3 平带传动的形式

多楔带相当于多根 V 带组合，工作面是带的侧面（图 9-2c），兼有平带与 V 带的特点，适用于传递功率大且要求结构紧凑的场合。

圆形带的截面为圆形（图 9-2d），一般用于低速轻载仪器及家用器械中，如缝纫机中即采用圆形带传动。

啮合型带传动一般是指同步齿形带传动，它是由主动齿带轮 1、从动齿带轮 2 和套在两轮上的同步齿形带 3 组成，如图 9-4 所示。

同步带是带有齿的环形带，与之相配合的带轮工作表面也有相应的轮齿。工作时，带齿与轮齿啮合传动，既能缓冲吸振，又能使主动轮和从动轮圆周速

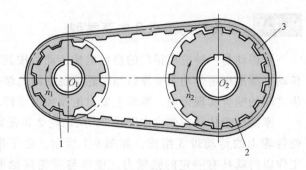

图 9-4 啮合型带传动

1—主动齿带轮 2—从动齿带轮 3—同步齿形带

度相等，保证准确的传动比。但同步带传动对制造和安装精度要求较高，成本也较高。

9.1.2 V 带的材料及结构

常用的普通 V 带的截面结构如图 9-5 所示，由伸张层 1、强力层 2、压缩层 3 和包布层 4 四部分组成。伸张层 1 和压缩层 3 由橡胶组成，带弯曲时，它们分别承受拉伸力和压缩力；强力层 2 是由几层帘布或若干绳芯组成的，分别称为帘布结构（图 9-5a）和绳芯结构（图 9-5b），工作时承受主要拉力；包布层 4 由几层橡胶布组成，用于保护 V 带。

根据横截面面积大小的不同，普通 V 带分为 Y、Z、A、B、C、D、E 七种型号（GB/T 11544—2012），各型号的截面尺寸及对应带轮轮缘的尺寸见表 9-1。

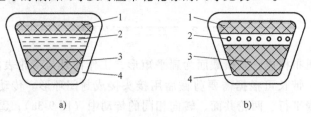

图 9-5 普通 V 带的截面结构

a）帘布结构 b）绳芯结构

1—伸张层 2—强力层 3—压缩层 4—包布层

表 9-1 V 带的截面尺寸和带轮轮缘尺寸 （单位：mm）

尺　　寸		Y	Z	A	B	C	D	E
V 带尺寸	顶宽 b	6	10	13	17	22	32	38
	节宽 b_p	5.3	8.5	11	14	19	27	32
	高度 h	4	6	8	11	14	19	23
单位长度质量 $q/(kg/m)$		0.04	0.06	0.10	0.17	0.30	0.60	0.87
带的楔角 $\alpha/(°)$		40°						
轮缘尺寸	h_{amin}	1.6	2	2.75	3.5	4.8	8.1	9.6
	h_{fmin}	4.7	7	8.7	10.8	14.3	19.9	23.4
	e	8	12	15	19	25.5	37	44.5
	f_{min}	6	7	9	11.5	16	23	28
	δ_{min}	5	5.5	6	7.5	10	12	15
带轮基准直径 d_d/mm								
轮缘楔角 $\varphi/(°)$	32°	≤60	—	—	—	—	—	—
	34°	—	≤80	≤118	≤190	≤315	—	—
	36°	>60	—	—	—	—	≤475	≤600
	38°	—	>80	>118	>190	>315	>475	>600
带轮外径 d_a		$d_a = d_d + 2h_a$						
带轮宽度 B		$B = (z-1)e + 2f$						

注：z——轮槽数。

普通 V 带是无接头的环行带，各种型号带的基准长度见表 9-2。

表 9-2 带的基准长度 （单位：mm）

带的型号	Y	Z	A	B	C	D	E
基准长度 L_d	200~500	400~1600	630~2800	100~5600	1800~10000	2800~14000	4500~16000
长度系列	200　224　250　280　315　355　400　450　500　560　630　710　800　1000　1120　1250 1400　1600　1800　2000　2240　2500　2800　3150　3550　4000　4500　5000　5600　6300　7100 8000　9000　10000　11200　12500　14000　16000						

注：带的基准长度是在规定的张紧力下，V 带位于测量带轮基准直径处的周长。

9.1.3 V 带带轮的材料和结构

V 带带轮是普通 V 带传动的重要零件，必须具有足够的强度，但又要重量轻，重量分布均匀；轮槽的工作面与带之间必须有足够的摩擦，但又要减少对带的磨损。

带轮的材料常用灰铸铁，如 HT150、HT200。转速较高时，可采用铸钢。小功率时可用塑料或铸铝。

带轮的结构形式主要有以下几种：①实心式（图 9-6a）；②腹板式（图 9-6b）；③孔板式（图 9-6c）；④轮辐式（图 9-6d）。当带轮的基准直径 $d_d \leqslant (2.5 \sim 3) d$（$d$ 为轴的直径）时，可采用实心式；当 $d_d \leqslant 300$mm 时，可采用腹板式；当 $D_1 - d_1 \geqslant 100$mm 时（D_1、d_1 如图

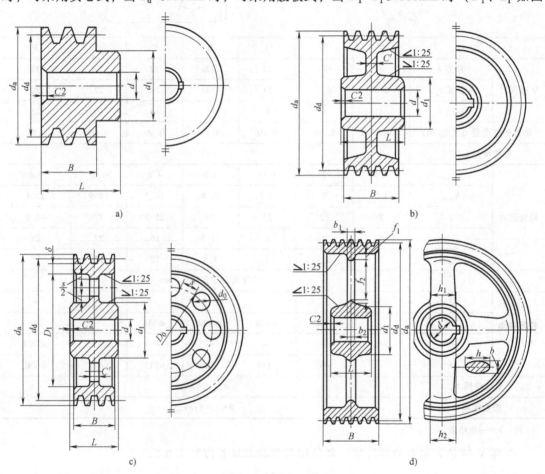

图 9-6　带轮的结构

$d_1 = (1.8 \sim 2) d$ ，d 为轴的直径

$D_0 = (D_1 + d_1)/2$

$d_0 = (0.2 \sim 0.3)(D_1 - d_1)$

$C' = \left(\dfrac{1}{7} \sim \dfrac{1}{4} \right) B$

$L = (1.5 \sim 2) d$，当 $B < 1.5d$ 时，$L = B$

$h_1 = 290 \sqrt[3]{P/(n z_a)}$

$h_2 = 0.81 h_1$

$b_1 = 0.4 h_1$

$b_2 = 0.8 b_1$

$s = C'$

$f_1 = 0.2 h_1$

$f_2 = 0.2 h_2$

式中，P 为传递的功率，单位为 kW；n 为带轮的转速，单位为 r/min；z_a 为轮辐数。

9-6c 所示)，可采用孔板式；当 $d_d > 300mm$ 时，可采用轮辐式。

普通 V 带两侧面的夹角均为 40°，而带轮轮槽角 φ 规定为 32°、34°、36°、38°。这是考虑到带在带轮上弯曲时要产生横向变形，使带的楔角变小。

9.1.4 带传动的特点及应用

带传动的优点是：①带具有良好的弹性，能缓冲吸振，尤其是 V 带没有接头，传动较平稳，噪声小；②过载时带在带轮上打滑（同步齿形带传动除外），可以防止其他器件损坏；③结构简单，制造和维护方便，成本低；④适用于中心距较大的场合。

带传动的缺点是：①工作中有弹性滑动，使传动效率降低，不能保持准确的传动比；②传动的外廓尺寸较大；③由于需要张紧，使带轮轴上受力较大；④带传动可能因摩擦起电，产生火花，故不宜用于易燃易爆的场合。

根据上述特点，带传动多用于两轴中心距较大，传动比要求不严格的机械中。允许的传动比 $i_{max} = 7$，传动功率 $P \leqslant 100kW$，带速 $v = 5 \sim 25m/s$，传动效率 $\eta = 0.90 \sim 0.96$。

9.2 带传动工作情况分析

9.2.1 带传动中的力分析

安装带传动时，传动带即以一定的张紧力 F_0 紧套在两轮上。由于 F_0 的作用，带和带轮的接触面间就产生了正压力。带传动不工作时，传动带两边的拉力相等，均等于 F_0，如图9-7a 所示。

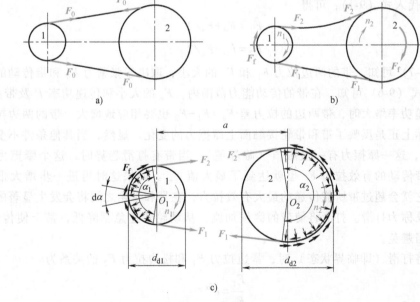

图9-7 带传动的受力分析

a）工作前张紧后 b）工作时 c）受力分析图

带传动工作时（图9-7b），设主动轮上有一驱动力矩 T_1，以转速 n_1 顺时针转动，带与带轮之间就会产生摩擦力 F_f。在摩擦力的作用下，主动轮带动带运动；运动的带又靠摩擦力驱动从动轮以转速 n_2 与主动轮同向转动，从而把主动轮上的运动和动力传到从动轮上。这时为了克服从动轮上的阻力矩 T_2，传动带两边的拉力发生了相应的变化，带绕上主动轮的一边，称为紧边，其拉力由 F_0 增加为 F_1；带绕上从动轮的一边被放松，称为松边，带的拉力由 F_0 减小为 F_2。如果近似地认为带的总长度不变，则带紧边拉力的增加量应等于带松边拉力的减小量，即

$$F_1 - F_0 = F_0 - F_2 \tag{9-1}$$

或
$$F_1 + F_2 = 2F_0 \tag{9-2}$$

在图9-7c中，径向箭头表示带轮作用于带上的压力，当取主动轮一端的带为分离体时，则总摩擦力 F_f 和两边拉力对轴心的力矩的代数和 $\sum T = 0$，即

$$F_f \frac{d_{d1}}{2} - F_1 \frac{d_{d1}}{2} + F_2 \frac{d_{d1}}{2} = 0 \tag{9-3}$$

由上式得

$$F_f = F_1 - F_2 \tag{9-4}$$

在带传动中，有效拉力 F_e 是带轮接触面上各点摩擦力的总和，故整个接触面上的摩擦力 F_f 即等于带所传递的有效拉力，所以应有

$$F_e = F_f = F_1 - F_2 \tag{9-5}$$

而带传动所能传递的功率 P（单位为kW）为

$$P = Fv/1000 \tag{9-6}$$

式中　F_e——有效拉力，单位为N；

　　　　v——带的速度，单位为m/s。

将式（9-5）代入式（9-1），可得

$$F_1 = F_0 + F_e/2$$
$$F_2 = F_0 - F_e/2 \tag{9-7}$$

由式（9-7）可知，带的两边拉力 F_1 和 F_2 的大小，取决于张紧力 F_0 和带传动的有效拉力 F_e。而由式（9-6）可知，在带的传动能力范围内，F_e 的大小和传递功率 P 及带的速度 v 有关。当传递功率增大时，带两边的拉力差 $F_e = F_1 - F_2$ 也要相应地增大，带的两边拉力的这种变化，实际上正是反映了带和带轮接触面上摩擦力的变化。显然，当其他条件不变且张紧力 F_0 一定时，这一摩擦力有一极限值（临界值）。当带有打滑趋势时，这个摩擦力正好达到极限值，带传动的有效拉力 F_e 也就达到了最大值 F_{ec}。如果这时再进一步增大带传动的工作载荷，它就会超过带所能传递的最大有效拉力，在带和带轮之间将会发生显著的相对滑动，这一现象称为打滑。打滑将使带的磨损加剧，从动轮转速急剧降低，甚至使传动失效，这种情况应当避免。

带在即将打滑（即临界状态）时，紧边拉力 F_1 和松边拉力 F_2 的关系为

$$\frac{F_1}{F_2} = e^{f\alpha} \tag{9-8}$$

式中　e——自然对数的底，e = 2.718；

　　　　f——带与带轮接触面间的摩擦系数；

α——带轮的包角，此时为小带轮上的包角，单位为 rad。

式（9-8）称为柔性体摩擦的欧拉公式。

小带轮包角近似计算公式为

$$\alpha_1 \approx 180° - \frac{d_{d2}-d_{d1}}{a} \times 57.3° \tag{9-9}$$

式中 a——两轮间中心距，单位为 mm。

将式（9-8）代入式（9-7），经整理可得最大有效拉力为

$$F_{ec} = 2F_0 \frac{e^{f\alpha_1}-1}{e^{f\alpha_1}+1} \tag{9-10}$$

由式（9-10）可知，带传动不发生打滑时所能传递的最大有效拉力 F_{ec} 与摩擦系数 f、包角 α_1 和初拉力 F_0 有关。F_0 和 α_1 越大，带能传递的有效拉力也越大；反之，则越小。

当平带传动与 V 带传动的初拉力及摩擦系数相等时，如图 9-8 所示，它们产生的法向压力不相同，因此极限摩擦力也不同。

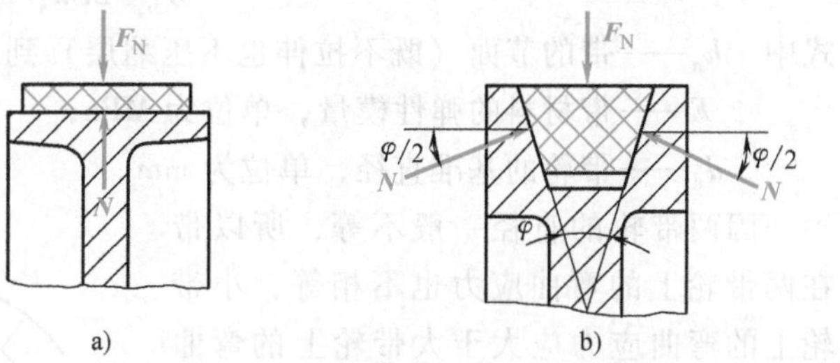

设带给予轮的压紧力为 F_N，则

平带的极限摩擦力为

$$fN = fF_N$$

V 带的极限摩擦力为

$$fN = \frac{fF_Q}{\sin\frac{\varphi}{2}} = f_v F_N$$

图 9-8 平带传动与 V 带传动的比较
a）平带传动 b）V 带传动

式中 φ——V 带轮轮槽的楔角，$\varphi = 32° \sim 38°$；

f_v——当量摩擦系数，$f_v = \dfrac{f}{\sin\dfrac{\varphi}{2}}$。

若 $\varphi = 38°$ 时，$f_v N = \dfrac{fF_N}{\sin\dfrac{\varphi}{2}} \approx 3.07 fF_N$，这表明 V 带传动产生的摩擦力大于平带传动产生的摩擦力，相当于摩擦系数从 f 增加到 $3.07f$。这种现象又称为 V 带传动的楔面摩擦效应。另外，V 带传动通常是多根带同时工作，所以 V 带传动与平带传动相比可传递更大的功率，因此应用比平带传动更为广泛。

9.2.2 带中的应力分析

带在工作中将产生如下三种应力。

1. 由拉力产生的应力

紧边拉应力

$$\sigma_1 = F_1/A \tag{9-11}$$

松边拉应力 $\qquad\qquad\qquad\qquad\sigma_2 = F_2/A$ （9-12）

式中 A——带横断面面积，单位为 mm^2。

2. 离心拉应力

带以一定的速度绕过带轮时，产生离心拉力 F_c，在带中产生的离心拉应力为

$$\sigma_c = F_c/A = qv^2/A \qquad\qquad （9-13）$$

式中 q——每米带长的质量，单位为 kg/m；

v——带速，单位为 m/s。

3. 弯曲应力

带绕过带轮时，因弯曲产生弯曲应力。由材料力学可计算出带的弯曲应力为

$$\sigma_b = 2Eh_a/d_d \qquad\qquad （9-14）$$

式中 h_a——带的节面（既不拉伸也不压缩层）到最外层的垂直距离，单位为 mm；

E——带材料的弹性模量，单位为 MPa；

d_d——带轮的基准直径，单位为 mm。

因两带轮的直径一般不等，所以带在两带轮上的弯曲应力也不相等，小带轮上的弯曲应力应大于大带轮上的弯曲应力。

图 9-9 所示为带的应力分布情况。由图可知，带在工作时，带的任一断面内的应力是随不同的位置而变化的，最大应力发生在紧边绕入小带轮的 A 点处，即

$$\sigma_{max} = \sigma_1 + \sigma_{b1} + \sigma_c \qquad （9-15）$$

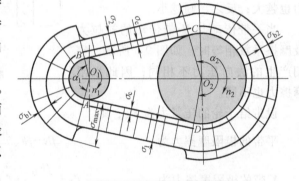

图 9-9　带的应力分布情况

由图 9-9 可知，带是在变应力状态下工作的。带每绕两带轮转一周，工作在带内某点的应力变化四次，当应力循环次数达到一定值后，将使带产生疲劳破坏。

9.2.3　弹性滑动和滑动率

带是弹性体，受拉力后将产生弹性变形。如图 9-10 所示，由于传动中带的紧边和松边的拉力不同，因而产生的弹性变形也不同。当带在紧边 A 点绕上主动轮时，所受拉力为 F_1，这时带速等于主动轮的圆周速度 v。带随带轮转动包角 α_1 对应的弧段后，带中所受的拉力由 F_1 逐渐减小到 F_2，带的弹性变形也随之相应减少，带速 v 逐渐低于主动轮的圆周速度 v_1，所以带和带轮之间发生了相对滑动。在从动轮上也有这种相对滑动现象，但情况相反，结果是从动轮的圆周速度 v_2 逐渐低于带的速度 v。这种因材料的弹性变形而引起的带与带轮轮缘表面产生的相对滑动

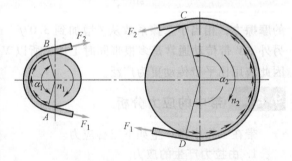

图 9-10　带传动的弹性滑动

现象称为弹性滑动。它是带传动正常工作时不可避免的。弹性滑动现象使主动轮的圆周速度 v_1、从动轮的圆周速度 v_2 和带速 v 之间的关系：$v_1 > v > v_2$。定义从动轮的圆周速度低于主动轮的圆周速度的相对降低率为滑动率，用 ε 表示，即

$$\varepsilon = \frac{v_1 - v_2}{v_1} = \frac{d_{d1} n_1 - d_{d2} n_2}{d_{d1} n_1} \tag{9-16}$$

若考虑 ε 的影响，则带传动的传动比为

$$i = \frac{n_1}{n_2} = \frac{d_{d2}}{d_{d1}(1 - \varepsilon)} \tag{9-17}$$

式中　n_1、n_2——主、从动轮的转速，单位为 r/min。

对于 V 带传动，一般 $\varepsilon = 1\% \sim 2\%$，在无需精确计算从动轮转速的机械中，可不计 ε 的影响。弹性滑动是带传动不能保证准确传动比的根本原因。

注意，不能将弹性滑动和打滑混淆起来，打滑是由于过载所引起的带在带轮上的全面滑动。打滑是可以避免的，而弹性滑动是不可避免的。

9.3　普通 V 带传动的设计计算

9.3.1　V 带传动的主要失效形式及设计准则

V 带传动的主要失效形式有：①打滑。当传递的圆周力 F_e 超过了带与带轮之间摩擦力总和的极限时，发生过载打滑，使传动失效。②疲劳破坏。传动带在变应力的长期作用下，因疲劳而发生裂纹、脱层、松散，直至断裂。

根据带传动的失效形式，确定带传动的设计准则是：保证带传动不发生打滑的前提下，充分发挥带传动的能力，使传动具有一定的疲劳强度和寿命。

9.3.2　V 带传动的设计

设计 V 带传动给定的原始数据通常为：传递的功率 P，转速 n_1、n_2（或传动比 i_{12}），传动的位置要求和工作情况等。

设计内容包括确定带的型号、长度、根数、传动的中心距、带轮的基准直径及结构尺寸等。

设计方法及步骤：

1. 确定计算功率 P_{ca}

计算功率 P_{ca} 是根据功率 P，并考虑到载荷性质和每天运转时间长短等因素的影响而确定的。

$$P_{ca} = K_A P \tag{9-18}$$

式中　P——传递的额定功率，单位为 kW；

　　　K_A——工作情况系数，见表 9-3。

表 9-3　工作情况系数 K_A

动力机类型（每天运转时间/h）	I 类			II 类		
工作载荷性质	<10	10~16	>16	<10	10~16	>16
工作平稳	1.0	1.1	1.2	1.1	1.2	1.3
载荷变动小	1.1	1.2	1.3	1.2	1.3	1.4
载荷变动较大	1.2	1.3	1.4	1.4	1.5	1.6
冲击载荷	1.3	1.4	1.5	1.5	1.6	1.8

注：I 类——直流电动机、Y 系列三相异步电动机、汽轮机、水轮机；
　　II 类——交流同步电动机、交流异步滑环电动机、内燃机、蒸汽机。

2. 选择带的型号

根据计算功率 P_{ca}、小带轮转速 n_1 由图 9-11 选定带的型号。

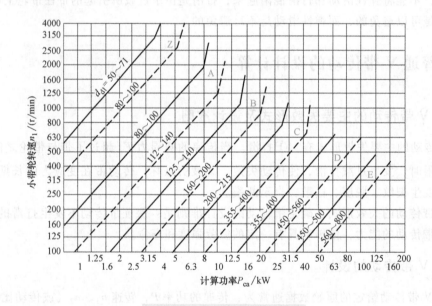

图 9-11　普通 V 带型号的选择

3. 确定带轮的基准直径 d_{d1} 和 d_{d2}

（1）初选小带轮的基准直径 d_{d1}　根据带的型号，由表 9-4 选取 $d_{d1} \geq d_{dmin}$。为了减小带的弯曲应力，提高 V 带的使用寿命，在传动比不大时，宜选取较大的直径。

（2）验算带的速度　带速过高则离心力大，降低传动能力；带速太低，则要求有效圆周力大，使带的根数过多，因此要限制带速。带速计算公式为

$$v = \pi d_{d1} n_1 / (60 \times 1000) \tag{9-19}$$

速度一般应满足 $5\mathrm{m/s} \leq v \leq 25 \sim 30\mathrm{m/s}$。

（3）计算从动轮的基准直径 d_{d2}　$d_{d2} = i_{12} d_{d1}(1-\varepsilon)$，并按 V 带轮的基准直径系列加以适当圆整。

表 9-4 V 带轮的最小直径及基准直径系列 （单位：mm）

带的型号	Y	Z （SPZ）	A （SPA）	B （SPB）	C （SPC）	D	E
d_{dmin}	20	50 （63）	75 （90）	125 （140）	200 （224）	355	500
基准直径系列	20 22.4 28 31.5 35.5 40 45 50 56 63 71 75 80 90 100 112 125 140 160 180 200 224 250 280 315 355 400 450 500 560 630 710 800 900 1000 1120						

4. 确定中心距 a 和 V 带的基准长度 L_d

（1）初定中心距 如果中心距未限定，可根据传动的结构需要初定中心距 a_0，一般取

$$0.7(d_{d1}+d_{d2})<a_0<2(d_{d1}+d_{d2})$$ （9-20）

（2）计算带的基准长度 选定 a_0 后，根据式（9-21）初步计算所需带的长度

$$L_0 \approx 2a_0+\frac{\pi}{2}(d_{d1}+d_{d2})+\frac{(d_{d2}-d_{d1})^2}{4a_0}$$ （9-21）

根据 L_0，由表 9-2 选取相近的 V 带的基准长度 L_d。

（3）确定中心距 由于带传动中心距一般是可以调整的，故也可以采用公式（9-22）做近似计算，即

$$a=a_0+\frac{L_d-L_0}{2}$$ （9-22）

考虑安装调整和补偿张紧力（如带伸长、松弛后的张紧）的需要，中心距的变动范围为

$$a_{min}=a-0.015L_d$$
$$a_{max}=a+0.03L_d$$ （9-23）

5. 验算小带轮包角 α_1

根据式（9-9）及对包角的要求，应保证

$$\alpha_1 \approx 180°-\frac{d_{d2}-d_{d1}}{a}\times57.3° \geqslant 120°（至少90°）$$ （9-24）

6. 确定带的根数 z

$$z \geqslant \frac{P_{ca}}{(P_0+\Delta P_0)K_\alpha K_L}$$ （9-25）

式中 P_0——单根 V 带允许传递的功率（又称单根 V 带的基本额定功率），单位为 kW，表 9-5 已列出了在包角 $\alpha=180°$、特定带长、平稳工作条件下通过试验和计算得到的 P_0 值；

ΔP_0——额定功率的增量，单位为 kW，考虑到传动比 $i \neq 1$ 时，带在大轮上的弯曲应力较小，在同等寿命下，P_0 值应有所提高，大带轮越大（即传动比 i_{12} 越大），提高量越多，其值见表 9-6；

K_α——包角系数，考虑包角不同时的影响系数，其值见表 9-7；

K_L——长度系数，考虑带的长度不同时的影响系数，其值见表 9-8。

表 9-5 单根普通 V 带所能传递的功率 P_0（$\alpha_1 = \alpha_2 = 180°$，特定长度，载荷平稳）

（单位：kW）

型号	d_{d1}/mm	小带轮转速 n_1/(r/min)													
		400	730	800	980	1200	1460	1600	2000	2400	2800	3200	3600	4000	5000
Y	20	—	—	—	0.02	0.02	0.02	0.03	0.03	0.04	0.04	0.05	0.06	0.06	0.08
	31.5	—	0.03	0.04	0.04	0.05	0.06	0.06	0.07	0.09	0.10	0.11	0.12	0.13	0.15
	40	—	0.04	0.05	0.06	0.07	0.08	0.09	0.11	0.12	0.14	0.15	0.16	0.18	0.20
	50	0.05	0.06	0.07	0.08	0.09	0.11	0.12	0.14	0.16	0.18	0.20	0.22	0.23	0.25
Z	50	0.06	0.09	0.10	0.12	0.14	0.16	0.17	0.20	0.22	0.26	0.28	0.30	0.32	0.34
	63	0.08	0.13	0.15	0.18	0.22	0.25	0.27	0.32	0.37	0.41	0.45	0.47	0.49	0.50
	71	0.09	0.17	0.20	0.23	0.27	0.31	0.33	0.39	0.46	0.50	0.54	0.58	0.61	0.62
	80	0.14	0.20	0.22	0.26	0.30	0.36	0.39	0.44	0.50	0.56	0.61	0.64	0.67	0.66
	90	0.14	0.22	0.24	0.28	0.33	0.37	0.40	0.48	0.54	0.60	0.64	0.68	0.72	0.73
A	75	0.27	0.42	0.45	0.52	0.60	0.68	0.73	0.84	0.92	1.00	1.04	1.08	1.09	1.02
	90	0.39	0.63	0.68	0.79	0.93	1.07	1.15	1.34	1.50	1.64	1.75	1.83	1.87	1.82
	100	0.47	0.77	0.83	0.97	1.14	1.32	1.42	1.66	1.87	2.05	2.19	2.28	2.34	2.25
	125	0.67	1.11	1.19	1.40	1.66	1.93	2.07	2.44	2.74	2.98	3.16	3.26	3.28	2.91
	160	0.94	1.56	1.69	2.00	2.36	2.74	2.94	3.42	3.80	4.06	4.19	4.17	3.98	2.67
B	125	0.84	1.34	1.44	1.67	1.93	2.20	2.33	2.50	2.64	2.76	2.85	2.96	2.94	2.51
	160	1.32	2.16	2.32	2.72	3.17	3.64	3.86	4.15	4.40	4.60	4.75	4.89	4.80	3.82
	200	1.85	3.06	3.30	3.86	4.50	5.15	5.46	6.13	6.47	6.43	5.95	4.98	3.47	—
	250	2.50	4.14	4.46	5.22	6.04	6.85	7.20	7.87	7.89	7.14	5.60	3.21	—	—
	280	2.89	4.77	5.13	5.93	6.90	7.78	8.13	8.60	8.22	6.80	4.26	—	—	—
C	200	1.39	1.92	2.41	2.87	3.30	3.80	4.07	4.66	5.29	5.86	6.07	6.28	6.34	6.26
	250	2.03	2.85	3.62	4.33	5.00	5.82	6.23	7.18	8.21	9.06	9.38	9.63	9.62	9.34
	315	2.86	4.04	5.14	6.17	7.14	8.34	8.92	10.23	11.53	12.48	12.72	12.67	12.14	11.08
	400	3.91	5.54	7.06	8.52	9.82	11.52	12.10	13.67	15.04	15.51	15.24	14.08	11.95	8.75
	450	4.51	6.40	8.20	9.81	11.29	12.98	13.80	15.39	16.59	16.41	15.57	13.29	9.64	4.44
D	355	5.31	7.35	9.24	10.90	12.39	14.04	14.83	16.30	17.25	16.70	15.63	12.97	—	—
	450	7.90	11.02	13.85	16.40	18.67	21.12	22.25	24.16	24.84	22.42	19.59	13.34	—	—
	560	10.76	15.07	18.95	22.38	25.32	28.28	29.55	31.00	29.67	22.08	15.13	—	—	—
	710	14.55	20.35	25.45	29.76	33.18	35.97	36.87	35.58	27.88	—	—	—	—	—
	800	16.76	23.39	29.08	33.72	37.13	39.26	39.55	35.26	31.32	—	—	—	—	—
E	500	10.86	14.96	18.55	21.65	24.21	26.62	27.57	28.52	25.53	16.25	—	—	—	—
	630	15.65	21.69	26.95	31.36	34.83	37.64	38.52	37.14	29.17	—	—	—	—	—
	800	21.70	30.05	37.05	42.53	46.26	47.79	47.38	39.08	16.46	—	—	—	—	—
	900	25.15	34.71	42.49	48.20	51.48	51.13	49.21	34.01	—	—	—	—	—	—
	1000	28.52	39.17	47.52	53.12	55.45	52.26	48.19	—	—	—	—	—	—	—

注：d_{d1} 为小带轮的基准直径。

表 9-6 单根普通 V 带 $i \neq 1$ 时传动功率的增量 ΔP_0 (单位：kW)

型号	传动比 i	小带轮转速 $n_1/(\text{r/min})$													
		400	730	800	980	1200	1460	1600	2000	2400	2800	3200	3600	4000	5000
Y	1.35~1.51	0.00	0.00	0.00	0.01	0.01	0.01	0.01	0.01	0.01	0.02	0.02	0.02	0.02	0.02
	≥2	0.00	0.00	0.00	0.01	0.01	0.01	0.01	0.02	0.02	0.02	0.03	0.03	0.03	0.03
Z	1.35~1.51	0.01	0.01	0.01	0.02	0.02	0.02	0.02	0.03	0.03	0.04	0.04	0.04	0.05	0.05
	≥2	0.01	0.02	0.02	0.03	0.03	0.03	0.03	0.04	0.04	0.04	0.05	0.05	0.06	0.06
A	1.35~1.51	0.04	0.07	0.08	0.08	0.11	0.13	0.15	0.19	0.23	0.26	0.30	0.34	0.38	0.47
	≥2	0.05	0.09	0.10	0.11	0.15	0.17	0.19	0.24	0.29	0.34	0.39	0.44	0.48	0.60
B	1.35~1.51	0.10	0.17	0.20	0.23	0.30	0.36	0.39	0.49	0.59	0.69	0.79	0.89	0.99	1.24
	≥2	0.13	0.22	0.25	0.30	0.38	0.46	0.51	0.63	0.76	0.89	1.01	1.14	1.27	1.60

型号	传动比 i	小带轮转速 $n_1/(\text{r/min})$													
		200	300	400	500	600	730	800	980	1200	1460	1600	1800	2000	2200
C	1.35~1.51	0.14	0.21	0.27	0.34	0.41	0.48	0.55	0.65	0.82	0.99	1.10	1.23	1.37	1.51
	≥2	0.18	0.26	0.35	0.44	0.53	0.62	0.71	0.83	1.06	1.27	1.41	1.59	1.76	1.94
D	1.35~1.51	0.49	0.73	0.97	1.22	1.46	1.70	1.95	2.31	2.92	3.52	3.89	4.98	—	—
	≥2	0.63	0.94	1.25	1.56	1.88	2.19	2.50	2.97	3.75	4.53	5.00	5.62	—	—
E	1.35~1.51	0.96	1.45	1.93	2.41	2.89	3.38	3.86	4.58	5.61	6.83	—	—	—	—
	≥2	1.24	1.86	2.48	3.10	3.72	4.34	4.96	5.89	7.21	8.78	—	—	—	—

表 9-7 包角系数 K_α

包角 $\alpha/(°)$	180	170	160	150	140	130	120	110	100	90	80	70
包角系数 K_α	1.00	0.97	0.94	0.91	0.88	0.85	0.82	0.72	0.67	0.62	0.56	0.50

表 9-8 长度系数 K_L

基准长度 L_d/mm	带的型号										
	Y	Z	A	B	C	D	E	SPZ	SPA	SPB	SPC
200	0.81										
224	0.82										
250	0.84										
280	0.87										
315	0.89										
355	0.92										
400	0.96	0.87									
450	1.00	0.89									
500	1.02	0.91									
560		0.94									

（续）

基准长度 L_d/mm	带的型号										
	Y	Z	A	B	C	D	E	SPZ	SPA	SPB	SPC
630		0.96	0.81					0.82			
710		0.99	0.83					0.84			
800		1.00	0.85					0.86	0.81		
900		1.03	0.87	0.82				0.88	0.83		
1000		1.06	0.89	0.84				0.90	0.85		
1120		1.08	0.91	0.86				0.93	0.87		
1250		1.11	0.93	0.88				0.94	0.89	0.82	
1400		1.14	0.96	0.90				0.96	0.91	0.84	
1600		1.16	0.99	0.92	0.83			1.00	0.93	0.86	
1800		1.18	1.01	0.95	0.86			1.01	0.95	0.88	
2000			1.03	0.98	0.88			1.02	0.96	0.90	0.81
2240			1.06	1.00	0.91			1.05	0.98	0.92	0.83
2500			1.09	1.03	0.93			1.07	1.00	0.94	0.86
2800			1.11	1.05	0.95	0.83		1.09	1.02	0.96	0.88
3150			1.13	1.07	0.97	0.86		1.11	1.04	0.98	0.90
3550			1.17	1.09	0.99	0.89		1.13	1.06	1.00	0.92
4000			1.19	1.13	1.02	0.91			1.08	1.02	0.94
4500				1.15	1.04	0.93	0.90		1.09	1.04	0.96
5000				1.18	1.07	0.96	0.92			1.06	0.98
5600					1.09	0.98	0.95			1.08	1.00
6300					1.12	1.00	0.97			1.09	1.02

7. 确定带的张紧力 F_0

保持适当的张紧力是带传动工作的首要条件，张紧力过小，摩擦力小，容易发生打滑；张紧力过大，则带寿命降低，轴和轴承受力增大。

单根普通 V 带最适合的张紧力可按式（9-26）计算

$$F_0 = \frac{500P_{ca}}{zv}\left(\frac{2.5}{K_\alpha}-1\right)+qv^2 \qquad (9\text{-}26)$$

8. 计算压轴力 F_Q

为了设计带轮的轴和轴承，必须确定带传动作用在轴上的力 F_Q。如果不考虑带两边的拉力差，则压轴力可以近似地按带的两边的张紧力 F_0 的合力来计算，如图 9-12 所示，F_Q 为

$$F_Q \approx 2zF_0\sin(\alpha/2) \qquad (9\text{-}27)$$

例 9-1 设计一带式运输机中的普通 V 带传动。原动机采用 Y 系列三相异步电动机，其额定功率 $P=4$kW，满载转速 $n_1=$

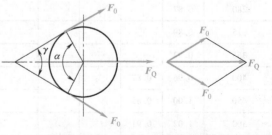

图 9-12 带轮压轴力的计算简图

1420r/min，从动轮转速 $n_2 = 420$r/min，每天工作 12h，载荷变动较小，要求中心距 $a \leqslant 550$mm。

解 （1）确定计算功率 P_{ca} 由表 9-3 查得 $K_A = 1.2$，故

$$P_{ca} = K_A P = 1.2 \times 4\text{kW} = 4.8\text{kW}$$

（2）选择带型 根据 $P_{ca} = 4.8$kW，$n_1 = 1420$r/min，由图 9-11 初步选用 A 型带。

（3）选取带轮基准直径 d_{d1} 和 d_{d2} 由表 9-4，取 $d_{d1} = 100$mm，并假设传动时的滑动率 $\varepsilon = 0.02$，则得

$$d_{d2} = \frac{n_1}{n_2} d_{d1}(1-\varepsilon) = \frac{1420}{420} \times 100 \times (1-0.02)\text{mm} = 331.3\text{mm}$$

由表 9-4，取 $d_{d2} = 355$mm。

（4）验算带速 v

$$v = \frac{\pi d_{d1} n_1}{60 \times 1000} = \frac{\pi \times 100 \times 1420}{60 \times 1000}\text{m/s} = 7.44 \text{ m/s}$$

在 5~25m/s 范围内，所以带速合适。

（5）确定中心距 a 和带的基准长度 L_d

1）初选中心距。取 $a_0 = 450$mm，符合

$$0.7(d_{d1} + d_{d2}) < a_0 < 2(d_{d1} + d_{d2})$$

2）计算带长。由式（9-21）得带长

$$L_0 \approx 2a_0 + \frac{\pi}{2}(d_{d1} + d_{d2}) + \frac{(d_{d2} - d_{d1})^2}{4a_0}$$

$$= \left[2 \times 450 + \frac{3.14}{2} \times (100 + 355) + \frac{(355 - 100)^2}{4 \times 450} \right]\text{mm}$$

$$= 1650\text{mm}$$

由表 9-2，对 A 型带选用基准长度 $L_d = 1800$mm。

3）计算实际中心距 由式（9-22）得

$$a = a_0 + \frac{L_d - L_0}{2}$$

$$= \left(450 + \frac{1800 - 1650}{2} \right)\text{mm} = 525\text{mm}$$

满足 $a \leqslant 550$mm 的要求。

（6）验算小带轮包角 α_1 由式（9-24）得

$$\alpha_1 \approx 180° - \frac{d_{d2} - d_{d1}}{a} \times 57.3°$$

$$= 180° - \frac{355 - 100}{525} \times 57.3° = 152.2° > 120°$$

满足要求。

（7）确定带的根数 z 因 $d_{d1} = 100$mm，$i = \frac{d_{d2}}{d_{d1}(1-\varepsilon)} = \frac{355}{100 \times (1-0.02)} = 3.62$，$n_1 = 1420$r/min，查表 9-5 得

$$P_0 = 1.292\text{kW}$$

查表 9-6 得

$$\Delta P_0 = 0.167\text{kW}$$

因 $\alpha_1 = 152.2°$，查表 9-7 得

$$K_\alpha = 0.917$$

因 $L_d = 1800\text{mm}$，查表 9-8 得

$$K_L = 1.01$$

由式（9-25）得

$$z \geqslant \frac{P_{ca}}{(P_0 + \Delta P_0) K_\alpha K_L} = \frac{4.8}{(1.292 + 0.167) \times 0.917 \times 1.01} = 3.552$$

取 $z = 4$ 根。

（8）确定张紧力 查表 9-1，$q = 0.10\text{kg/m}$，并由式（9-26）得单根普通 V 带的张紧力为

$$
\begin{aligned}
F_0 &= \frac{500 P_{ca}}{zv}\left(\frac{2.5}{K_\alpha} - 1\right) + qv^2 \\
&= \left[\frac{500 \times 4.8}{4 \times 7.44} \times \left(\frac{2.5}{0.917} - 1\right) + 0.1 \times 7.44^2\right]\text{N} \\
&= 144.7\text{N}
\end{aligned}
$$

（9）计算压轴力 由式（9-27）得压轴力为

$$F_Q \approx 2zF_0\sin(\alpha/2) = [2 \times 4 \times 144.7 \times \sin(152.2/2)]\text{N} = 1123.70\text{N}$$

（10）带传动的结构设计 略。

9.4 同步带传动简介

同步带的工作面有齿，相应的带轮轮缘表面也制有相应的齿槽，带与带轮是靠啮合进行传动的，所以其传动比恒定。

同步带通常以钢丝绳或玻璃纤维为承载层，氯丁橡胶或聚氨酯为基体。这种带薄而轻，所以可以用于较高速度。传动时的线速度可达 50m/s，传动比可达 10，效率可达 98%，所以同步带的应用日益广泛，尤其是在数控设备的传动系统中。其主要缺点是制造和安装精度要求较高，中心距制造要求也较为严格，所以成本较高。

同步带传动的主要参数是节距。在规定的张力下，相邻两齿中心线的直线距离称为节距，以 P_b 表示。当同步带垂直其底边弯曲时，在带中保持原长度不变的周线，称为节线，节线长以 L_p 表示，为同步带的公称长度。

单面有齿的同步带称为单面带，双面有齿的称为双面带。双面带又分对称齿双面同步带（DA）和交错齿双面同步带（DB）（图 9-13）。

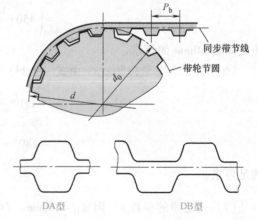

图 9-13 同步带传动

同步带型号分为最轻型 MXL、超轻型 XXL、特轻型 XL、轻型 L、重型 H、特重型 XH、超重型 XXH 七种（GB/T 11362—2008）。

同步带带轮的齿形有梯形齿、圆弧齿及渐开线齿形，可用展成法加工而成。

梯形齿同步带传动的设计计算公式见表 9-9。

表 9-9 梯形齿同步带传动的设计公式

计算项目	代号	设计公式及相关数据	单位	说　明
设计功率	P_d	$P_d = K_0 P$	kW	K_0——载荷修正系数，见表 9-10～表 9-12 P——需传递的功率
带型	MXL XXL XL L H XH XXH	根据 P_d 和 n_1 由图 9-14 选择 n_1——小带轮转速，单位为 r/min		当选择的带型与相邻带型较接近时，将两种带型做平行设计，择优选用
节距	P_b	具体带型对应的节距	mm	见表 9-13
小带轮齿数	z_1	按 GB/T 11361—2008 选取，应使 $z_1 \geqslant z_{min}$，z_{min} 见表 9-15		
大带轮齿数	z_2	$z_2 = i z_1$		i 为传动比，计算结果按 GB/T 11361—2008 圆整
小带轮节距	d_1	$d_1 = P_b z_1 / \pi$	mm	
大带轮节距	d_2	$d_2 = P_b z_2 / \pi$	mm	
带速	v	$v = \dfrac{\pi d_1 n_1}{60 \times 1000} < v_{max}$		v_{max} 见表 9-16
节线长	L_p	$L_p = 2a_0 \cos\phi + \dfrac{\pi(d_1+d_2)}{2} + \dfrac{\pi\phi(d_2-d_1)}{180}$ 按 GB/T 11616—2013 选择最接近的标准带长	mm	a_0——初定中心距，单位为 mm； $\phi = \sin^{-1}\left(\dfrac{d_2-d_1}{2a}\right)$
计算中心距近似公式和精确公式	a	$a \approx M + \sqrt{M^2 - \dfrac{1}{8}\left[\dfrac{P_b(z_2-z_1)}{\pi}\right]^2}$ $a = \dfrac{P_b(z_2-z_1)}{2\pi\cos\theta}$ $\mathrm{inv}\theta = \pi\dfrac{z_b-z_1}{z_2-z_1}$ $\mathrm{inv}\theta = \tan\theta - \theta$	mm	$M = \dfrac{P_b}{8}(2z_b - z_1 - z_2)$ z_b——带的齿数 z_2/z_1 较大时，采用方法精确公式 z_2/z_1 接近 1 时，采用方法近似公式 θ（图 9-15）的数值可用逐步逼近法或查渐开线数表来确定
小带轮啮合齿数	z_m	$z_m = \mathrm{int}\left[\dfrac{z_1}{2} - \dfrac{P_b z_1}{2\pi^2 a}(z_2-z_1)\right]$		$z_m = \mathrm{int}[\ ]$——取括号内的整数部分
基准额定功率（XL～XXH 型，$z_m \geqslant 6$ 时）	P_0	$P_0 = \dfrac{(T_a - mv^2)v}{1000}$，$P_0$ 可查 GB/T 11362—2008	kW	T_a——带宽的许用工作张力（表 9-17），单位为 N b_{so}——带的基准宽度（表 9-14），单位为 mm； m——带宽 b_{so} 的单位长度的质量（表 9-17），单位为 kg/m v——带的速度，单位为 m/s

（续）

计算项目	代号	设计公式及相关数据	单位	说　明
啮合齿数系数	K_Z	$z_m \geq 6$ 时，$K_Z = 1$ $z_m < 6$ 时，$K_Z = 1 - 0.2(6 - z_m)$		
额定功率	P_r	$P_r = \left(K_Z K_W T_a - \dfrac{b_s m v^2}{b_{so}} \right) \times v \times 10^{-3}$ $P_r \approx K_Z K_W P_0$	kW	K_W——宽度系数 $K_W = \left(\dfrac{b_s}{b_{so}} \right)^{1.14}$
带宽	b_s	根据设计要求，$P_d \leq P_t$， 故带宽 $b_s \geq b_{so} \left(\dfrac{P_d}{K_Z P_0} \right)^{1/1.14}$	mm	b_{so} 可查表 9-14 计算结果按 GB/T 11616—2013 确定 带宽。一般应使 $b_s < d_1$
验算工作能力	P	$P_r = \left(K_Z K_W T_a - \dfrac{b_s m v^2}{b_{so}} \right) \times v \times 10^{-3} > P_d$	kW	T_a 和 m 查表 9-17 $v = \dfrac{P_b d_1 n_1}{60 \times 1000}$

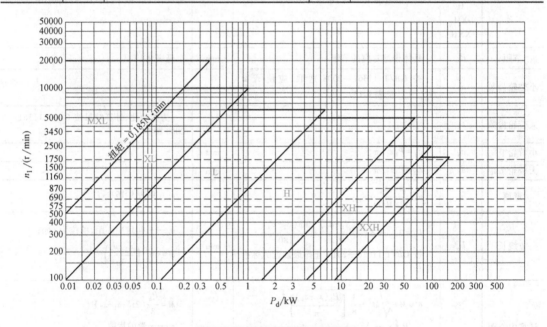

图 9-14　梯形齿同步带选型图

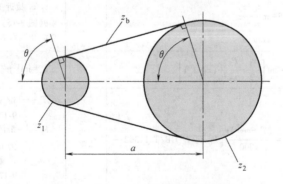

图 9-15　同步带中心距计算

表 9-10 载荷修正系数 （GB/T 11362—2008）

工作机	原动机					
	交流电动机（普通转矩鼠笼式、同步电动机），直流电动机（并激），多缸内燃机			交流电动机（大转矩、大滑差率、单相、滑环），直流电动机（复激、串激），单缸内燃机		
	运转时间			运转时间		
	断续使用每日3~5h	普通使用每日8~10h	连续使用每日16~24h	断续使用每日3~5h	普通使用每日8~10h	连续使用每日16~24h
复印机、计算机、医疗器械	1.0	1.2	1.4	1.2	1.4	1.6
清扫机、缝纫机、办公机械、带锯盘	1.2	1.4	1.6	1.4	1.6	1.8
轻负荷传送带、包装机、筛子	1.3	1.5	1.7	1.5	1.7	1.9
液体搅拌机、圆形带锯、平碾盘、洗涤、造纸机、印刷机械	1.4	1.6	1.8	1.6	1.8	2.0
搅拌机（水泥、黏性体）、皮带输送机（矿石、煤、砂）、牛头刨床、挖掘机、离心压缩机、振动筛、纺织机械（整经机、绕线机）、回转压缩机、往复式发动机	1.5	1.7	1.9	1.7	1.9	2.1
输送机（盘式、吊式、升降式）、抽水泵、洗涤机、鼓风机（离心式、引风、排风）、发动机、激磁机、卷扬机、起重机、橡胶加工机（压延、滚轧压出机）、纺织机械（纺纱、精纺、捻纱机、绕纱机）	1.6	1.8	2.0	1.8	2.0	2.2
离心分离机、输送机（货物、螺旋）、锤击式粉碎机、造纸机（碎浆）	1.7	1.9	2.1	1.9	2.1	2.3
陶土机械（硅、黏土搅拌）、矿山用混料机、强制送风机	1.8	2.0	2.2	2.0	2.2	2.4

注：1. 当使用张紧轮时，载荷系数还应加入表 9-11 中的使用张紧轮修正系数。

　　2. 当增速运动时，载荷系数还应加入表 9-12 中的增速传动修正系数。

表 9-11 使用张紧轮修正系数 （GB/T 11362—2008）

张紧轮位置	系　数
松边内侧	0
松边外侧	0.1
紧边内侧	0.1
紧边外侧	0.2

表 9-12 增速传动修正系数 （GB/T 11362—2008）

增速比	系　数
1.00~1.24	0
1.25~1.74	0.1
1.75~2.49	0.2
2.50~3.49	0.3
≥3.5	0.4

表 9-13 各带型节距 （GB/T 11361—2008）

带型	MXL	XXL	XL	L	H	XH	XXH
节距/mm	2.032	3.175	5.080	9.525	12.700	22.225	31.750

表 9-14　各带型基准宽度（GB/T 11362—2008）

带　型	MXL	XXL	XL	L	H	XH	XXH
基准宽度 b_{so}/mm	6.4	6.4	9.5	25.4	76.2	101.6	127

表 9-15　带轮最少许用齿数（GB/T 11362—2008）

小带轮转速 n_1/(r/min)	带　型						
	MXL	XXL	XL	L	H	XH	XXH
	带轮最少许用齿数/z_{min}						
<900	10	10	10	12	14	22	22
900~1200	12	12	10	12	16	24	24
1200~1800	14	14	12	14	18	26	26
1800~3600	16	16	12	16	20	30	—
3600~4800	18	18	15	18	22	—	—

表 9-16　同步带允许最大线速度（GB/T 11362—2008）

带　型	MXL、XXL、XL	L、H	XH、XXH
v_{max}/(m/s)	40~50	35~40	25~30

表 9-17　带的许用工作张力 T_a 及单位长度质量 m（GB/T 11362—2008）

带　型	T_a/N	m/(kg/m)	带　型	T_a/N	m/(kg/m)
MXL	27	0.007	H	2100.85	0.448
XXL	31	0.010	XH	4048.90	1.484
XL	50.17	0.022	XXH	6398.03	2.473
L	244.46	0.095			

9.5　带传动的使用和维护

为延长带的使用寿命，保证带传动的正常运行，必须正确地安装、使用和维护带传动。具体要求如下：

1）安装时必须先缩小中心距后装上带，再予调紧，不允许硬撬，以免损坏带。

2）保持带清洁，严防带与矿物油、酸、碱等介质接触，以避免变质。也不宜在阳光下暴晒，以避免带过早老化。

3）带根数较多的传动，坏了少数几根带，不宜用新带更换这少数几根带，避免新旧带混合使用，因为旧带已有一定的永久变形，混合使用新旧带会加速新带的损坏。应当用使用过的旧带补全后继续工作或全部更换新带。

4）为保证安全生产，带传动应设置防护罩。

5）带传动工作一段时间后，会产生永久变形，导致张紧力减小，因此要重新调整张紧力。

图 9-16 所示为带传动四种常用的张紧装置。接近于水平布置的传动可采用图 9-16a 所示的结构，用调节螺钉 2 推移电动机沿滑轨 1 移动张紧；接近于垂直布置的传动可采用图 9-16b 所示的结构，使电动机架 4 绕定点 O 摆动张紧带；而图 9-16c 所示的结构，是靠电动机和机架的重量自动张紧带，使其保持固定不变的拉力；图 9-16d 所示为带轮中心距固定，利用张紧轮调紧。

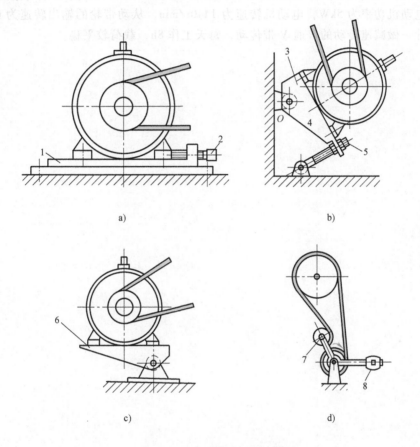

a)   b)

c)   d)

图 9-16　带传动的张紧装置

1—滑轨　2、5—调节螺钉　3—摆动架　4—电动机架　6—浮动架
7—张紧轮　8—平衡锤

思考题及习题

9-1　V 带传动为什么比平带传动承载能力大？

9-2　传动带工作时有哪些应力？这些应力是如何分布的？最大应力点在何处？

9-3　影响带传动承载能力的因素有哪些？如何提高带传动的承载能力？

9-4　什么是弹性滑动？什么是打滑？在工作中弹性滑动和打滑能否都能避免？为什么？

9-5　带传动的失效形式和计算准则分别是什么？

9-6 为什么 V 带断面的楔角为 40°，而带轮的槽角则为 32°、34°、36° 及 38°？

9-7 已知带传动的功率为 7.5kW，平均带速为 10m/s，紧边拉力是松边拉力的两倍，试求紧边拉力、有效工作拉力及初拉力。

9-8 一 V 带传动，已知两带轮的基准直径分别为 125mm 和 315mm，传动中心距为 600mm，小带轮为主动轮，转速为 1440r/min，试求：1）小带轮的包角；2）带长；3）不考虑带传动的弹性滑动时大带轮的转速；4）滑动率为 0.015 时大带轮的实际转速。

9-9 已知电动机功率为 5kW，电动机转速为 1440r/min，从动带轮的输出转速为 650r/min，试设计一做减速传动的普通 V 带传动，每天工作 8h，载荷较平稳。

第10章　链传动

10.1　链传动的类型、结构和特点

10.1.1　链传动的组成及主要类型

链传动是一种挠性啮合传动，由主动链轮 1 通过链条 3 带动从动链轮 2 实现动力和运动的传递，如图 10-1 所示。

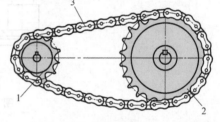

按功能，链传动可分为传动链、起重链和曳引链。传动链主要用来传递动力，通常在中等速度（$v \le 20\mathrm{m/s}$）下工作。起重链用于提升重物的起重机械，一般链条的线速度 $v \le 0.25\mathrm{m/s}$。曳引链主要用于驱动输送带的运输机械，一般链条的线速度 $v \le 2\mathrm{m/s}$。

传动链按其齿形结构又可分为套筒滚子链和齿形链两种。本章主要分析传动链中的套筒滚子链。

图 10-1　链传动

1—主动链轮　2—从动链轮
3—链条

图 10-1 动画

10.1.2　链传动的结构、主要参数及几何尺寸

1. 套筒滚子链及链轮

（1）套筒滚子链的结构　套筒滚子链由滚子 1、套筒 2、销轴 3、内链板 4 和外链板 5 组成，如图 10-2 所示。销轴与外链板、套筒与内链板分别采用过盈配合，滚子与套筒、套筒与销轴间均为间隙配合，故可做相对自由转动。传动中链与链轮轮齿啮合时，链轮齿面与滚子之间为滚动摩擦，因而减轻了链与链轮的磨损。另外，为减轻链条的重量，节省材料，并遵循等强度的设计原则，链板大多制成"8"字形，如图 10-3 所示。

（2）套筒滚子链传动的主要参数及几何尺寸

1）链条节距 p。套筒滚子链上相邻两

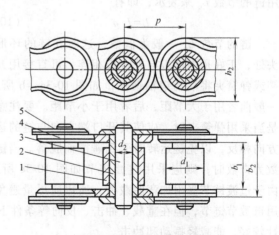

图 10-2　套筒滚子链结构

1—滚子　2—套筒　3—销轴　4—内链板　5—外链板

销轴中心之间的距离为链条节距，用 p 表示，该参数为链传动的最主要参数。

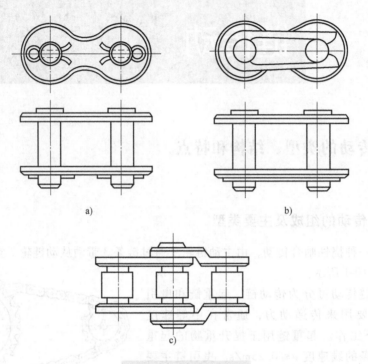

a)

b)

c)

图 10-3　链节接头形式

2）链的排数 z_p。当链轮的齿数确定后，增大节距 p 可提高传动能力，但同时链轮的直径增大，为此，可选用多排小节距传动链，以减小链轮的直径。链的排数用 z_p 表示，如图 10-4 所示为双排链。链传动的承载能力与链的排数成正比，但当排数过多时，会使排与排之间受载不均匀，因此，一般 $z_p \leqslant 3$。

3）链长 L 和链条节数 L_p。链条的长度 L 通常用链的节数 L_p 来表示，即有

$$L = L_p p \qquad (10\text{-}1)$$

链的节数 L_p 一般为偶数，这时在链的环形接头处，正好是内链板与外链板相连，可直接用开口销或弹簧夹将活动销轴锁住，如图 10-3a、b 所示，一般前者用于大节距，后者用于小节距。要注意的是当采用弹簧夹时，应使其开口端方向与链的运动方向相反，以免链运转时受到碰撞而脱落。当链节数为奇数时，则应采用过渡链节如图 10-3c 所示。由于过渡链节受附加弯曲载荷，所以应尽量避免采

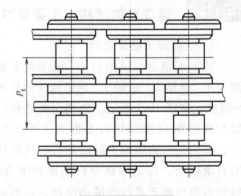

图 10-4　双排链

用奇数节链节，但在重载、冲击、反向等条件下工作时，采用全部用过渡链节构成的链，柔性较好，能减轻振动和冲击。

（3）套筒滚子链链轮　链轮的材料应满足强度的要求。常用的材料为碳素钢和合金钢，

齿面经热处理以满足耐磨性要求。由于小链轮的啮合次数多，所受冲击也大，故采用的材料应优于大链轮。

标准 GB/T 1243—2006 只规定了链轮的最大和最小齿槽形状。常用的齿廓为三圆弧和一直线齿形。图 10-5 所示为套筒滚子链链轮端面齿形，图中 *abcd* 为齿廓工作段（其中 *aa*、*ab*、*cd* 段为圆弧，*bc* 段为直线），由标准刀具加工而成。链轮的主要参数为：链节距 *p*、齿数 *z*、分度圆（链轮上链的滚子中心所在的圆）直径 *d*、齿顶圆直径 d_a 和齿根圆直径 d_f（图 10-6）等，这些参数间的关系如下

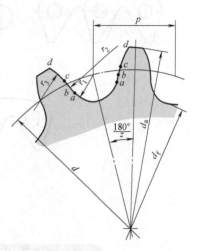

$$d = \frac{p}{\sin(180°/z)} \qquad (10\text{-}2)$$

$$d_a = p[\,0.54 + \cot(180°/z)\,] \qquad (10\text{-}3)$$

$$d_f = d - d_1 \qquad (10\text{-}4)$$

式中　d_1——滚子直径。

滚子链链轮的轴面齿形如图 10-7 所示，其几何尺寸可查阅有关手册。

图 10-5　滚子链链轮端面齿形

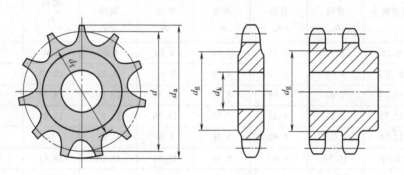

图 10-6　滚子链链轮

滚子链已标准化。表 10-1 摘录了一部分常用的链条型号。滚子链的标记为

| 链号 | - | 排数 | - | 链节数 | 标准编号 |

例如，A 系列、节距为 25.40mm、单排、90 节的滚子链。可标记为

16A-1×90 GB/T 1243—2006

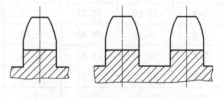

图 10-7　滚子链链轮轴面齿形

2. 齿形链

图 10-8 所示为齿形链的结构，齿形链由一组齿形链板并列铰接而成。按铰接形式的不同有圆销式（图 10-8a）、轴瓦式（图 10-8b）、滚柱式（图 10-8c）。齿形链工作时，通过链板两侧成 60° 的两直边与链轮轮齿相啮合。与套筒滚子链相比，齿形链传动较平稳，噪声较小，承受冲击载荷的能力较强，但结构复杂，质量较大，价格较贵，装拆也较困难，故多用于高速或运动精度要求较高的传动装置中。

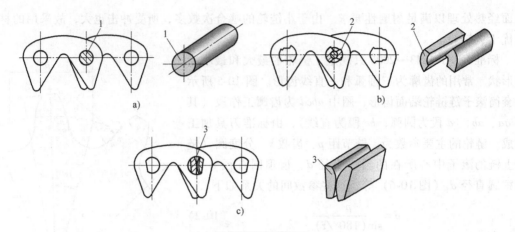

图 10-8 齿形链

1—圆销　2—轴瓦　3—滚柱

表 10-1　滚子链的主要尺寸和极限拉伸载荷（GB/T 1243—2006）（单位：mm）

链号	链节距 p	滚子外径 d_1	销轴直径 d_2	内链节内宽 b_1	内链节外宽 b_2	内链板高度 h_2	排距 p_t	单排链极限拉伸载荷 F_Q/N
04C	6.35	3.30	2.31	3.10	4.80	6.02	6.40	3500
06C	9.525	5.08	3.60	4.68	7.46	9.05	10.13	7900
08A	12.70	7.92	3.98	7.85	11.17	12.07	14.38	13900
08B	12.70	8.51	4.45	7.75	11.30	11.81	13.92	17800
081	12.70	7.75	3.66	3.30	5.80	9.91	—	8000
10A	15.875	10.16	5.09	9.40	13.84	15.09	18.11	21800
10B	15.875	10.16	5.08	9.65	13.28	14.73	16.59	22200
16A	25.40	15.88	7.94	15.75	22.60	24.13	29.29	55600
16B	25.40	15.88	8.28	17.02	25.45	21.08	31.88	60000
24A	38.10	22.23	11.11	25.22	35.45	36.20	45.44	124600
24B	38.10	25.40	14.63	25.40	37.92	33.40	48.36	160000
32A	50.80	28.58	14.29	31.55	45.21	48.26	58.55	222400
32B	50.80	29.21	17.87	30.99	45.57	42.29	58.55	250000
48A	76.20	47.63	23.81	47.35	67.81	72.39	87.83	500000
48B	76.20	48.26	29.24	45.72	70.56	63.88	91.21	560000
72B	114.30	72.39	44.48	68.58	103.81	103.63	136.27	1400000
60H	19.05	11.91	5.96	12.57	19.43	18.10	26.11	31300
160H	50.80	28.58	14.29	31.55	46.88	48.26	61.90	223000
200H	76.20	47.63	23.81	47.35	74.54	72.39	101.22	500000

注：表中系列 A、C 表示源自美国标准，其中 A 系列表示有滚子，C 系列表示无滚子，即为套筒链；B 系列表示源自欧洲标准，H 表示美国标准的重载系列，无字母的表示美国标准但只能用于单排链的链条。

10.1.3 链传动的特点及应用

链传动兼有挠性传动及啮合传动的特点。与带传动比较，链传动主要优点有：①由于是啮合传动，没有打滑及弹性滑动现象，所以平均传动比准确，工作可靠；②工作情况相同时，传动尺寸比较紧凑；③由于不需要张紧，作用于轴上的力较小；④能在温度较高、多灰尘、湿度较大、有腐蚀等恶劣环境下工作。与齿轮传动比较，链传动易安装，成本低，由于传动有中间挠性件，故中心距适用范围较大。链传动的缺点是：①瞬时传动比不恒定，传动不够平稳；②工作时有噪声，不宜在载荷变化很大和急速反向的传动中应用；③只限于平行轴间的传动；④与带传动相比，安装和维护要求较高，故成本较大。

链传动广泛用于轻工、农业、石化、起重运输等行业及机床、汽车、摩托车、自行车等机械的传动中。目前链传动传递的功率通常在 100kW 以下；传动速度一般不超过 15m/s；传动比 $i \leqslant 6$，常用 $i = 2 \sim 3.5$，低速时 i_{max} 可达 10；链传动的效率为，闭式：$\eta = 0.95 \sim 0.98$，开式：$\eta = 0.9 \sim 0.93$。

10.2 链传动的运动特性

10.2.1 链传动的平均传动比

设 z_1、z_2 为主、从动链轮的齿数，p 为节距（单位为 mm），n_1、n_2 为主、从动链轮的转速（单位为 r/min）。由于是啮合传动，主动链轮每转过一个节距 p，从动链轮也转过一个相同的节距 p，那么链条的平均线速度（单位为 m/s）为

$$v = \frac{z_1 n_1 p}{60 \times 1000} = \frac{z_2 n_2 p}{60 \times 1000} \tag{10-5}$$

则平均传动比为

$$i = \frac{n_1}{n_2} = \frac{z_2}{z_1} \tag{10-6}$$

10.2.2 链传动的瞬时传动比

实际传动中，由于链的刚性链节，使链与链轮轮齿啮合时形成折线，即相当于将链绕在正多边形的链轮上，如图 10-9 所示，该正多边形的边长为 p，边数为 z，所以链的线速度和瞬时传动比都将随每一链节与轮齿的啮合而做周期性的变化。为便于分析，假设传动中主动边始终处于水平位置，如图 10-9 所示。设主动轮以等角速度 ω_1 转动，R_1、R_2 分别为主、从动链轮的节圆半径，主动轮上销轴中心 A 的速度即为链轮节圆的线速度 $v_A = R_1 \omega_1$。在一般位置，v_A 分解为沿链条前进方向和与其垂直的两个分速度 v_1 和 v_1'，它们分别为

$$v_1 = v_A \cos\beta = R_1 \omega_1 \cos\beta$$
$$v_1' = v_A \sin\beta = R_1 \omega_1 \sin\beta \tag{10-7}$$

v_A 的水平速度 v_1 即为链速。如图 10-9b~d 所示，从销轴 A 进入啮合起，到相邻销轴 B 进入啮合，对应 A 点转过的中心角为 $\varphi = 2\pi/z_1$，而 β 角在 $-\varphi/2$ 到 $+\varphi/2$ 间变化，所以链速也在周期性变化。z_1 的数值越小，β 角变化范围越大，链速变化幅度也越大，其不均匀性越显著。另由式（10-7）可看出，v_A 的垂直速度 v_1' 也随 β 的变化呈周期性变化，形成铅垂方向

上链条有规律的抖动。

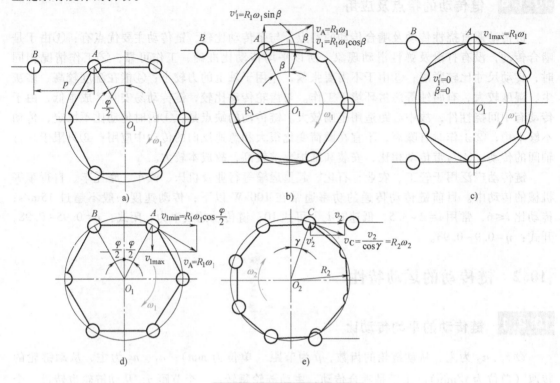

图 10-9　链传动的速度分析

同理，由图 10-9e 可看出，从动链轮相应销轴 C 中心处速度 v_C 的水平分速度 v_2 和垂直分速度 v_2' 为

$$v_2 = R_2 \omega_2 \cos\gamma$$
$$v_2' = R_2 \omega_2 \sin\gamma \tag{10-8}$$

因为链条无弹性，即 $v_1 = v_2$，所以可得瞬时传动比为

$$i_{瞬时} = \frac{\omega_1}{\omega_2} = \frac{R_2 \cos\gamma}{R_1 \cos\beta} = \frac{d_2 \cos\gamma}{d_1 \cos\beta} \tag{10-9}$$

由于 β、γ 在 $0 \sim \pm\pi/z_1$、$0 \sim \pm\pi/z_2$ 间时刻在变化，故 $i_{瞬时}$ 为非恒定值。只有当 $z_1 = z_2$，即 $d_1 = d_2$，且传动中心距又恰为节距 p 的整数倍时，才使 $\gamma = \beta$，此时 $i_{瞬时} = 1$，为恒定值。

根据以上分析，当主动链轮等速转动时，由于链与链轮之间啮合的多边形影响，使链与从动轮做变速运动，从而引起附加动载荷，这种现象称为链传动的多边形效应。链速越高，节距越大，链轮齿数越少，多边形效应越明显，传动时的附加动载荷越大，冲击和噪声也随之越大。过大的冲击将导致链和链轮齿的急剧磨损。所以一般限制链的速度 $v < 12 \sim 15 \mathrm{m/s}$。

10.3　链传动的设计计算

10.3.1　链传动的失效形式

链传动的失效形式有：①正常润滑的链传动，链条由于疲劳强度不足而破坏；②因铰链销轴磨损使链节距过长，从而破坏正常的啮合和造成脱链现象；③润滑不当，转速过高时，销轴和套筒的摩擦表面发生胶合破坏；④经常起动、停止、反转、制动的链传动由于过载造成冲击破断；⑤低速重载的链传动，链条发生静强度破坏；⑥链轮轮齿的过度磨损。

10.3.2 链传动的功率曲线

链传动虽有多种失效形式，但各种失效形式都是在一定的条件下限制其承载能力。图10-10所示为由实验作出的单排滚子链的极限功率曲线。其中 1 是正常润滑条件下，由铰链磨损限制的极限功率曲线；2 是链板疲劳强度限定的极限功率曲线；3 是套筒、滚子冲击疲劳强度限定的极限功率曲线；4 是铰链胶合限定的极限功率曲线。图中阴影部分为实际使用的许用功率。若润滑不良及工作情况恶劣，磨损将很严重，其极限功率大幅度下降，如图10-10 中的虚线 5 所示。

图 10-11 给出了 A 系列套筒滚子链在特定的实验条件下的额定功率曲线。特定的实验条件为：$z_1 = 19$、$L_p = 100$、单列链且水平布置、载荷平稳、工作环境正常、按推荐的润滑方式润滑、使用寿命 15000h；链因磨损而引起链节距的相对伸长量 $\Delta p/p \leqslant 3\%$。实际使用中，与上述条件不同时，需做适当的修正，由此得链传动的计算功率为

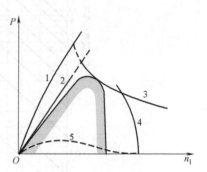

$$P_{ca} = K_A P \leqslant K_z K_L K_p P_0 \tag{10-10}$$

式中　P_{ca}——链传动的计算功率，单位为 kW；
　　　　P——链传动传递的功率，单位为 kW；
　　　　K_A——工作情况系数，见表 10-2；
　　　　K_z——小链轮的齿数系数，见表 10-3；
　　　　K_L——链长系数，见表 10-3；
　　　　K_p——多排链系数，见表 10-4。

图 10-10　滚子链的极限功率曲线

1—铰链磨损　2—链板疲劳
3—套筒、滚子冲击疲劳　4—铰链胶合
5—润滑不良、磨损严重

表 10-2　工作情况系数 K_A

载 荷 种 类	原 动 机	
	电动机或汽轮机	内燃机
平稳载荷	1.0	1.2
中等冲击载荷	1.3	1.4
较大冲击载荷	1.5	1.7

表 10-3　小链轮的齿数系数 K_z 和链长系数 K_L

链工作点在图 10-11 中的位置	位于曲线顶点左侧（链板疲劳）	位于曲线顶点右侧（滚子、套筒冲击疲劳）
小链轮的齿数系数 K_z	$\left(\dfrac{z_1}{19}\right)^{1.04}$	$\left(\dfrac{z_1}{19}\right)^{1.5}$
链长系数 K_L	$\left(\dfrac{L_p}{100}\right)^{0.25}$	$\left(\dfrac{L_p}{100}\right)^{0.5}$

表 10-4 多排链系数 K_p

排数 p_t	1	2	3	4	5	6
K_p	1.0	1.7	2.5	3.3	4.0	4.6

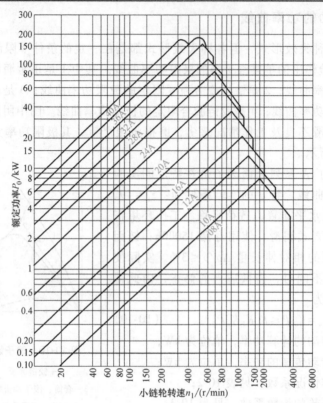

图 10-11　A 系列套筒滚子链的额定功率曲线

10.3.3　链传动主要参数的选择

（1）传动比　链传动的传动比一般为 $i<8$，推荐传动比 $i=2\sim3.5$。如传动比过大，则链包在小链轮上的包角过小，啮合的齿数太少，这将加速轮齿的磨损，容易出现跳齿，破坏正常啮合。通常包角最好不小于 120°，传动比在 3 左右。

（2）链轮的齿数　链轮的齿数不宜过多或过少。过少时，多边形效应的影响严重，加剧了传动的不均匀性，工作条件恶化，加速铰链的磨损。所以为了使传动较平稳及减少动载荷，小链轮的齿数宜取多些。在动力传动中，建议按表 10-5 来选取小链轮的齿数。

链轮的齿数也不宜过多，过多将缩短链的使用寿命。因为链节磨损后，套筒和滚子都被磨薄而且中心偏移，这时链与轮齿实际啮合的

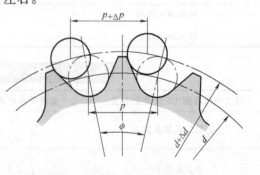

图 10-12　链节伸长对啮合的影响

节距将由 p 增至 $p+\Delta p$，链节必沿着轮齿齿廓向外移，因而分度圆的直径将由 d 增至 $d+\Delta d$，如图 10-12 所示。若 Δp 不变，则链轮齿数越多，分度圆直径的增量就越大，所以链节越向外移，因而链从链轮上脱落下来的可能性也就越大，链的使用寿命也就越短，因此通常限制大链轮的齿数 $z_2 \leqslant 120$。

表 10-5 小链轮的最小齿数

速度 $v/(\text{m/s})$	最小齿数 $z_{1\min}$	速度 $v/(\text{m/s})$	最小齿数 $z_{1\min}$
$0.6 \sim 3$	$\geqslant 15 \sim 17$	>8	$>23 \sim 25$
$3 \sim 8$	$\geqslant 21$		

（3）链节距 p　链节距越大，链和链轮齿各部分的尺寸也越大，链的传动能力也越强，但传动的速度不均匀性、动载荷、噪声等都将增加。因此，在设计时，在承载能力足够的条件下，应选取较小节距的单排链，而在高速重载时选取小节距的多排链。当速度较低、载荷较大时，可选取较大节距的链。

设计时，可由功率 P 和转速 n_1 由表 10-1 及图 10-11 或相关标准中选取节距（即链的型号）。

（4）传动的中心距 a 和链的长度 L　若链速一定，则当传动的中心距小、链节数少时，在单位时间内同一链节的曲伸次数势必增多，因此会加速链的磨损。中心距大、链较长，则链的弹性较好，抗振能力较高，又因磨损较慢，所以链的使用寿命较长。但中心距过大，又会发生松边上下颤动的现象，使传动不平稳。因此，正常条件下，推荐中心距 $a = (30 \sim 50)p$。

链的长度 L 可按下式求得

$$L = 2a + \frac{p}{2}(z_1 + z_2) + \frac{p^2}{a}\left(\frac{z_2 - z_1}{2\pi}\right)^2 \tag{10-11}$$

通常链长度以链节数 L_p 表示。将上式除以节距 p，即可得链节数 L_p 为

$$L_p = 2\frac{a}{p} + \frac{(z_1 + z_2)}{2} + \frac{p}{a}\left(\frac{z_2 - z_1}{2\pi}\right)^2 \tag{10-12}$$

将上式计算得到的链节数取为整数，且最好为偶数。再根据圆整后的链节数计算中心距为

$$a = \frac{p}{4}\left[\left(L_p - \frac{z_1 + z_2}{2}\right) + \sqrt{\left(L_p - \frac{z_1 + z_2}{2}\right)^2 - 8\left(\frac{z_2 - z_1}{2\pi}\right)^2}\right] \tag{10-13}$$

为保证链条松边有一合适的垂度 $f = (0.01 \sim 0.02)a$，实际中心距应比计算中心距小些，减少量 $\Delta a = (0.002 - 0.004)a$。

（5）验算链速

$$v = \frac{n_1 z_1 p}{60 \times 1000} \leqslant 15\text{m/s} \tag{10-14}$$

式中　v——链速，单位为 m/s。

（6）链传动作用在轴上的压轴力 F_Q　可近似地取

$$F_Q = K_Q F \tag{10-15}$$

式中　K_Q——压轴力系数，对于水平传动，$K_Q = 1.15$，对于垂直传动，$K_Q = 1.05$；

F——链传动的工作拉力，单位为 N。

$$F = 1000P/v \qquad (10\text{-}16)$$

式中　P——链传递的功率，单位为 kW。

例 10-1　已知电动机功率 $P = 5.5\text{kW}$，转速为 $n_1 = 1440\text{r/min}$，通过一级链传动减速后驱动一螺旋输送器，载荷平稳。要求传动比 $i = 3.2$，传动比误差范围为 $\pm5\%$，试设计此链传动。

解　（1）选择链轮的齿数　设 $v = 3 \sim 8\text{m/s}$，由表 10-5 取小链轮齿数 $z_1 = 21$，所以大链轮齿数 $z_2 = iz_1 = 3.2 \times 21 = 67.2$，取 $z_2 = 67$。

实际传动比 $i = 67/21 = 3.19$，误差远小于 $\pm5\%$，故符合要求。

（2）初步确定中心距

$$a_0 = 40p$$

（3）链条节数

$$L_p = 2\frac{a_0}{p} + \frac{(z_1+z_2)}{2} + \frac{p}{a_0}\left(\frac{z_2-z_1}{2\pi}\right)^2$$

$$= 2 \times \frac{40p}{p} + \frac{21+67}{2} + \frac{p}{40p}\left(\frac{67-21}{2\pi}\right)^2$$

$$\approx 125$$

取 $L_p = 126$。

（4）计算功率 P_{ca}　由表 10-2 查得 $K_A = 1.0$，故有

$$P_{ca} = K_A P = 1.0 \times 5.5\text{kW} = 5.5\text{kW}$$

（5）链条节距 p　由式（10-10）得

$$P_0 \geqslant \frac{P_{ca}}{K_z K_L K_p}$$

估计此链传动工作于图 10-11 所示曲线的左侧，由表 10-3 得

$$K_z = \left(\frac{z_1}{19}\right)^{1.04} = \left(\frac{21}{19}\right)^{1.04} = 1.11, \quad K_L = \left(\frac{L_p}{100}\right)^{0.25} = \left(\frac{126}{100}\right)^{0.25} = 1.06$$

采用单排链，由表 10-4，$K_p = 1.0$，则有

$$P_0 \geqslant \frac{5.5}{1.11 \times 1.06 \times 1.0}\text{kW} = 4.67\text{kW}$$

由图 10-11 查得当 $n_1 = 1440\text{r/min}$ 时，08A 链条能传递的功率为 6.8kW（>4.67kW），故采用 08A 链条，节距 $p = 12.7\text{mm}$。

（6）实际中心距　为便于张紧，将中心距设计成可调节的，所以不必计算实际中心距，可取

$$a \approx a_0 = 40p = 40 \times 12.7\text{mm} = 508\text{mm}$$

（7）验算链速　由式（10-14）得

$$v = \frac{n_1 z_1 p}{60 \times 1000} = \frac{1440 \times 21 \times 12.7}{60 \times 1000}\text{m/s} = 6.4\text{m/s}$$

符合要求。

（8）选择润滑方式　按 $p = 12.7\text{mm}$，$v = 6.4\text{m/s}$，由图 10-15 查得应采用油浴。

（9）计算压轴力 F_Q　由式（10-15），$F_Q = K_Q F$，取 $K_Q = 1.15$ 得

$$F = 1000P/v = 1000 \times \frac{5.5}{6.4}\text{N} = 859\text{N}$$

$$F_Q = K_Q F = 1.15 \times 859\text{N} = 988\text{N}$$

（10）链轮的结构设计　略。

10.3.4　链传动的布置和润滑

1. 链传动的合理布置

链传动合理布置的原则　两链轮的转动平面应在同一垂直平面内；两链轮中心连线最好是水平布置，或与水平面成 45° 以下的倾斜角，尽量避免垂直布置，以免与下方链轮啮合不良或脱离啮合，无法避免垂直安装时，应使上下链轮左右偏移一段距离（图 10-13a）；传动时应使紧边在上，避免松边在上时链条下垂而出现咬链现象（图 10-13b）。

2. 链传动的张紧方法

链传动中如松边垂度过大，将引起啮合不良和链条振动，且链条容易脱链，所以链传动也应给予适当的预紧，以控制链条的垂度。

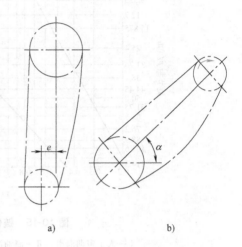

a)　　　　　b)

图 10-13　链传动的布置

张紧的方法很多，最常见的是移动链轮以增大传动的中心距。但如中心距不可调时，也可采用张紧轮达到张紧的目的，如图 10-14 所示。张紧轮应装在靠近主动链轮的松边上，张紧轮的直径应与小链轮的分度圆直径接近，张紧轮可以是带齿的，也可以是不带齿的。

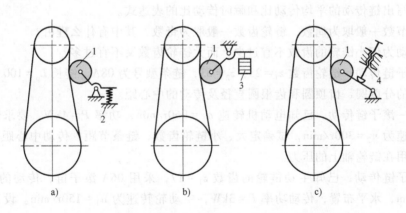

a)　　　　　　　　b)　　　　　　　　c)

图 10-14　链传动的张紧

a）利用弹簧张紧　b）利用重锤自动张紧　c）定期张紧装置

1—张紧轮　2—弹簧　3—重锤　4—调节螺旋

3. 链传动的润滑

链条铰链中有润滑油时，有利于缓和冲击、减少摩擦和降低磨损。润滑条件影响链传动的工作能力和使用寿命。

链传动的润滑方法可以根据图 10-15 选取。

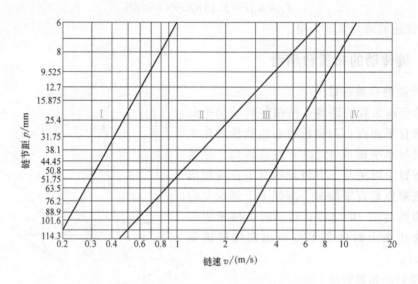

图 10-15 链传动推荐使用的润滑方法

Ⅰ—人工定期润滑 　Ⅱ—滴油润滑 　Ⅲ—油浴润滑 　Ⅳ—压力喷油润滑

思考题及习题

10-1 套筒滚子链的结构是如何组成的，链的节距和排数对链传动承载能力有何影响？

10-2 链传动工作时受有哪些力，这些力如何确定？

10-3 分别写出链传动的平均传动比和瞬时传动比的表达式。

10-4 链条节数一般取为偶数，链轮齿数一般取为奇数，其中有什么理由？

10-5 链传动为何小链轮的齿数不宜过少？而大链轮齿数又不宜过多？

10-6 一滚子链传动，链轮齿数 $z_1 = 23$，$z_2 = 63$，链条型号为 08A，链长 $L_p = 100$ 节，试求两链轮的分度圆、齿顶圆和齿根圆直径及传动的中心距。

10-7 设计一滚子链传动。已知电动机转速 $n_1 = 960$ r/min，功率 $P = 4$ kW，要求链传动的输出转速为 $n_2 = 300$ r/min，试确定大、小链轮齿数，链条节距，传动中心距，链节数以及作用在链轮轴上的压力。

10-8 一滚子链传动，已知主动链轮的齿数 $z_1 = 17$，采用 06A 滚子链，传动的中心距 $a = 500$ mm，水平布置，传动功率 $P = 3$ kW，主动轮转速为 $n_1 = 150$ r/min。设工作情况系数 $K_A = 1.2$，静强度安全系数 $n = 6$，试验算此链传动。

第11章 连接

11.1 概述

为满足制造、结构、装配、使用维修和运输等方面的要求，机械总是以一定的连接方法组合起来。被连接件间相互固定，不能做相对运动的称为静连接；能按一定的运动形式做相对运动的称为动连接（如铰链等）。但习惯上，机械设计中的连接通常指的是静连接，因此，本章讨论的所谓连接主要是指静连接。

连接按工作原理的分类见表 11-1。

表 11-1　连接的分类

连接	形锁合连接（如键连接、销连接、螺栓连接、铆接等）	
	材料锁合连接（利用分子力连接）	无附加材料（如接触焊、摩擦焊等）
		有附加材料（如钎焊、电弧焊、胶接等）
	力锁合连接	直接力锁合（如弹性力、磁力等）
		摩擦力锁合（如过盈配合连接等）

连接又可分为可拆连接和不可拆连接。

可拆连接可经多次装拆，且装拆时无须损伤连接中的任何零件，保证连接功能。属于这类连接的有螺纹连接、键连接、销连接及型面连接等。

不可拆连接是在拆开连接时，至少会损坏连接中的一个零件。这种连接有铆钉连接、焊接、胶接等。

至于过盈连接，则介于可拆和不可拆之间，视过盈量的大小决定是否可拆。一般宜用作不可拆连接，因过盈连接一经拆开，虽仍可使用，但承载能力将下降。过盈量小的，则可多次使用，影响较小。

在选择连接的类型时，通常以使用要求和经济性为依据。一般不可拆连接制造成本低，但运输和维修不便。可拆连接则便于安装、运输和维修。

对连接的强度要求，应力求连接件与被连接件之间的强度相等，以充分发挥连接中各零件的潜在的承载能力。但由于结构、工艺和经济上的原因，常常使连接不能达到等强度的要求，这时连接的强度由连接中最薄弱环节的强度决定。

本章主要讨论螺纹连接，并简要地介绍一些其他连接方法。

11.2 螺纹的主要参数

11.2.1 螺纹的分类

根据形成螺纹时平面图形的不同，可构成不同牙型的螺纹，如平面图形为矩形、三角形、梯形、锯齿形，则可构成相应的矩形螺纹、三角形（普通）螺纹、梯形螺纹和锯齿形螺纹，如图 11-1 所示。

螺纹布于圆柱体外表面的称为外螺纹，布于其内表面的称为内螺纹。内外螺纹组成的运动副称为螺纹副。

螺纹有左旋和右旋之分。图 11-2a、图 11-2c 所示为右旋螺纹，图 11-2b 所示为左旋螺纹。常用的是右旋螺纹，只有在有特殊要求时才采用左旋螺纹。

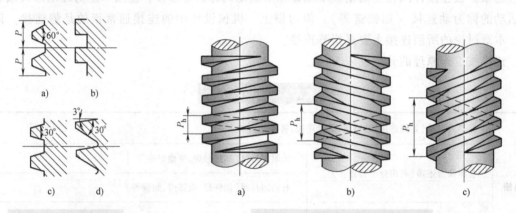

图 11-1 螺纹的分类 　　　　**图 11-2 不同旋向和线数的螺纹**

按照螺旋线数目的不同。螺纹可分为单线、双线和多线螺纹，螺纹的线数用 n 表示。为制造方便，一般 $n \leqslant 4$。图 11-2a 所示为单线螺纹，图 11-2b 所示为双线螺纹，图 11-2c 所示为三线螺纹。

表 11-2 列出了 GB/T 192—2003 常用螺纹的类型、牙型特点和应用。

表 11-2 常用螺纹

类别	牙　　型	特点和应用
普通螺纹	内螺纹 60° 外螺纹	牙型角 $\alpha = 60°$。牙根较厚，牙根强度高。当量摩擦系数较大，主要用于连接。同一公称直径按螺距的大小分粗牙和细牙。一般情况下用粗牙；薄壁零件或受动载荷的连接常用细牙
55°非密封管螺纹	内螺纹 55° 外螺纹	牙型角 $\alpha = 55°$，螺距以每英寸牙数计算，也有粗牙、细牙之分，多用于修配英、美等国家的零件

（续）

类别	牙　型	特点和应用
55°密封管螺纹		牙型角 $\alpha = 55°$，牙顶呈圆弧。旋合螺纹间无径向间隙，紧密性好，公称直径为管子直径，以英寸为单位。多用于压力在 1.57MPa 以下的管子连接
矩形螺纹		螺纹牙的剖面通常为正方形，牙厚为螺距的一半，尚未标准化。牙根强度较低，难于精确加工，磨损后间隙难于补偿，对中精度低。当量摩擦系数最小，效率较其他螺纹高，通常用于传动
梯形螺纹		牙型角 $\alpha = 30°$。效率比矩形螺纹低，但可避免矩形螺纹的缺点。广泛用于传动
锯齿形螺纹		工作面的牙型斜角为 $\beta = 3°$，非工作面的牙型斜角 $\beta = 30°$，兼有矩形螺纹效率高和梯形螺纹牙根强度高的优点，但只能用于单向受力的传动

11.2.2　螺纹的主要参数

以图 11-3 所示的普通外螺纹为例来说明螺纹的主要参数（括号内为对应的内螺纹参数）。

（1）**大径** d（D）　螺纹的最大直径，即与外螺纹牙顶（或内螺纹牙底）相重合的假想圆柱面的直径，是螺纹的公称直径。

（2）**小径** d_1（D_1）　螺纹的最小直径，即与外螺纹牙底（或内螺纹牙顶）相重合的假想圆柱面的直径。常作为外螺纹危险剖面的近似计算直径。

（3）**中径** d_2（D_2）　一个假想圆柱面的直径，在该圆柱面的母线上，螺纹牙厚度与牙间宽度相等。

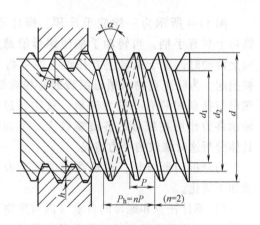

图 11-3　螺纹的主要参数

（4）**螺距** P　相邻两牙在中径上对应两点间的轴向距离。

（5）**导程** P_h　同一条螺旋线上的相邻两牙在中径上对应的两点间的轴向距离。设螺纹线数为 n，则有 $P_h = nP$。

（6）**螺纹升角** ϕ　在中径圆上的螺旋线的切线与垂直于螺纹轴线的平面间的夹角。

$$\tan\phi = \frac{P_h}{\pi d_2} = \frac{nP}{\pi d_2} \tag{11-1}$$

（7）牙型角 α　轴向剖面内螺纹牙型两侧面间的夹角。

（8）牙型斜角 β　轴向剖面内螺纹牙型一侧边与螺纹轴线的垂线间的夹角。

（9）螺纹牙的工作高度 h　内外螺纹相互旋合后螺纹接触面在垂直于螺纹轴线方向上的距离。

表 11-3 列出了常用的标准粗牙螺纹（粗牙普通螺纹）的基本尺寸。其他螺纹的尺寸可查阅有关标准。

表 11-3　粗牙普通螺纹（摘自 GB/T 196—2003）　　　　　　　（单位：mm）

公称直径 d	螺距 P	大径 d	中径 d_2	小径 d_1
6	1	6	5.350	4.917
8	1.25	8	7.188	6.647
10	1.5	10	9.026	8.376
12	1.75	12	10.863	10.106
16	2	16	14.701	13.835
20	2.5	20	18.376	17.294
24	3	24	22.051	20.752
30	3.5	30	27.727	26.211
36	4	36	33.402	31.670

注：粗牙普通螺纹的代号用"M"及"公称尺寸"表示，如大径 $d=20$mm 的粗牙普通螺纹的标记为 M20。

11.3　螺纹副的受力分析、效率和自锁

11.3.1　矩形螺纹受力分析

图 11-4 所示为一螺旋千斤顶，螺杆不动，螺母上装有手柄。当转动手柄使螺母沿螺旋面向上滑动时，置于螺母上方托盘上的重物 Q 即被抬起。为防止重物与螺母跟转或有相对滑动，螺母与托盘间装有一推力轴承，重物通过滚动轴承将力作用在螺母的各圈螺纹上。下面即来具体分析这时螺纹的受力情况。

为分析问题方便，对螺纹副的运动及受力做如下简化。

1）不计托盘和螺母的自重（因与重物 Q 相比较小），并不考虑与运动无关的螺母的具体形状，即将螺母视为一滑块。

2）作用于螺母各圈上的分布力简化为作用于滑块上的集中力。

由此，当转动螺母时，可将螺纹副简化为一滑块在水平驱动力 $\boldsymbol{F}_t$（相当于施加在螺母上

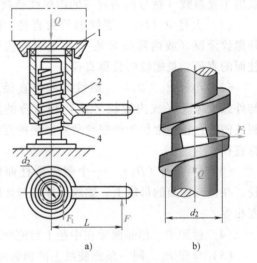

图 11-4　螺纹副受力的简化

1—托盘　2—螺母　3—手柄　4—螺杆

的外力矩）的推动下沿螺母表面等速向上移动，进一步将螺纹沿中径展开，则螺纹副的运动相当于一滑块（螺母）沿斜面（螺杆）等速向上移动。

通过简化，可以滑块沿斜面移动时的受力分析替代螺纹副相对运动时的受力分析。

在图11-5中，滑块等速上滑时，其上除受外载荷 Q、水平推力 F_t 外，还有斜面对滑块的法向反力 R_n 和与运动方向相反的摩擦力 $F_f = fR_n$。将 R_n 与 F_f 合成为 R，则 R 为斜面对滑块的总反力，R_n 与 R 之间的夹角称为摩擦角 ρ，由图11-5a可知

$$\tan\rho = \frac{F_f}{R_n} = \frac{fR_n}{R_n} = f \tag{11-2}$$

或

$$\rho = \arctan f$$

式中　f——螺纹副之间的滑动摩擦系数。

由于滑块等速运动，所以滑块上的力 Q、R、F_t 处于平衡，由力三角形（图11-5b）可得 F_t 为

$$F_t = Q\tan(\phi+\rho) \tag{11-3}$$

显然，旋紧螺母所需的转矩 T 为

$$T = F_t\frac{d_2}{2} = Q\tan(\phi+\rho)\frac{d_2}{2} \tag{11-4}$$

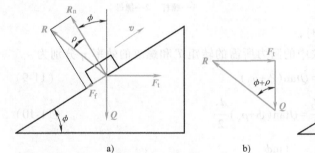 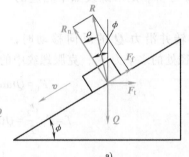

图11-5　滑块上滑时的受力分析图　　　　图11-6　滑块下滑时的受力分析图

等速向上旋紧螺母时，螺母旋转一周，驱动功 $W_1 = F_t\pi d_2$，升起重物所做的有效功 $W_2 = QP_h$，故螺纹副的效率 η 为

$$\eta = \frac{W_2}{W_1} = \frac{QP_h}{F_t\pi d_2} = \frac{Q\pi d_2\tan\phi}{Q\tan(\phi+\rho)\pi d_2} = \frac{\tan\phi}{\tan(\phi+\rho)} \tag{11-5}$$

当螺母等速向下旋转时，相当于滑块沿斜面等速下滑。此时作用在滑块上的力如图11-6a所示，Q 是下滑驱动力，F_t 为保持滑块等速下滑的支持力，R 为斜面作用于滑块上的法向反力 R_n 和摩擦力 F_f 的合力。滑块在 Q、R、F_t 作用下平衡，由力三角形（图11-6b）可得 F_t 为

$$F_t = Q\tan(\phi-\rho) \tag{11-6}$$

由式（11-6）知，当 $\phi=\rho$ 时，则 $F_t=0$，这时去掉 F_t，滑块仍保持平衡，不会自行下滑。当 $\phi<\rho$ 时，则 F_t 为负，即要使滑块沿斜面等速下滑，必须在滑块上加上与图11-6a中 F_t 相反的力，否则，无论 Q 有多大滑块也不会自行下滑，这种现象称为螺纹副的自锁。所以螺纹副的自锁条件为

$$\phi \leqslant \rho \tag{11-7}$$

11.3.2 非矩形螺纹受力分析

非矩形螺纹的受力分析与矩形螺纹相似。但由于非矩形螺纹的牙型角 $\alpha \neq 0$，如图 11-7 所示，若不考虑螺纹升角的影响，在轴向载荷 Q 的作用下，矩形螺纹的法向反力 $R_n = Q$（图 11-7a），而非矩形螺纹的法向反力 $R'_n = Q/\cos\beta$（图 11-7b），则非矩形螺纹的摩擦阻力为

$$fR'_n = \frac{fQ}{\cos\beta} = Qf_v \qquad (11\text{-}8)$$

$$f_v = \frac{f}{\cos\beta} = \tan\rho_v$$

式中　f_v——当量摩擦系数；

ρ_v——当量摩擦角；

β——螺纹牙型斜角。

由上面的分析可知，非矩形螺纹与矩形螺纹受力上的区别，仅表现在摩擦阻力上，因此用当量摩擦系数 f_v 及当量摩擦角 ρ_v 来替代式（11-2）~式（11-7）中的摩擦系数 f 及摩擦角 ρ，即可得非矩形螺纹如下相应的结论：

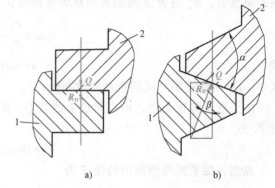

图 11-7　矩形螺纹与非矩形螺纹受力的比较

a）$\beta = 0°$　$R_n = Q$　b）$\beta \neq 0°$　$R'_n = Q/\cos\beta$

1—螺杆　2—螺母

当螺母旋转并沿力 Q 的反向移动时，作用于螺纹中径处的水平力 F_t，克服螺纹中的阻力所需的转矩 T 和螺纹的效率 η 分别为

$$F_t = Q\tan(\phi + \rho_v) \qquad (11\text{-}9)$$

$$T = F_t \frac{d_2}{2} = Q\tan(\phi + \rho_v)\frac{d_2}{2} \qquad (11\text{-}10)$$

$$\eta = \frac{\tan\phi}{\tan(\phi + \rho_v)} \qquad (11\text{-}11)$$

螺纹副的自锁条件为

$$\phi \leqslant \rho_v \qquad (11\text{-}12)$$

11.3.3 影响效率和自锁性能的几何因素

由式（11-1）可知，螺纹的线数 n 越多，螺距 P 越大，螺纹升角 ϕ 越大，在当量摩擦角 ρ_v 一定的情况下，根据式（11-11）可作出效率 η 与螺纹升角 ϕ 的关系曲线，如图 11-8 所示。螺纹升角 ϕ 一般不超过 25°，此时螺纹升角 ϕ 越大，效率越高。而由式（11-12）可知，ϕ 越大，自锁性能越差，所以在螺旋传动中，应采用多线、大螺距的螺纹，以提高传动效率；在螺纹连接中，应采用单线、小螺距的螺纹，以

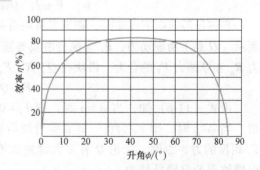

图 11-8　螺纹副的效率曲线

提高自锁性能，增加连接的可靠性。

在摩擦系数一定的情况下，牙型斜角 β 越大，则当量摩擦角 ρ_v 越大，效率越低，自锁性能越好。所以在螺旋传动中，为了提高效率，采用牙型斜角 β 小的螺纹，如矩形螺纹、梯形螺纹、锯齿形螺纹；在螺纹连接中，为了提高自锁性能，应采用牙型斜角 β 大的螺纹，如三角形螺纹。

11.4 螺纹连接的类型和螺纹连接件

螺纹连接的基本类型有螺栓连接（普通螺栓连接和铰制孔用螺栓连接）、双头螺柱连接、螺钉连接和紧定螺钉连接。各种连接的结构形式和应用见表 11-4。

螺纹连接所用的连接件，如螺栓（包括普通螺栓和铰制孔用螺栓）、双头螺柱、螺钉、螺母、垫圈及其他一些附件等大多已标准化，设计时可按螺纹标准直径从标准中选用具体的类型及尺寸。

表 11-4 螺纹连接的主要类型

连接类型		结　　构	主要尺寸关系	特点和应用
螺栓连接	普通螺栓	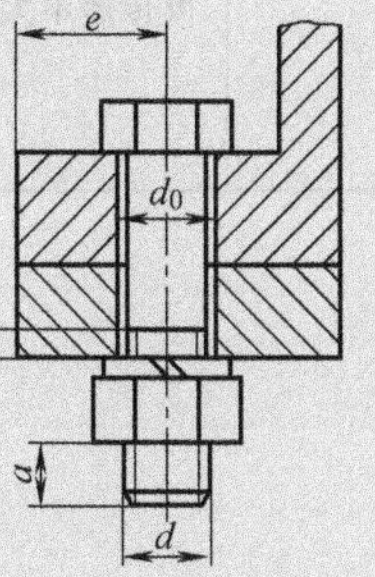	螺纹余留长度 l_1 普通螺栓连接 静载荷 $l_1 \geq (0.3 \sim 0.5)d$ 变载荷 $l_1 \geq 0.75d$ 冲击、弯曲载荷 $l_1 \geq d$ 铰制孔用螺栓 l_1 尽可能小 螺纹伸出长度 $a \approx (0.2 \sim 0.3)d$ 螺栓轴线到被连接件边缘的距离 $e = d + (3 \sim 6)$ mm	无须在被连接件上切制螺纹，使用不受被连接件材料的限制。结构简单，拆装方便，应用广泛。用于可制通孔的场合
	铰制孔用螺栓	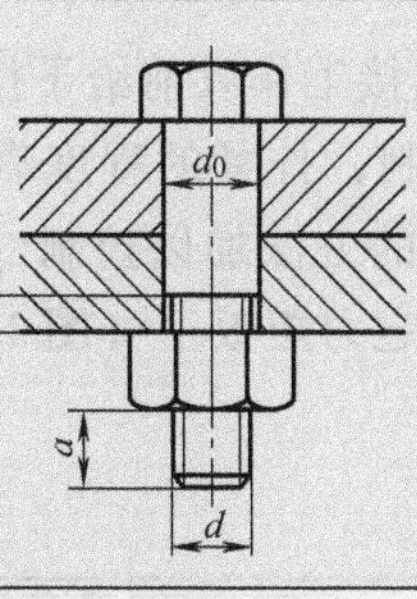		
双头螺柱连接		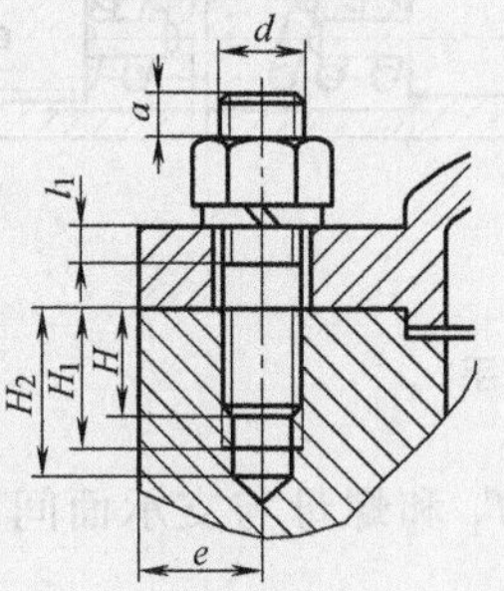	螺纹旋入深度，当螺纹孔零件为钢或青铜 $H \approx d$ 铸铁 $H \approx (1.25 \sim 1.5)d$ 铝合金 $H \approx (1.5 \sim 2.5)d$ 螺纹孔深度 $H_1 \approx H + (2 \sim 2.5)P$ 钻孔深度 $H_2 \approx H_1 + (0.5 \sim 1)d$ l_1、a、e 同上 （式中 P——螺距）	双头螺柱的一端旋入并紧定在被连接件之一的螺纹孔中。用于结构受限制而不能用螺栓或要求连接较紧凑的场合

（续）

连接类型	结 构	主要尺寸关系	特点和应用
螺钉连接		螺纹旋入深度,当螺纹孔零件为钢或青铜 $H \approx d$ 铸铁 $H \approx (1.25 \sim 1.5)d$ 铝合金 $H \approx (1.5 \sim 2.5)d$ 螺纹孔深度 $H_1 \approx H + (2 \sim 2.5)P$ 钻孔深度 $H_2 \approx H_1 + (0.5 \sim 1)d$ l_1、a、e 同上 （式中 P——螺距）	螺钉连接不用螺母,应用与双头螺柱相似,但不宜用于经常装拆的连接,以免损坏被连接件的螺纹孔
紧定螺钉连接		$d = (0.2 \sim 0.3)d_h$ 当力和转矩大时取大值	旋入被连接件之一的螺纹孔中,其末端顶住另一被连接件的表面或顶入相应的坑中,以固定两个零件的相互位置,并可传递不大的力或转矩

11.5 螺纹连接的拧紧与防松

11.5.1 螺纹连接的拧紧

对于一些有刚性、紧密性要求的螺纹连接,则必须在连接工作以前给予拧紧,即必须给予适当的预紧力 F'。对于一般连接,往往对预紧力不加控制,拧紧的程度靠经验而定;对于重要的连接（如气缸盖的螺栓连接）,预紧力必须用一定的方法加以控制,以满足连接强度和密封性的要求。拧紧时常用测力矩扳手（图11-9a）或定力矩扳手（图11-9b）。

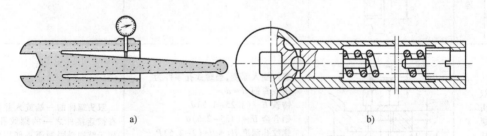

a)   b)

图11-9 测力矩扳手和定力矩扳手

拧紧螺母时,需要克服螺纹副相对运动的螺纹阻力矩 T_1 和螺母与支承面间的摩擦阻力矩 T_2,因此拧紧力矩 $T = T_1 + T_2$,如图11-10所示,又因为

$$T_1 = F_t \frac{d_2}{2} = F'\tan(\phi+\rho)\frac{d_2}{2}$$

$$T_2 = f'F'r'$$

所以
$$T = \frac{F'd_2}{2}\tan(\phi+\rho)+f'F'r' \tag{11-13}$$

式中　f'——螺母与被连接件支承面之间的摩擦系数，无润滑时可取 $f'=0.15$；

　　　r'——摩擦半径，单位为 mm，对于螺母的环形支承面，可近似地取 $r'=\dfrac{(D_1+d_0)}{4}$；

　　　D_1——螺母支承面的外径，单位为 mm；

　　　d_0——螺母支承面的内径，单位为 mm。

对于 M10~M68 的粗牙普通螺纹，若取 $\tan\rho_v = 0.15$ 及 $f'=0.15$，$d_2 = 0.9d$，$D_1 = 1.7d$，$d_0 = 1.1d$，则式（11-13）可简化为

$$T = k'F'd \approx 0.2F'd \tag{11-14}$$

式中　d——螺纹的公称直径，单位为 mm；

　　　F'——预紧力，单位为 N；

　　　k'——拧紧力矩系数；

　　　T——拧紧力矩，单位为 N·mm。

由于摩擦系数的不稳定和加在扳手上的力难于准确控制，有时可能拧得过紧而将螺栓拧断。因此对于要求拧紧的强度螺栓连接应严格控制其拧紧力，并不宜用小于 M12~M16 的螺栓。

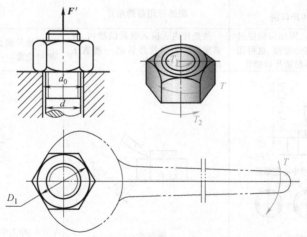

图 11-10　螺纹副的拧紧

11.5.2　螺纹连接的防松

在静载荷下，螺纹连接能满足自锁的条件，因此工作可靠，但在冲击、振动或变载荷下或当温度变化大时，连接就有可能松动，影响连接的牢固性和紧密性，甚至会造成严重的事故。为使连接安全可靠，必须采取防松措施。

防松的关键在于防止螺母和螺栓之间的相对运动，常见的防松方法见表 11-5。

表 11-5　常见的防松方法

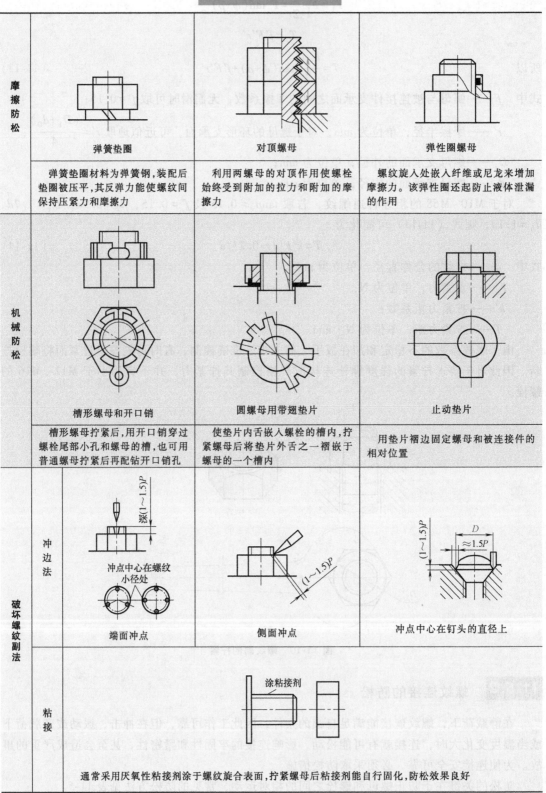

摩擦防松	弹簧垫圈	对顶螺母	弹性圈螺母
	弹簧垫圈材料为弹簧钢,装配后垫圈被压平,其反弹力能使螺纹间保持压紧力和摩擦力	利用两螺母的对顶作用使螺栓始终受到附加的拉力和附加的摩擦力	螺纹旋入处嵌入纤维或尼龙来增加摩擦力。该弹性圈还起防止液体泄漏的作用
机械防松	槽形螺母和开口销	圆螺母用带翘垫片	止动垫片
	槽形螺母拧紧后,用开口销穿过螺栓尾部小孔和螺母的槽,也可用普通螺母拧紧后再配钻开口销孔	使垫片内舌嵌入螺栓的槽内,拧紧螺母后将垫片外舌之一褶嵌于螺母的一个槽内	用垫片褶边固定螺母和被连接件的相对位置
破坏螺纹副法	冲边法		
	端面冲点	侧面冲点	冲点中心在钉头的直径上
	粘接		
	通常采用厌氧性粘接剂涂于螺纹旋合表面,拧紧螺母后粘接剂能自行固化,防松效果良好		

11.6 螺栓组连接的设计和强度计算

11.6.1 螺栓组连接的结构设计

大多数情况下，螺纹连接件都是成组使用的，通过对螺栓组连接的受力分析，找出螺栓组中受力最大的螺栓，求出其所受力的大小和方向，然后确定螺栓的公称直径。设计螺栓组连接时，除应满足强度条件外，还应有合理的结构设计。螺栓的结构设计应注意以下几个方面的问题：

1) 连接接合面的几何形状通常设计成轴对称的简单几何形状，如图 11-11 所示。

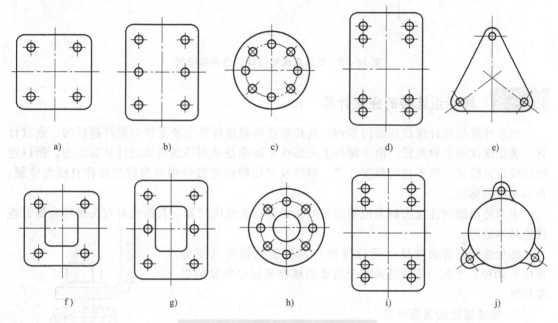

图 11-11 螺栓组连接接合面的形状

2) 螺栓的布置应使各螺栓的受力合理，如图 11-12 所示。

3) 分布在同一圆周上的螺栓数目应取为偶数。同一螺栓组中螺栓的材料、直径和长度均应相等。

4) 螺栓的排列应有合理的间距、边距，以满足操作所需的空间及压力容器的紧密性等要求。

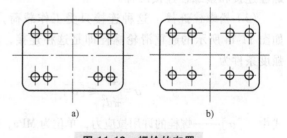

图 11-12 螺栓的布置

a) 合理 b) 不合理

5) 在图 11-13 中，若被连接件的支承表面不平或倾斜，以及螺母支承面倾斜，螺纹连接将受到偏心载荷，在螺栓剖面内产生附加弯曲应力，总的拉应力可能比单纯的拉伸应力大很多。根据理论分析推导计算，若载荷偏心距 e 等于螺纹的小径，总的拉应力将为单纯受拉时的 9 倍，这将大大降低连接的承载能力。因此，必须注意使支承表面平整。例如，在不平整的被连接件表面上制造出经过切削加工的凸台或凹坑，螺母及螺栓头支承表面也要经过切削加工，螺纹应有必要的精度，采用合适的垫圈（如斜垫圈）等。

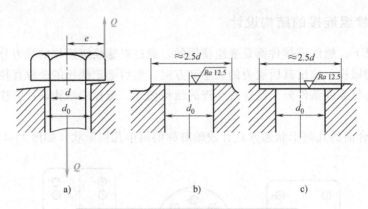

图 11-13 支承表面的倾斜、凸台和凹坑

11.6.2 螺栓组连接的强度计算

强度计算是设计螺纹连接的基础。连接螺纹的强度计算主要是针对螺杆进行的，通过计算，确定螺纹的公称直径。由于螺杆上的螺纹牙标准是采用等强度原理计算制定的，所以连接螺纹的螺纹牙一般不进行强度计算。螺母及其他螺纹连接件则以螺纹的公称直径为依据，查取相应的标准。

本节将以螺栓连接为例来说明连接的受力分析和强度计算，其结论对双头螺柱和螺钉连接也基本适用。

螺栓连接有普通螺栓（受拉螺栓）和铰制孔螺栓（受剪螺栓）两种。下面分别就这两种受力类型螺栓来讨论螺栓的强度计算。

1. 普通螺栓的强度计算

普通螺栓连接根据连接在工作之前是否加以预紧可分为松螺栓连接和紧螺栓连接两种。

（1）松螺栓连接 这种连接只受工作载荷，且是静载荷。如图 11-14 所示的起重滑轮螺栓即是这种连接，其螺纹部分的强度条件为

$$\sigma = \frac{4F}{\pi d_1^2} \leq [\sigma] \qquad (11\text{-}15)$$

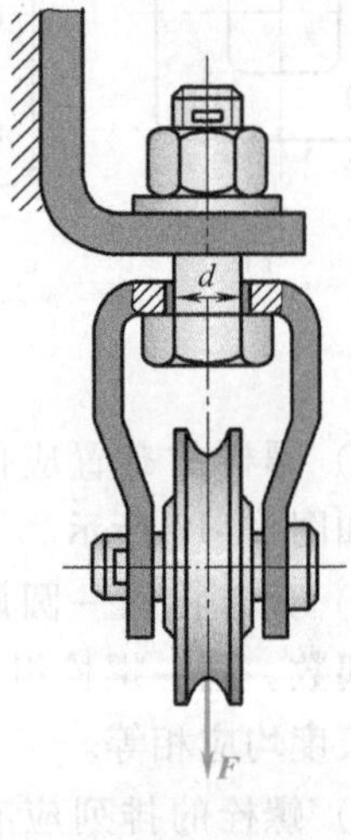

式中 $[\sigma]$——螺栓的许用拉应力，单位为 MPa，见表 11-8；

d_1——螺栓的小径，单位为 mm；

F——外载荷，单位为 N。

图 11-14 起重滑轮的松螺栓连接

（2）紧螺栓连接 普通紧螺栓连接在装配时必须拧紧，即在承受工作载荷之前，螺栓就已有一定的预紧力 F'（轴向拉力）。这种连接既能承受静载荷，又能承受变载荷。

1）只受预紧力作用的紧螺栓连接。图 11-15 所示为靠摩擦力传递横向载荷的普通螺栓

连接，螺栓轴向只受预紧力 F'，这时，被连接件间的正压力为 F'，依靠接合面间产生的摩擦力来传递横向外载荷 F_R。

假设螺栓连接接合面间的摩擦力集中在螺栓中心处，则根据力平衡得

$$F_R = fF'm$$

为了安全起见，设计时给横向载荷乘上一系数 K，即

$$KF_R = fF'm$$

$$F' = \frac{KF_R}{fm} \tag{11-16}$$

式中 f——被连接件接合面之间的摩擦系数；

  m——被连接件接合面数目，图 11-15a 中，$m=1$，图 11-15b 中，$m=2$；

  K——考虑摩擦传力的可靠系数，$K = 1.1 \sim 1.5$。

若 $K = 1.2$，$m = 1$，$f = 0.15$，则由式（11-16）可得 $F' \approx 8F_R$，可见螺栓受力较大。所以在受横向载荷时，其承载能力不及铰制孔螺栓，但由于加工容易，连接方便，故应用仍然很广。

由上面分析可知，只受预紧力作用的螺栓其失效形式是螺杆拉断或由于摩擦力不足以传递横向载荷而使被连接件间发生错位，导致螺纹处发生塑性变形。

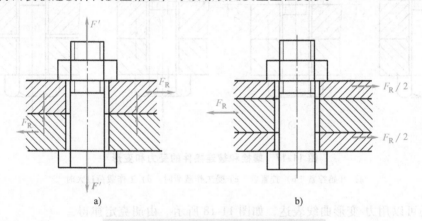

a)   b)

图 11-15 只受预紧力作用的紧螺栓连接

拧紧螺栓使预紧力 F' 达到所需的值，需要对螺纹施加力矩 T。因此，螺杆最危险的状态应是螺栓的危险截面上受有力 F' 引起的拉伸应力 σ 和由转矩 T 引起的扭剪应力 τ 的复合作用时，根据第四强度理论，其螺纹部分的强度条件可简化为

$$\sigma_v = \frac{1.3F'}{\pi d_1^2/4} = \frac{4 \times 1.3F'}{\pi d_1^2} \leq [\sigma] \tag{11-17}$$

式中 σ_v——螺栓的当量拉应力，单位为 MPa；

  $[\sigma]$——螺栓的许用拉应力，单位为 MPa，见表 11-8。

2）既受预紧力又受工作载荷的螺栓。图 11-16 所示为压力容器盖螺栓连接，是既受预紧力又受工作载

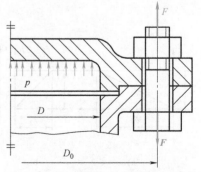

图 11-16 压力容器盖的螺栓连接

荷的螺栓连接的典型实例。现取其中一个螺栓进行受力分析。

图 11-17a 所示为螺母刚好与被连接件接触，但尚未拧紧。图 11-17b 所示为螺栓已被拧紧，但尚未受工作载荷，这时螺栓承受预紧拉力 F'，螺栓的伸长量为 δ_1；根据作用力与反作用力之间的关系，被连接件之间也承受预紧压力 F'，压缩量为 δ_2，在弹性范围内有：$c_1 = \dfrac{F'}{\delta_1}$ 和 $c_2 = \dfrac{F'}{\delta_2}$。式中，$c_1$、$c_2$ 分别为螺栓和被连接件的刚度。图 11-17c 所示为气缸充气以后，螺栓在原来预紧力的基础上又承受到一个工作载荷 F，在工作载荷 F 的作用下，螺栓又伸长了 $\Delta\delta_1$，这时螺栓的总伸长量为 $\delta_1 + \Delta\delta_1$，螺栓所受的力由 F' 增至 F_0，由于螺栓的伸长，被连接件被放松，其压缩量由 δ_2 减至 $\delta_2 - \Delta\delta_2$，压力由 F' 减至 F''，F'' 称为剩余预紧力。这时螺栓所受的总拉力 F_0 由两部分组成：一是因作用力与反作用力的关系，受被连接件给予的剩余预紧力 F''，二是工作载荷 F，所以有

$$F_0 = F'' + F \tag{11-18}$$

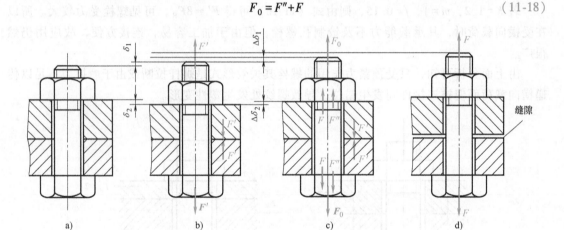

图 11-17　螺栓和被连接件的受力和变形

a）开始拧紧　b）拧紧后　c）受工作载荷时　d）工作载荷过大时

上述分析还可以用力-变形曲线表达，如图 11-18 所示。由胡克定律得

$$\Delta\delta_1 = \frac{F_0 - F'}{c_1} = \frac{F'' + F - F'}{c_1} \tag{a}$$

$$\Delta\delta_2 = \frac{F' - F''}{c_2} \tag{b}$$

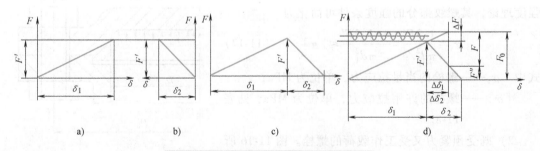

图 11-18　螺栓和被连接件的刚度曲线

由变形协调条件得 $\qquad\qquad\qquad \Delta\delta_1 = \Delta\delta_2$ $\qquad\qquad\qquad$ （c）

联立式（a）、式（b）、式（c）得

$$F_0 = F' + \frac{c_1}{c_1 + c_2}F \qquad\qquad (11\text{-}19)$$

$$F' = F'' + \frac{c_2}{c_1 + c_2}F \qquad\qquad (11\text{-}20)$$

式（11-19）中的 $\frac{c_1}{c_1 + c_2}$ 称为螺栓的相对刚度，式（11-20）中的 $\frac{c_2}{c_1 + c_2}$ 称为被连接件的相对刚度，其值与螺栓和被连接件材料、结构、尺寸、垫片有关，对于钢制的螺栓和钢制的被连接件，其值可查表11-6。

表 11-6 螺栓的相对刚度 $c_1 / (c_1 + c_2)$

金属垫片或无垫片	皮革垫片	铜皮石棉垫片	橡胶垫片
0.2~0.3	0.7	0.8	0.9

随着 F 的增加，剩余预紧力 F'' 要减小。当工作载荷增大到一定程度时，剩余预紧力 F'' 为零，这时若继续增加 F，则被连接件之间就会出现缝隙，如图 11-17d 所示，这是不允许的。所以为保证连接的紧密性，必须维持一定的剩余预紧力 F''。对于一般连接，外载荷稳定时，可取 $F'' = (0.2 \sim 0.6)F$；当外载荷有变化时，可取 $F'' = (0.6 \sim 1.0)F$；对于有紧密性要求的螺栓连接，可取 $F'' = (1.5 \sim 1.8)F$。由上面的分析可得螺栓的强度条件为

$$\sigma_v = \frac{4 \times 1.3 F_0}{\pi d_1^2} \leqslant [\sigma] \qquad\qquad (11\text{-}21)$$

式中的系数 1.3 是考虑可能在外载荷作用下补充拧紧而产生扭剪应力的影响将拉应力增大30%。许用应力 $[\sigma]$ 见表11-8。

2. 铰制孔螺栓的强度计算

在受横向载荷的铰制孔螺栓的连接中，如图 11-19 所示，载荷是靠螺栓杆的剪切以及螺栓杆和被连接件之间的挤压来传递的，所以连接只需很小的预紧力。这种连接的失效形式有两种，一是螺杆受剪面的塑性变形或剪断；二是螺杆与被连接件中较弱者的挤压面被压溃。忽略接合面间的摩擦，则螺栓杆的剪切和挤压强度分别为

$$\tau = \frac{F_R}{\frac{\pi}{4}d_0^2 m} \leqslant [\tau] \qquad\qquad (11\text{-}22)$$

$$\sigma_p = \frac{F_R}{d_0 h_{min}} \leqslant [\sigma_p] \qquad\qquad (11\text{-}23)$$

式中 $\quad d_0$ ——螺栓杆受剪切部分的直径，单位为 mm；

$\qquad m$ ——螺栓杆受剪面的数目，图 11-19a 中，$m=1$；图 11-19b 中，$m=2$；

$\qquad [\tau]$ ——螺杆的许用切应力，单位为 MPa，见表11-8；

$\qquad h_{min}$ ——挤压面的最小高度，单位为 mm；

$\qquad [\sigma_p]$ ——螺栓杆或被连接件的许用挤压应力，单位为 MPa，见表11-8。

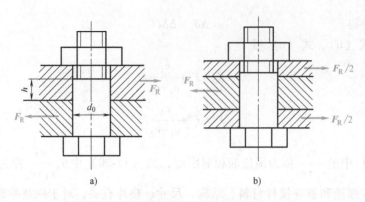

图 11-19 受横向载荷作用的铰制孔螺栓连接

11.6.3 螺栓的材料及许用应力

螺栓的常用材料为 Q215、Q235、10、35 和 45 钢，重要或有特殊用途的螺栓材料可采用 15Cr、30CrMnSi 等高强度钢。常用的螺栓材料的力学性能见表 11-7。螺栓材料的许用应力及安全系数可参见表 11-8。

表 11-7 螺栓材料及其力学性能

钢号	抗拉强度 σ_b/MPa	屈服强度 σ_s/MPa	钢号	抗拉强度 σ_b/MPa	屈服强度 σ_s/MPa
10	340~420	210	45	650	360
Q215	340~420	220	40Cr	750~1000	650~900
Q235	410~470	240	HT150	150	—
35	540	320	HT200	200	—

表 11-8 螺栓的许用应力

受载状态		许用应力		安全系数					
不预紧		$[\sigma]=\sigma_s/n$		n 在 1.2~1.7 之间选取					
预紧	轴向载荷	$[\sigma]=\sigma_s/n$	材料	静载荷			变载荷		
				M6~M16	M16~M30	M30~M60	M6~M16	M16~M30	M30~M60
			不控制预紧力 碳钢	4~3	3~2	2~1.3	10~6.5	6.5	10~6.5
			合金钢	5~4	4~2.5	2.5	7.5~5	5	7.5~5
			控制预紧力	n 在 1.2~1.5 之间选取					
	横向载荷	孔 $[\sigma]=\sigma_s/n$		n 在 1.2~1.7 之间选取					
		铰孔	$[\tau]=\tau_s/n_\tau$ 钢：$[\sigma_p]=\sigma_s/n$ 铸铁：$[\sigma_p]=\sigma_b/n$	静载时 $n_\tau=2.5$；变载时 $n_\tau=3.5$~5 静载时 $n=1.25$；变载时按静载 $[\sigma_p]$ 降低 20%~30% 静载时 $n=2$~2.5；变载时按静载 $[\sigma_p]$ 降低 20%~30%					

例 11-1 图 11-20 所示为一凸缘联轴器。已知用八只螺栓连接，螺栓中心圆直径 $D=195mm$，联轴器传递的转矩 $T=1.1kN \cdot m$，试确定螺栓直径。

解 作用于联轴器上的转矩通过螺栓连接传递，因此螺栓受到与螺栓轴线垂直并与直径为 D 的圆周相切的圆周力。总的圆周力 $F_\Sigma=2T/D$。由于各螺栓受力情况相同，故每个螺栓

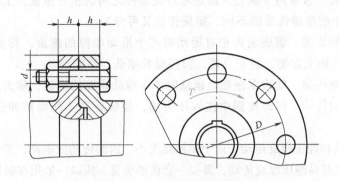

图 11-20　凸缘联轴器中的螺栓连接

连接处受到载荷 $F_\Sigma/8$。由于螺栓杆与孔之间有间隙，圆周力需靠接合面间的摩擦力来传递，为此，螺栓装配时必须拧紧。所以这是受横向载荷的紧螺栓连接，可按式（11-16）和式（11-17）确定螺栓的直径。

（1）每个螺栓连接处受到的外载荷 F_R

$$F_R = \frac{F_\Sigma}{8} = \frac{T}{4D} = \frac{1.1}{4 \times 0.195} \text{kN} = 1.41 \text{kN}$$

（2）每个螺栓的预紧力 F'　螺栓连接的接合面数 $m=1$，接合面间的摩擦系数 f 取为 0.2，摩擦传力的可靠系数 K 取为 1.2，根据式（11-16）得

$$F' = \frac{KF_R}{mf} = \frac{1.2 \times 1.41}{1 \times 0.2} \text{kN} = 8.46 \text{kN}$$

（3）螺栓的直径　用试算法来确定螺栓的直径。假定螺栓直径 $d=16$mm，螺栓材料采用 Q235 钢，由表 11-7 得 $\sigma_s = 240$MPa，由表 11-8 查得许用拉应力 $[\sigma] = (240/3)$MPa = 80MPa，由式（11-17）求得螺纹小径为

$$d_1 = \sqrt{\frac{4 \times 1.3F'}{\pi[\sigma]}} = \sqrt{\frac{4 \times 1.3 \times 8.46 \times 10^3}{3.14 \times 80}} \text{mm} = 13.2 \text{mm}$$

由表 11-3 查得标准粗牙普通螺纹大径 $d=16$mm，小径 $d_1=13.835$mm，与计算结果较接近，故原假定合适，采用 M16 的普通螺栓。

11.7　螺旋传动

11.7.1　螺旋传动的分类

螺旋传动主要用来把回转运动变为直线运动，同时传递运动和动力。螺旋传动按照功能可分为以下三种。

（1）传力螺旋　以传递动力为主，通常要求以较小的转矩产生较大的轴向力，工作时间较短，如螺旋千斤顶、螺旋压力机等中的螺旋传动就属于这一类。

（2）传导螺旋　以传递运动为主，要求具有较高的运动精度，速度较高，且能较长时间连续工作，如机床的进给系统传动装置。

（3）调整螺旋　常常用于调整并固定零件或部件之间的相对位置，工作时间短且间断。

按照螺旋副中的摩擦性质的不同，螺旋传动又可分为：

（1）滑动螺旋传动　螺旋副做相对运动时产生滑动摩擦的螺旋，称为滑动螺旋。这种运动副结构简单，加工方便，易于自锁，但传动效率低，易磨损。

（2）滚动螺旋传动　螺旋副做相对运动时产生滚动摩擦的螺旋，称为滚动螺旋。

（3）静压螺旋传动　向螺旋副中注入压力油，使螺旋副工作面被油膜分开的螺旋，称为静压螺旋。

滚动螺旋传动和静压螺旋传动，由于摩擦损失小，因而传动效率高，工作寿命长。但结构复杂，成本高，尤其是静压螺旋传动，需要一套供油装置，所以一般用在运动精度要求较高或有特殊要求的场合。应注意的是，滚动螺旋传动和静压螺旋传动一般不具备自锁的功能。

本节仅介绍常用的滑动螺旋传动。

11.7.2　螺旋传动的材料、失效形式和计算准则

（1）螺杆的材料　螺杆材料应具有足够的强度、较强的耐磨性和良好的加工工艺性，一般采用 45 或 50 钢，并经过调质处理。对一些重要的螺杆，需具有较高的硬度和耐磨性的可采用 65Mn、40Cr 或 18CrMnTi 等材料。

（2）螺母的材料　螺母材料要求具有足够的耐磨性和较好的减摩性，其材料要比螺杆的材料软些，这样可减轻螺杆的磨损。常用的材料有 ZCuSn10Pb1、ZCuSn5Pb5Zn5；低速重载时可采用 ZCuAl10Fe3；低速轻载时可用耐磨铸铁或灰铸铁。

（3）螺旋传动的失效形式和计算准则　滑动螺旋传动常用梯形或锯齿形螺纹。其失效形式主要是螺纹的磨损，因此常先由耐磨性条件，计算出螺杆的直径和螺母的高度，并参照有关标准确定螺杆及螺母的主要参数，然后再对可能发生的其他失效形式一一进行校核。

11.7.3　螺旋传动的设计计算

以图 11-21 所示的螺旋千斤顶为例来说明螺旋传动的设计计算内容及步骤。

（1）根据耐磨性确定螺杆的直径　影响磨损的因素有很多，如表面的加工情况、相对滑动速度、润滑情况等，但主要因素是接触表面上的压强的大小。压强越大，接触表面的润滑油越容易被挤出，磨损也越严重。因此耐磨性计算通常是限制螺纹接触处的压强的大小。

在图 11-22 中，设作用在螺杆上的轴向力为 Q（单位为 N），螺母高度为 H（单位为 mm），螺距为 P（单位为 mm），螺纹的工作圈数 $z = H/P$，螺纹的中径为 d_2（单位为 mm），螺纹的工作高度为 h（单位为 mm），则螺纹的承压面积 A（单位为 mm^2）为

$$A = \pi d_2 h z$$

所以螺纹接触面间的压强 p（单位为 MPa）为

$$p = \frac{Q}{A} = \frac{Q}{\pi d_2 h z} \leqslant [p] \tag{11-24}$$

式中　$[p]$——许用压强，单位为 MPa，见表 11-9。

式（11-24）即为螺旋传动的耐磨性条件。

引入系数 $\varphi = H/d_2$、$k = h/p$ 并代入式（11-24）中，可得设计公式

$$d_2 \geqslant \sqrt{\frac{Q}{\pi\varphi k[p]}} \tag{11-25}$$

表 11-9　螺旋传动材料的许用压强 $[p]$

（单位：MPa）

应用范围	螺杆——螺母材料		
	钢(不淬火)——铸铁	钢(不淬火)——青铜	钢(淬硬磨光)——青铜
传动螺旋	5~9	9~12	15~20
传导螺旋	4~6	8~10	12~18
调整螺旋	1.6~2.4	2.4~3.6	5~7

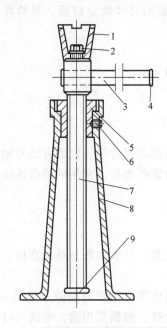

图 11-21　螺旋千斤顶

1—托杯　2—螺钉　3—手柄　4、9—挡环
5—螺母　6—紧定螺钉　7—螺杆　8—底座

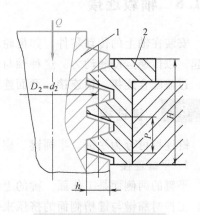

图 11-22　螺纹副的受力

1—螺杆　2—螺母

系数 φ 按结构特点选取：对于整体式螺母，由于磨损后不能调整间隙，为使受力比较均匀，螺纹工作圈数不宜过多，即螺母高度 H 不能太大，取 $\varphi = 1.2 \sim 2.5$；对剖分式螺母，$\varphi = 2.5 \sim 3.5$。系数 k 由螺纹种类决定：梯形和矩形螺纹 $k = 0.5$，锯齿形螺纹 $k = 0.75$。

求出 d_2 后，应在标准中找出与计算相近的螺纹的标准直径。螺母高度为 $H = \varphi d_2$，并将 H 圆整为整数。

（2）校核螺杆强度　分析螺杆的受力，螺杆除受压力 Q 外，在传动过程中，还受有螺纹副的转矩 T_1，同样地，在 Q 和 T_1 的作用下，利用第四强度理论将螺杆的受力简化为只受 $1.3Q$ 力作用，则螺杆的强度条件为

$$\sigma = \frac{1.3Q}{\dfrac{\pi d_1^2}{4}} = \frac{4 \times 1.3Q}{\pi d_1^2} \leqslant [\sigma] \tag{11-26}$$

式中　d_1——螺纹的小径，单位为 mm；

$[\sigma]$——许用应力，$[\sigma]=\sigma_s/n$，单位为 MPa；

σ_s——材料的屈服强度，单位为 MPa；

n——安全系数，一般取 $n=3\sim5$，直径越小，n 值应取大值。

注意：式（11-26）并不是适用于任何一种传动形式。对于其他形式的螺旋传动，应根据具体的结构形式，对螺杆进行受力分析，找出危险时刻和螺杆的危险截面，再确定螺杆的强度计算方法。

（3）稳定性计算 当螺杆长度 $l\geq(7.5\sim10)d_1$ 时，受压螺旋还要进行稳定性验算，验算方法可参照材料力学有关内容。

（4）验算自锁条件 对要求自锁的螺旋传动，当螺旋的尺寸确定以后，要验算自锁条件。即

$$\phi\leq\rho_v$$

由于摩擦系数的不稳定，为可靠起见，一般应使 $\phi+1\leq\rho_v$。

11.8　轴毂连接

安装在轴上的传动零件，如齿轮、带轮等都以它们的轮毂部分用一定的方法与轴连接在一起，以传递运动和动力。这种轴与毂之间的连接统称为轴毂连接。常用的轴毂连接有键连接、过盈配合连接、销连接、型面连接等。

11.8.1　键连接

键连接可分为平键、半圆键、楔键及花键连接等几大类，且大多数都是标准件。

1. 平键连接

平键的两侧面是工作面，键的上表面与轮毂上的键槽底部之间留有间隙，如图 11-23 所示。工作时靠键与键槽侧面的挤压来传递转矩，定心性较好。根据其用途，平键又可分为普通平键、导向平键和滑键等。

（1）普通平键 其结构如图 11-23 所示，按键端形状分为圆头（A 型）、方头（B 型）

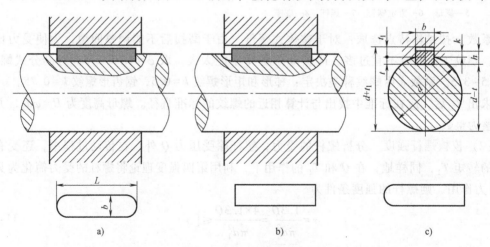

a)　　　　　　　　b)　　　　　　　　c)

图 11-23　普通平键连接

a) A 型　b) B 型　c) C 型

和单圆头（C型）键三种，可根据具体的使用场合选用。轴上的键槽可用指形齿轮铣刀（图11-23a）或盘状铣刀（图11-23b）加工，轮毂上的键槽可用插削或拉削加工。普通平键的应用极为广泛。

（2）导向平键和滑键　当轮毂需沿轴向移动时，可用图11-24a所示的导向平键。导向平键较长，通常用螺钉固定于轴上的键槽内，且在键的中部加工一个起键螺孔，以便于键的拆卸。当轮毂沿轴向移动的距离较大时，宜采用滑键，如图11-24b所示，因为如用导向键，键将很长，增加制造的困难。

导向平键和滑键与轮毂的键槽配合较松，属于动连接。而普通平键与轮毂上键槽的配合属于静连接。

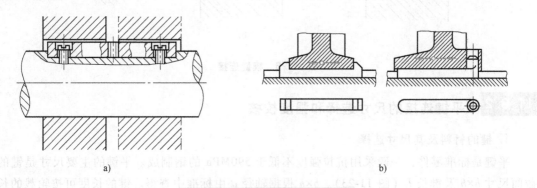

a)　　　　　　　　　　　　　　　　b)

图11-24　导向平键和滑键连接

2. 半圆键连接

在图11-25中，键是半圆形的，其侧面是工作面，键能在轴上的键槽中绕其中心摆动，以适应轮毂上键槽的斜度，安装方便。但因键槽较深，应力集中大，故对轴的强度削弱较大，适用于轻载场合，多用于锥形轴端的连接上（图11-25b）。

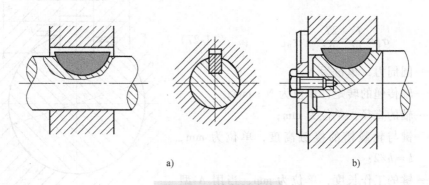

a)　　　　　　　　　　　　　　　b)

图11-25　半圆键连接

3. 楔键连接

在图11-26中，楔键的上、下表面为工作面，两侧面与轮毂侧面间留有间隙。键的上表面和轮毂上键槽底面各有1∶100的斜度，装配时将键打入，使键的上、下两工作面分别与轮毂和轴的键槽工作面压紧，靠其摩擦力和挤压传递转矩，并可做轴向固定，承受单方向的轴向力。由于楔紧而产生的装配偏心（图11-26c），使楔键的定心精度较低，故只宜用于转速不高及旋转精度要求较低的场合。

楔键分为普通楔键（图11-26a）和钩头型楔键（图11-26b）两种。钩头型楔键拆卸比较方便。

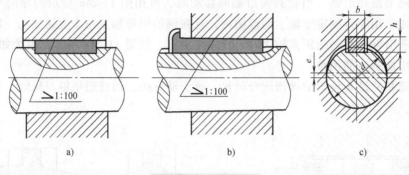

图 11-26　楔键连接

11.8.2　平键连接的尺寸选择和强度校核

1. 键的材料及其尺寸选择

平键是标准零件，一般采用抗拉强度不低于 590MPa 的钢制成。平键的主要尺寸是键的截面尺寸 $b \times h$ 及键长 L（图11-23）。$b \times h$ 根据轴径 d 由标准中查得。键的长度可按轮毂的长度确定，一般应略短于轮毂长，并符合标准中规定的尺寸系列。

2. 平键连接的失效形式和强度计算

平键连接的主要失效形式是工作面的压溃，有时也会出现键的剪断。对于常用的材料组合和标准尺寸的平键连接，一般只需做连接的挤压强度校核。设键侧面的作用力沿键的工作长度和高度均匀分布，如图 11-27 所示，则挤压强度为

$$\sigma_p = \frac{F}{kl} = \frac{2T}{dkl} \leqslant [\sigma_p] \qquad (11\text{-}27)$$

式中　F——圆周力，单位为 N；

　　　T——轴传递的转矩，单位为 N·mm；

　　　d——轴的直径，单位为 mm；

　　　k——键与轮毂槽的接触高度，单位为 mm，$k \approx h/2$；

　　　l——键的工作长度，单位为 mm，当用 A 型键时，$l = L - b$，L 为键的总长；

　　$[\sigma_p]$——键连接的许用挤压应力，单位为 MPa，查表 11-10，应按连接中材料的力学性能较弱的零件选取。

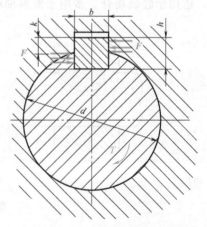

图 11-27　平键连接受力图

当强度不足时，可适当增加键长或采用两个键按 180° 布置。考虑到两个键的载荷分布不均匀性，在强度校核中可按 1.5 个键计算。

表 11-10　键连接的许用挤压应力 　　　　　　　　　　　　（单位：MPa）

连接工作方式	连接中较弱零件的材料	[σ_p]		
		静载荷	轻微冲击载荷	冲击载荷
静连接	钢	125~150	100~120	60~90
	铸铁	70~80	50~60	30~45
动连接	钢	50	40	30

11.8.3　花键连接

将具有均布的多个纵向凸齿的轴置于轮毂相应的凹槽中所构成的连接称为花键连接，如图 11-28 所示。键的齿侧是工作面。由于由多齿传递载荷，故花键连接比平键连接的承载能力高，定心性和导向性好。因齿浅，应力集中小，对轴的强度削弱小。花键连接一般用于定心精度要求高和载荷较大的场合。花键的加工需用专门的设备和工具，所以花键连接成本较高。

花键连接按齿形不同，可分为矩形花键（图 11-28）和渐开线花键（图 11-29）两类，两种花键都已标准化。

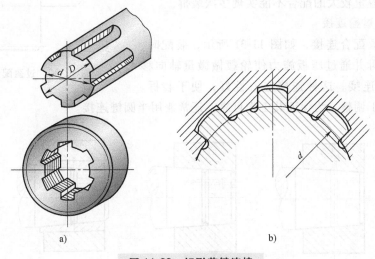

a)　　　　　　　　　　　　　　　　b)

图 11-28　矩形花键连接

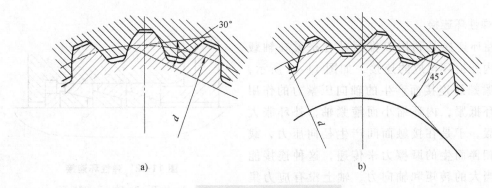

a)　　　　　　　　　　　　　　　　b)

图 11-29　渐开线花键连接

标准中规定，矩形花键连接的定心方式为小径定心，如图 11-28b 所示。其特点是定心精度高，应力集中小，承载能力高，故应用广泛。

渐开线花键的齿廓为渐开线，根据分度圆压力角的不同，分为30°压力角渐开线花键连接和45°压力角渐开线花键连接（也称三角形花键连接，主要用于薄壁零件的连接）两种。渐开线花键连接的定心方式为齿形定心，具有自动定心的作用。

11.8.4 过盈连接

1. 圆柱面过盈连接

在图 11-30 中，过盈配合连接是借助轴和轮毂孔之间的过盈来实现的，配合面为圆柱面。两相配零件装配后，由于材料的弹性变形，在配合面间产生很大的压力，工作时载荷就靠着相伴而生的摩擦力来传递。过盈量越大，连接越牢固，能传递的载荷就越大。这种连接结构简单，对中精度较高，承载能力较大，并能承受变载荷和冲击载荷，且可避免轴由于键槽而强度被削弱，但加工精度要求较高及装配困难。过盈量较大的配合不能实现多次装拆。

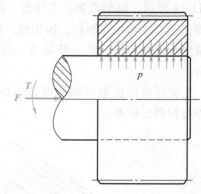

图 11-30　过盈配合连接

2. 圆锥面过盈连接

圆锥面过盈配合连接，如图 11-31 所示，装配时，借助转动端螺母并通过压板施力使轮毂做微量轴向移动以实现过盈连接。这种连接定心性好，便于装拆。压紧程度也易于调整。为保证其工作可靠，还常兼用半圆键连接。

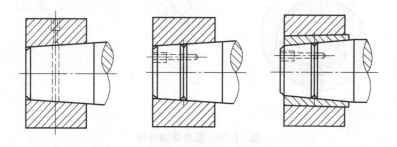

图 11-31　圆锥面过盈配合连接

3. 弹性环连接

弹性环连接是利用以锥面贴合挤紧在轴毂之内的内外钢环构成的连接，如图 11-32 所示，在由拧紧螺纹连接而产生的轴向压紧力的作用下，两环抵紧，内环缩小而箍紧轴，外环胀大而撑紧毂，于是在接触面间产生径向压力，载荷就靠相伴而生的摩擦力来传递，这种连接能传递相当大的转矩和轴向力，轴上没有应力集

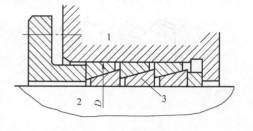

图 11-32　弹性环连接

1—轮毂　2—轴　3—弹性环

中，定心性好，装拆方便，但由于要在轴与轮毂之间安装弹性环，它的应用有时受到结构上的限制。

11.8.5　销连接

销连接主要用于确定零件之间的相互位置，并可传递不大的载荷，也用作轮毂连接。

销有圆柱销（GB/T 119.1—2000 和 GB/T 119.2—2000 等）和圆锥销（GB/T 117—2000 和 GB/T 118—2000 等）两大类，如图 11-33 所示。常用材料为 35、45 钢。

圆柱销利用微量过盈固定在铰光的销孔中，多次装拆，就会松动，失去定位的精确性和连接的紧固性。

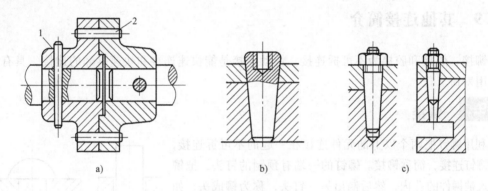

图 11-33　销连接

a）销连接装配图　b）内螺纹圆锥销　c）螺尾圆锥销

1—圆锥销　2—圆柱销

圆锥销有 1∶50 的锥度，可自锁，靠锥面作用固定在铰光的销孔中，安装比圆柱销方便，多次装拆而不影响定位的精确性。

圆锥销还有许多特殊的形式。内螺纹圆锥销和螺尾圆锥销，可用于销孔没有开通或拆卸困难的场合；开尾圆锥销可保证销在冲击、振动或变载荷下不致松脱。

11.8.6　型面连接

型面连接是用非圆截面的柱面体或锥面体的轴与相同轮廓的轮毂孔配合以传递运动和转矩的，如图 11-34 所示，锥面体的型面连接还能传递单向轴向力（图 11-34c）。这种连接没有应力集中，定心性好，承载能力强，装拆方便。

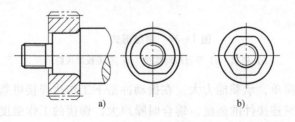

a）　　　　　　　　　　b）

图 11-34　型面连接

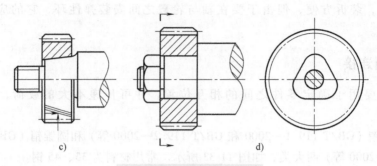

图 11-34 型面连接（续）

11.9 其他连接简介

铆接、焊接和胶接为不可拆连接。快动连接是能快速连接和快速拆卸的连接，具有一定的使用寿命。

11.9.1 铆接

利用铆钉把两个以上的元件连接在一起的不可拆连接，称为铆钉连接，简称铆接。铆钉的一端有预制的钉头，把铆钉销入被铆件的孔内，然后制出另一钉头，称为铆成头，如图 11-35 所示。铆钉的类型很多，可参见有关标准。

铆接的结构形式很多，按铆缝形式分为搭接（图 11-36a）、单盖板对接缝（图 11-36b）和双盖板对接缝（图 11-36c）三种。按铆钉排数分有单排钉、双排钉等布置形式。

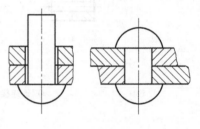

图 11-35 铆钉连接

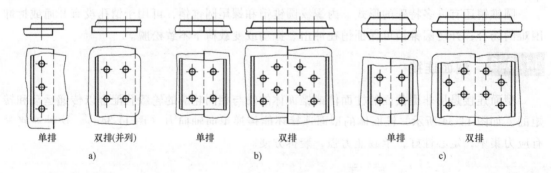

| 单排 | 双排(并列) | 单排 | 双排 | 单排 | 双排 |
| a) | | b) | | c) | |

图 11-36 铆缝形式

a）搭接　b）单盖板对接缝　c）双盖板对接缝

铆接的特点是结构简单，承载能力大，在振动冲击下工作比焊接可靠，但结构笨重，要预先制出钉孔，削弱了被连接件的强度。铆合时噪声大，铆接的工作强度大。所以适用于不宜采用焊接的场合。

11.9.2　焊接

借助加热使两个以上的金属元件在连接处形成分子间的结合构成的不可拆连接，简称焊接。焊接的种类很多，可分为熔化焊、压力焊（电阻焊、摩擦焊、爆炸焊等）和钎焊（锡焊、铜焊等）三大类。熔化焊是最基本的焊接方法，它又可分为电弧焊、电渣焊、气焊等，而生产中最常用的是电弧焊。电弧焊是利用焊条与焊件间产生电弧热加热金属并熔化的焊接方法。

与铆接相比，焊接结构重量轻，节约金属材料，施工方便，生产率高，易实现自动化，故焊接结构的成本低。尤其在单件生产中，可用焊接方法制造大的零件毛坯（如箱体、机架等）代替铸件和锻件，以缩短生产周期。

根据焊接件在空间的相互位置，焊接接头可分为对接接头、搭接接头和正交接头，如图 11-37 所示。其中对接接头采用对接焊缝（图 11-37c）；搭接接头和正交接头采用角接焊缝（图 11-37a、b）。

关于焊缝的式样、焊缝符号表示法及焊缝的强度计算等可查阅有关标准。

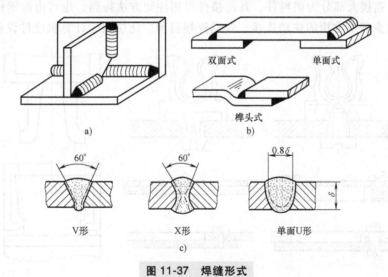

图 11-37　焊缝形式

a）正交接角焊缝　b）搭接角焊缝　c）对接焊缝

11.9.3　粘接

粘接是利用粘接剂直接把被连接件连接在一起。与铆接、焊接相比有以下特点：被粘接件的材料可得到充分利用，没有因为高温引起组织变化；便于不同金属和金属薄片的连接；粘接面上的应力集中小，疲劳强度高；胶层可将不同金属分开，可防止电化腐蚀，对电热有绝缘性，并具有良好的密封性；外观整洁，故得到广泛应用。其缺点是：抗剥离、抗弯曲及抗冲击振动性能差，耐老化和耐介质性能差；粘接剂对温度变化敏感，影响连接的强度。

粘接用的粘接剂分为无机粘接剂和有机粘接剂两类。无机粘接剂的重要成分是磷酸盐、硅酸盐。有机粘接剂是以高分子材料为主体的结合物，如环氧树脂、酚。选用时要慎重考虑粘接材料、连接的工作环境和载荷情况。粘接的工作温度要低于 180℃。受力形式最好是受拉、受剪，尽量避免剥落和扯开（图11-38）。

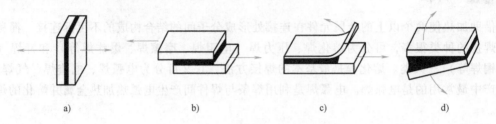

图 11-38 粘接接头的受力状况
a）拉伸 b）剪切 c）剥离 d）扯离

11.9.4 快动连接

快动连接是通过一定弹性变形达到连接的目的，拆卸方便。采用快动连接结构简单，图11-39a 上部所示的电缆卡子和金属板、盖板和主体板之间的连接就采用了快动连接代替螺钉连接。快动连接大部分为塑料件，其连接件可用注塑方法得到，也可由薄钢板制成。如图11-39b 所示为头盔中常用的快动连接。快动连接目前广泛应用于计算机硬件设备的连接中。

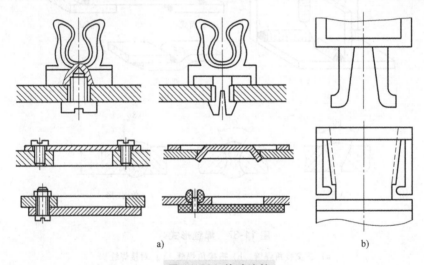

图 11-39 快动连接

思考题及习题

11-1 螺纹的主要类型有哪几种？如何合理地选用？

11-2 螺纹连接的种类有哪些？它们各用在何种场合？

11-3 螺纹的主要参数有哪些？螺距和导程有什么区别和联系？

11-4 螺纹连接常用的防松方法有哪几种？它们防松的原理是怎样的？

11-5 受拉伸载荷作用的紧螺栓连接中，为什么总载荷不是预紧力和拉伸载荷之和？

11-6 螺纹副的效率与哪些因素有关？为什么多线螺纹多用于传动，普通三角形螺纹主要用于连接，而梯形、矩形、锯齿形螺纹主要用于传动？

11-7 螺纹副的自锁条件是什么？

11-8 图 11-40 所示为起重吊钩，要吊起重力 $F=10000\mathrm{N}$ 的工作载荷，吊钩螺杆材料为 45 钢，试确定吊钩螺杆的螺纹直径。

11-9 图 11-41 所示为某机构上拉杆与拉杆头用粗牙普通螺纹连接。已知拉杆所受最大载荷 $Q=10\mathrm{kN}$，载荷平稳，拉杆的材料为 Q235，取安全系数 $n=1.5$，试确定拉杆螺纹直径。

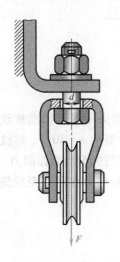

图 11-40 题 11-8 图

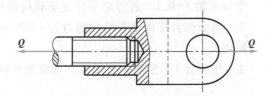

图 11-41 题 11-9 图

11-10 图 11-42 所示为一螺栓连接，螺栓的个数为 2，螺纹为 M20，许用拉应力 $[\sigma]=160\mathrm{MPa}$。被连接件接合面间的摩擦系数为 0.2。若摩擦传力的可靠系数 K 取为 1.2，试计算该连接允许传递的静载荷 F_{R}。

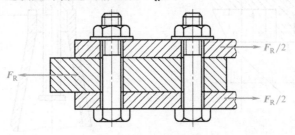

图 11-42 题 11-10 图

11-11 图 11-43 所示为一受横向载荷作用的普通紧螺栓连接（被连接件为钢件），四个普通螺栓传递载荷 $F_{\Sigma}=2\mathrm{kN}$，连接接合面摩擦系数 $f=0.15$，摩擦传力可靠系数 $K=1.2$，试确定螺栓的直径。

11-12 图 11-44 所示的液压缸盖采用螺钉组连接，缸内液体压力 $p=1.5\mathrm{MPa}$，液压缸内径 $D=400\mathrm{mm}$，外径 $D_1=650\mathrm{mm}$，为保证气密性要求，取 $F''=1.8F$。如缸盖厚度 $h=15\mathrm{mm}$，试设计此螺钉连接（螺钉的个数、直径及长度）。

提示：先假设公称直径在某范围内；螺钉分布圆直径 $D_0=\dfrac{D_1+D}{2}$。

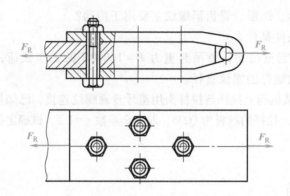

图 11-43　题 11-11 图

11-13　图 11-45 所示为千斤顶，其额定起重量 $Q = 50\text{kN}$，螺纹副采用单线标准螺纹 T60×8（公称直径 $d = 60\text{mm}$，中径 $d_2 = 56\text{mm}$，螺距 $P = 8\text{mm}$，牙型角 $\alpha = 30°$），螺纹副中的摩擦系数 $f = 0.1$。若忽略不计支承载荷的托杯与螺旋上部间的滚动摩擦阻力，试求：

1）当操作者作用于手柄上的力为 150N 时，举起额定载荷时力作用点至螺旋轴线的距离 l。

2）当力臂 l 不变时，下降额定载荷所需的力。

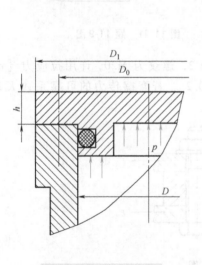

图 11-44　题 11-12 图

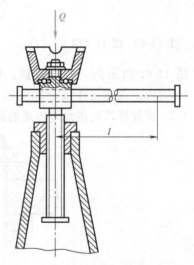

图 11-45　题 11-13 图

11-14　图 11-46 所示为一差动螺旋机构，螺杆 1 与机架 4 固连，其螺纹为右旋，导程 $P_{hA} = 4\text{mm}$；螺母 3 相对机架 4 只能移动，不能转动；构件 2 沿箭头方向转动 5 圈时，螺母 3 向左移动 5mm。试求螺旋副 B 的导程 P_{hB} 和旋向。

11-15　键连接有哪些主要类型，各有何主要特点？

11-16　平键连接的工作原理是什么？主要失效形式有哪些？平键的断面尺寸 $b×h$ 和键的长度 L 是如何确定的？

11-17　普通平键的强度条件怎样？如果在进行普通平键连接强度计算时强度条件不能满足，

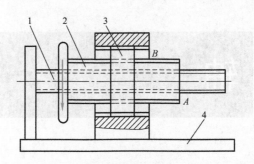

图 11-46 题 11-14 图

1—螺杆 2—构件 3—螺母 4—机架

可采用哪些措施?

11-18 平键和楔键在结构和使用性能上有何区别?为什么平键应用较广?

11-19 半圆键与普通平键连接相比有什么优缺点?它适用在什么场合?

11-20 花键连接与平键连接相比有哪些优缺点?矩形花键和渐开线花键各有什么特点?

第 12 章　轴

12.1　轴的分类和材料

　　轴是组成机器的主要零件之一。轴的主要用途是支承旋转零件（如齿轮、蜗轮、带轮、链轮等），传递运动和动力。

12.1.1　轴的分类

　　按照承受载荷的不同，轴可分为心轴、转轴和传动轴三类。

　　（1）心轴　只承受弯矩不传递转矩的轴，称为心轴。心轴又可分为固定心轴和转动心轴。图 12-1 所示为自行车的前轮轴，工作时轴不随转动零件转动，即为固定心轴。图 12-2 所示为铁路车辆的轴，它和车轮紧固在一起，随车轮一起转动，即为转动心轴。

　　（2）转轴　工作时既承受弯矩又传递转矩的轴。如机床的主轴、齿轮减速器中的轴（图 12-3）。转轴在各种机械中最常见。

　　（3）传动轴　工作时主要传递转矩，不承受弯矩或承受很小弯矩的轴。如图 12-4 所示的汽车中连接变速箱与后桥之间的轴。

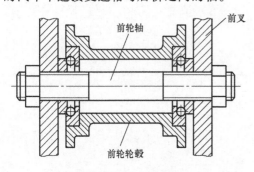

图 12-1　固定心轴

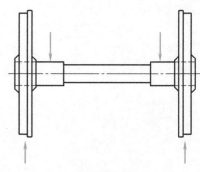

图 12-2　转动心轴

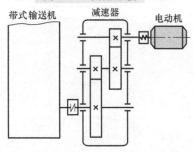

图 12-3　转轴

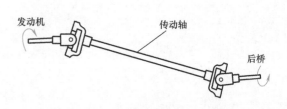

图 12-4　传动轴

按照轴线形状不同，轴还可以分为直轴（图 12-1~图 12-4）、曲轴（图 12-5）和挠性钢丝轴（图 12-6）三种。

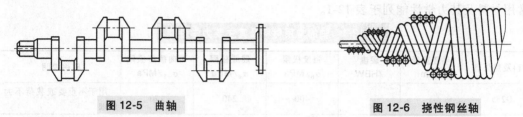

图 12-5　曲轴　　　　　　　　　　　　图 12-6　挠性钢丝轴

直轴包括光轴和阶梯轴（图 12-7），实心轴和空心轴等。

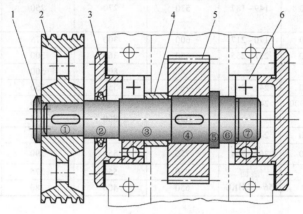

图 12-7　轴的结构

1—轴端挡圈　2—带轮　3—轴承盖　4—套筒　5—齿轮　6—滚动轴承

曲轴常用于往复式机械中，挠性钢丝轴可以将回转运动灵活地传到任何位置，常用于振捣器等设备中。这两种轴都是专用零件，本章只讨论直轴。

12.1.2　轴的材料

轴在工作时的应力多为变应力，所以轴的失效常为疲劳破坏。因此轴的材料应具有足够的疲劳强度，对应力集中敏感性小。此外还应考虑易于加工、价格合理等因素。

轴的常用材料为碳素钢和合金钢。

碳素钢比合金钢价廉，对应力集中敏感性较低，其强度、刚度、韧性等力学性能较好，故应用广泛。

碳素钢又分为优质碳素钢和普通碳素钢两种。35、45、50 等碳素钢具有较高的综合力学性能，应用较多，其中 45 钢应用最为广泛。一般应进行正火或调质处理。对不重要的或受力较小的轴以及一般传动轴可采用 Q235、Q275 等碳素结构钢。

合金钢具有较高的机械强度和较好的热处理性能，但价格较高，故多用于传递大功率，并要求减小质量，提高耐磨性以及在非常温下工作的轴。常用的合金钢有 20Cr、40Cr、40MnB、35CrMo 等。值得注意的是：在常温下，碳素钢和合金钢的弹性模量相差不多，欲采用合金钢代替碳素钢并不能有效提高轴的刚度。此外，合金钢对应力集中敏感性较高，因此设计合金钢轴时，更应从结构上避免或减少应力集中，并减小其表面粗糙度值。

对一些形状复杂的轴（如曲轴、凸轮轴等），可采用球墨铸铁。球墨铸铁对应力集中敏感较低，吸振性能好，强度较好，成本低，但铸造质量不易控制，故可靠性不如钢制轴。轴的常用材料及其力学性能列于表 12-1。

表 12-1 轴的常用材料及其主要力学性能

材料及热处理	毛坯直径 /mm	硬度 /HBW	强度极限 σ_b/MPa	屈服极限 σ_s/MPa	弯曲疲劳极限 σ_{-1}/MPa	应用说明
Q235			400	240	170	用于不重要或载荷不大的轴
Q275		190	520	280	220	用于不很重要的轴
35 正火	≤100	149~187	520	270	250	有好的塑性和适当的强度，可做一般曲轴、转轴等
45 正火	≤100	170~217	600	300	275	用于较重要的轴，应用最为广泛
45 调质	≤200	217~255	650	360	300	
40Cr 调质	25		1000	800	500	用于载荷较大，而无很大冲击的重要轴
	≤100	241~286	750	550	350	
	>100~300	241~266	700	550	340	
40MnB 调质	25		1000	800	485	性能接近于 40Cr，用于重要的轴
	≤200	241~286	750	500	335	
35CrMo 调质	≤100	207~269	750	550	390	用于重载荷的轴
20Cr 渗碳淬火回火	15	表面 56~62HRC	850	550	375	用于要求强度、韧性及耐磨性均较高的轴
	≤60		650	400	280	

12.2 轴的结构设计

轴的结构设计就是合理地确定轴各部分的形状和尺寸。由于影响外形的因素很多，因此轴没有固定的标准结构形式。合理的结构设计应满足以下基本要求：

1）轴应便于加工，轴上零件便于装拆和调整。

2）轴与轴上零件有准确的工作位置，各零件相对固定可靠。

3）轴的受力合理，有利于提高轴的强度和刚度。

4）尽量减少应力集中等。

图 12-7 所示为减速器的输出轴。下面结合此图来说明轴的结构设计中要考虑的几个问题。

12.2.1 制造安装要求

为了便于轴上零件的装拆，轴一般做成中间粗两端细的阶梯形状，如图 12-7 所示。轴与轴承配合的部分称为轴颈，轴上安装轮毂的部分称为轴头（如装齿轮、带轮处），连接轴颈、轴头的部分称为轴身，轴主要由这三部分组成，轴颈和轴头部分应圆整为标准值。在图 12-7 中，齿轮、套筒、左端滚动轴承、轴承盖及带轮可依次从轴的左端进行装拆，右端滚动轴承从右端装拆。为了减少应力集中，提高轴的疲劳强度，轴上相邻轴径的变化不宜过大。轴径变化处应有圆角过渡。为了易于安装轴上零件，轴端及各轴段的端部应有倒角。

为了便于加工和检验，轴的直径应取标准直径，安装滚动轴承处的直径应符合滚动轴承内径标准,有螺纹处的直径应符合螺纹标准。

　　轴上需磨削的轴段应有砂轮越程槽,(如图12-7中的⑥与⑦的交界处);需车制螺纹的轴段应有螺纹退刀槽(图12-8)。砂轮越程槽和螺纹退刀槽的具体尺寸,可查阅有关设计手册。

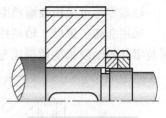

图12-8　双圆螺母

　　在满足使用要求的前提下,轴的结构应力求简单,便于加工。

12.2.2　轴上零件的固定

　　为保证轴上零件能正常工作,轴上零件应有确定的位置。零件在轴上的固定分为周向固定和轴向固定两种。

1. 周向固定

　　零件在轴上周向固定的目的,就是使零件与轴一起转动并传递转矩。常用键、花键、销或过盈配合等连接形式。采用键连接时,轴上若有几个键槽,为了加工方便,各轴段的键槽应设计在同一加工直线上,并尽可能采用同一规格的键槽断面尺寸(图12-9)。在图12-7中,齿轮与带轮用普通平键做圆周方向的固定,轴承内圈在圆周方向上的固定是靠内圈与轴之间的过盈配合实现的。

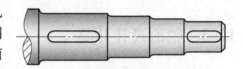

图12-9　键槽在同一加工直线上

2. 轴向固定

　　零件在轴上轴向固定的目的是防止零件产生轴向移动。轴向固定的方法很多,常采用轴肩(或轴环)、套筒、轴端挡圈、圆螺母、圆锥形轴头、弹性挡圈等。

　　在图12-7中,齿轮右边用轴环,左边用套筒使齿轮左右固定;两轴承分别用轴承盖、轴肩(右轴承)和套筒(左轴承)做轴向固定;带轮右边由轴肩,左边由轴端挡圈做轴向固定。齿轮受轴向力时,向右由轴环通过⑥⑦间的轴肩顶在滚动轴承的内圈上,通过滚动轴承将轴向力经轴承盖传给箱体;向左则通过套筒4顶在滚动轴承内圈上,由轴承盖将轴向力传给箱体。

　　轴肩结构简单,可以承受较大的轴向力。为了保证轴上零件能紧靠轴肩(轴环)定位,轴肩的圆角半径 r 应小于配合零件的圆角半径 R 或倒角 C_1 (图12-10)。

　　当不便采用套筒或套筒太长时,可用圆螺母进行轴向固定(图12-8)。螺母可承受较大的轴向力,但轴上切制螺纹处有较大的应力集中。当轴向力较小时,可采用弹性挡圈(图12-11)或紧定螺钉(图12-12)进行轴向固定。

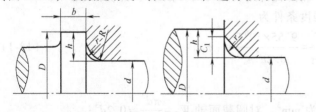

图12-10　轴肩圆角与相配合零件的圆角(或倒角)

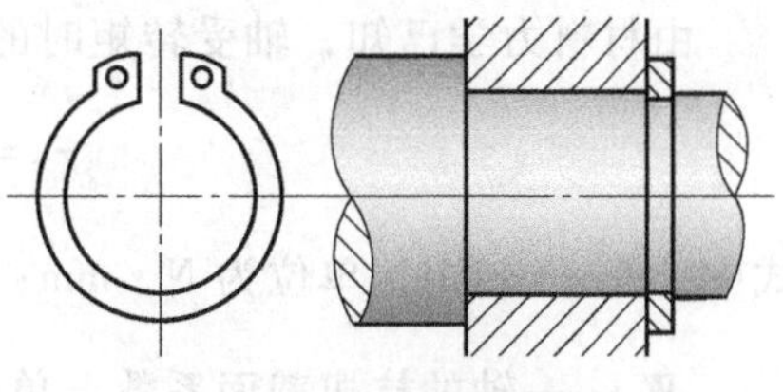

图12-11　弹性挡圈

$$h \approx (0.07d+3) \sim (0.1d+5)\,\mathrm{mm}, b \approx 1.4h$$

(与滚动轴承配合处的 h 和 b 值,见滚动轴承标准)

轴端零件可采用轴端挡圈（图 12-13）。

采用套筒、螺母、轴端挡圈等做轴向固定时，为使其能与所装零件端面相互靠紧，应将所装零件的轴段长度做得比与之配合的轮毂长度短 2~3mm（图 12-7、图 12-8）。

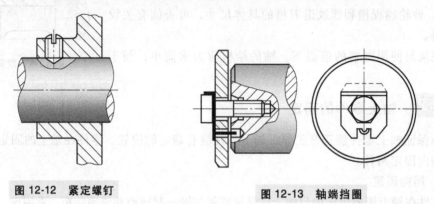

图 12-12　紧定螺钉　　　　　　　　图 12-13　轴端挡圈

12.3　轴的设计计算

一般轴的设计步骤为：①选择轴的材料；②初估轴的直径；③轴的结构设计；④轴的强度计算。

计算准则是满足强度或刚度要求，对于高速运转的轴还应校核轴的振动稳定性。

12.3.1　轴的强度计算

轴的强度计算应根据轴的承载及应力情况采用相应的计算方法。

对于既受弯矩，又传递转矩的转轴，应先确定作用在轴上的弯矩和转矩，然后应用材料力学中的公式进行计算。但在很多情况下，只知由轴传递的转矩，而支点间的距离及轴上载荷作用点均未知，因此弯矩不能确定。故一开始就同时考虑轴上作用的弯矩和转矩来进行强度计算是有困难的。

所以轴的强度计算的一般过程是：当弯矩未知时，先按转矩进行初步计算；根据所得直径进行结构设计，定出轴的尺寸；然后再按当量弯矩进行计算。

1. 按转矩估算轴径

这种方法适用于只传递转矩的传动轴的精确计算，对于兼受弯矩和转矩的转轴，是根据轴所受的转矩，估算轴的最小直径，并用降低许用切应力的方法来考虑弯矩的影响。

由材料力学已知，轴受转矩时的强度条件为

$$\tau_T = \frac{T}{W_T} = \frac{9.55 \times 10^6 P}{0.2 d^3 n} \leqslant [\tau_T] \tag{12-1}$$

式中　T——转矩，单位为 N·mm；

$\quad W_T$——轴的抗扭截面系数，单位为 mm³，对圆截面轴 $W_T = \frac{\pi d^3}{16} \approx 0.2 d^3$；

$\quad P$——轴所传递的功率，单位为 kW；

$\quad n$——轴的转速，单位为 r/min；

τ_T、$[\tau_T]$——扭转时的切应力和许用切应力，单位为 MPa；

　　d——轴的直径，单位为 mm。

由上式可得轴的直径

$$d \geqslant \sqrt[3]{\frac{9.55 \times 10^6}{0.2[\tau_T]}} \sqrt[3]{\frac{P}{n}}$$

当轴的材料选定后，$[\tau_T]$ 是已知的，故上式可简化为

$$d \geqslant A\sqrt[3]{\frac{P}{n}} \tag{12-2}$$

式中　A——由轴的材料许用切应力而定的系数，见表 12-2。

表 12-2　常用材料的 $[\tau_T]$ 和 A 值

轴的材料	Q235、20	35	45	40Cr、38SiMn
$[\tau_T]$/MPa	12~20	20~30	30~40	40~52
A	160~135	135~118	118~107	107~98

注：当作用在轴上的弯矩比转矩小或只传递转矩时，A 取较小值，否则取较大值。

按式（12-2）计算出的直径，一般作为轴上承受转矩处的最小直径。此外，也可采用经验公式来估算轴的最小直径。如一般减速器中的高速级输入轴的最小直径可按与其相连的电动机的直径 D 估算，$d = (0.8~1.2)D$；各级低速轴的最小直径可按同级齿轮中心距 a 估算，$d = (0.3~0.4)a$。

例 12-1　某单级直齿圆柱齿轮减速装置中从动轴，传递功率 $P = 6\text{kW}$，转速 $n = 200\text{r/min}$，试选择此轴材料和估算该轴的最小直径。

解　由于此轴传递功率不大，转速不高，且无特殊要求，故可选用 45 钢，调质处理。由表（12-2）$A = 118~107$，取 $A = 110$，则由式（12-2）得

$$d \geqslant A\sqrt[3]{\frac{P}{n}} = 110\sqrt[3]{\frac{6}{200}}\text{mm} = 34.18\text{mm}$$

圆整后得 $d = 35\text{mm}$。

2. 按当量弯矩校核轴径

通过轴的结构设计，轴的形状和尺寸已定，轴上零件和轴承位置已知并可确定轴所受载荷的大小、方向及其作用位置，即可按当量弯矩校核轴的强度。一般的轴用此种方法即可，一般步骤如下：

1）作出轴的空间受力图，将外载荷分解为水平面和垂直面的分力，并求出水平面支承反力 R_H 和垂直面的支承反力 R_V。

2）作出水平弯矩 M_H 图和垂直弯矩 M_V 图。

3）计算合成弯矩：

$$M = \sqrt{M_H^2 + M_V^2}$$

并作出合成弯矩 M 图。

4）作出转矩 T 图。

5）计算当量弯矩 M_e

$$M_e = \sqrt{M^2 + (\alpha T)^2}$$

式中 α——由转矩性质而定的折合系数，对于不变的转矩 $\alpha = \dfrac{[\sigma_{-1b}]}{[\sigma_{+1b}]} \approx 0.3$；对于脉动循环

变化的转矩 $\alpha = \dfrac{[\sigma_{-1b}]}{[\sigma_{0b}]} \approx 0.6$；对于对称循环变化的转矩 $\alpha = \dfrac{[\sigma_{-1b}]}{[\sigma_{-1b}]} = 1$；一般情

况下或转矩变化规律不清楚时，可按脉动循环处理。

$[\sigma_{-1b}]$、$[\sigma_{0b}]$、$[\sigma_{+1b}]$——对称循环、脉动循环和静应力状态下的许用弯曲应力，
见表 12-3。

表 12-3 轴的许用弯曲应力 （单位：MPa）

材　料	σ_b	$[\sigma_{+1b}]$	$[\sigma_{0b}]$	$[\sigma_{-1b}]$
碳素钢	400	130	70	40
	500	170	75	45
	600	200	95	55
	700	230	110	65
合金钢	800	270	130	75
	900	300	140	80
	1000	330	150	90
铸钢	400	100	50	30
	500	120	70	40

6) 计算危险截面的轴径。当量弯矩 M_e 已知后，可针对某些截面做强度校核或计算危险截面的轴径，即

$$\sigma_b = \frac{M_e}{W} \approx \frac{M_e}{0.1d^3} \leqslant [\sigma_{-1b}] \tag{12-3}$$

或

$$d \geqslant \sqrt[3]{\frac{M_e}{0.1[\sigma_{-1b}]}} \tag{12-4}$$

式中 M_e——当量弯矩，单位为 N·mm；

d——轴的直径，单位为 mm；

W——轴的抗弯截面系数，单位为 mm^3，对圆形截面的实心轴 $W = \dfrac{\pi d^3}{32} \approx 0.1d^3$。

若轴的计算截面处有键槽，考虑到键槽对轴强度的削弱，应将轴径加大 4% 左右，然后圆整至标准值。

计算出的轴径还应与结构设计中初步确定的轴径相比较。若计算出的轴径小于结构设计中初定的轴径，且相差不很大，则以结构设计中的直径为准，否则，应按校核计算所得轴径做适当修改。

以上公式也适用于计算心轴和传动轴。当计算心轴时 $T = 0$；计算传动轴时 $M = 0$。

例 12-2　试校核某减速器输出轴（图 12-14）危险截面处的直径。由结构设计初定危险截面处的直径 $d = 65mm$，已知作用在齿轮上的圆周力 $F_t = 17400N$，径向力 $F_r = 6410N$，轴向力 $F_a = 2860N$，齿轮分度圆直径 $d = 146mm$，两轴承跨距 $L = 193mm$。

解 （1）作轴的空间受力图（图12-14a）

（2）求垂直面的支承反力（图12-14b）

$$R_{1V} = \frac{F_r \dfrac{L}{2} - F_a \dfrac{d_2}{2}}{L} = \frac{6410 \times \dfrac{193}{2} - 2860 \times \dfrac{146}{2}}{193} N = 2123N$$

$$R_{2V} = F_r - R_{1V} = (6410 - 2123)N = 4287N$$

（3）求水平面的支承反力（图12-14c）

$$R_{1H} = R_{2H} = \frac{F_t}{2} = \frac{17400}{2}N = 8700N$$

（4）作垂直平面的弯矩图（图12-14b）截面 a 以右和以左的弯矩分别为

$$M_{aV} = R_{2V}\frac{L}{2} = 4287 \times \frac{0.193}{2}N \cdot m = 414N \cdot m$$

$$M'_{aV} = R_{1V}\frac{L}{2} = 2123 \times \frac{0.193}{2}N \cdot m = 205N \cdot m$$

（5）作水平面的弯矩图（图12-14c）

$$M_{aH} = R_{1H}\frac{L}{2} = 8700 \times \frac{0.193}{2}N \cdot m$$

$$= 840N \cdot m$$

（6）作合成弯矩图（图12-14d）截面 a 右侧和左侧的当量弯矩分别为

$$M_a = \sqrt{M_{aH}^2 + M_{aV}^2} = \sqrt{840^2 + 414^2}\ N \cdot m$$

$$= 936N \cdot m$$

$$M'_a = \sqrt{M_{aH}^2 + M'^2_{aV}} = \sqrt{840^2 + 205^2}\ N \cdot m$$

$$= 865N \cdot m$$

（7）作扭矩图（图12-14e）

$$T = F_t\frac{d}{2} = 17400 \times \frac{0.146}{2}N \cdot m$$

$$= 1270N \cdot m$$

（8）求危险截面的当量弯矩 由图12-14所见 a 截面最危险，且轴上转矩可按脉动循环处理，取 $\alpha = 0.6$，则

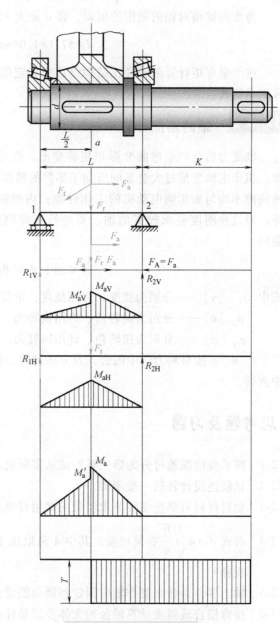

图 12-14 轴的受力分析

$$M_e = \sqrt{M_a^2 + (\alpha T)^2}$$
$$= \sqrt{936^2 + (0.6 \times 1270)^2} \, \text{N} \cdot \text{m}$$
$$\approx 1207 \text{N} \cdot \text{m}$$

（9）计算危险截面处轴的直径　轴的材料选用 45 钢，调质处理。由表 12-1 查得 $\sigma_b = 650\text{MPa}$，由表 12-3 查得许用弯曲应力 $[\sigma_{-1b}] = 60\text{MPa}$，由式（12-4）得

$$d = \sqrt[3]{\frac{M_e}{0.1[\sigma_{-1b}]}} = \sqrt[3]{\frac{1207 \times 10^3}{0.1 \times 65}} \, \text{mm} = 57.1 \text{mm}$$

考虑到键槽对轴的强度的削弱，将 d 加大 4%，则该截面的直径为

$$d = 57.1 \times 1.04 \text{mm} = 59.4 \text{mm}$$

按当量弯矩计算的轴径比结构设计中初定的轴径 65mm 要小，所以该轴满足强度条件，故不予修改。

12.3.2　轴的刚度计算

轴受力后会产生弯曲变形和扭转变形。变形过大会影响轴的工作性能和工作能力。例如，机床主轴变形过大会影响所加工零件的精度；电动机主轴变形过大会使转子与定子之间的间隙不均匀而影响电动机的工作性能；内燃机气轮轴变形过大会使气阀不能准确地启闭等。对这些刚度要求较高的轴，要进行弯曲刚度和扭转刚度的计算，使其满足下列刚度条件：

$$y \leqslant [y], \theta \leqslant [\theta], \varphi \leqslant [\varphi]$$

式中　y、$[y]$——分别为挠度、许用挠度，单位为 mm；

　　　θ、$[\theta]$——分别为偏转角、许用偏转角，单位为 rad；

　　　φ、$[\varphi]$——分别为扭转角、许用扭转角，单位为（°）/m；

　　y、θ、φ 按材料力学中的公式及方法计算，$[y]$、$[\theta]$、$[\varphi]$ 可以从有关机械设计手册中查得。

思考题及习题

12-1　按承载情况轴可分为哪三类？试从实际机器中举例说明其特点。

12-2　试叙述设计轴的一般步骤。

12-3　轴对材料有哪些主要要求？轴的常用材料有哪些？

12-4　公式 $d \geqslant A\sqrt[3]{\dfrac{P}{n}}$ 有何用途？其中 A 值取决于什么？计算出的 d 应作为轴上哪一部分的直径？

12-5　轴上零件为什么要作轴向固定和周向固定？试说明常见定位方法及特点。

12-6　按弯扭合成强度计算轴径的大体步骤是什么？

12-7　计算当量弯矩的公式 $M_e = \sqrt{M^2 + (\alpha T)^2}$ 中，α 意义是什么？取值如何确定？

12-8 一直齿圆柱齿轮减速器如图 12-15 所示，$z_2 = 22$，$z_3 = 77$，由轴 Ⅰ 输入的功率 $P = 20kW$，轴 Ⅰ 的转速 $n_1 = 600r/min$，两轴材料均为 45 钢，试按转矩初步确定两轴的直径。

12-9 图 12-16 所示为单级直齿圆柱齿轮减速器的输出轴简图，两轴承相对齿轮对称布置。如轴的转速为 323r/min，传递功率为 22kW，轴的材料为 45 钢，试按当量弯矩计算危险截面的直径。

12-10 指出图 12-17 所示轴系结构上的主要错误，并改正。

12-11 按承载情况分，写出图 12-18 的两轴的类型及分类依据。

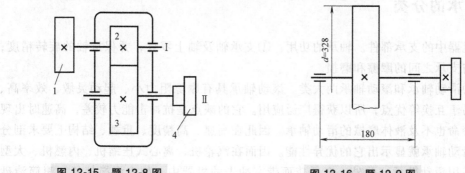

图 12-15　题 12-8 图　　　　　图 12-16　题 12-9 图

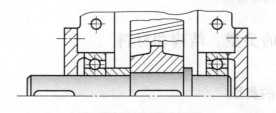

图 12-17　题 12-10 图

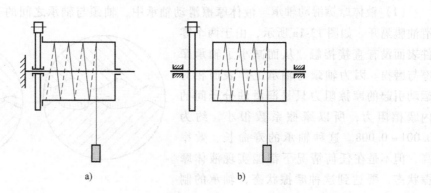

a)　　　　　　　　b)

图 12-18　题 12-11 图

第 13 章　轴承

13.1　轴承的分类

　　轴承是机器中的支承部件。轴承的功用：①支承轴及轴上零件，并保持轴的旋转精度；②减少转轴与支承之间的摩擦和磨损。

　　轴承分为滑动轴承和滚动轴承两大类。滚动轴承具有摩擦阻力小、起动灵敏、效率高、润滑方便和易于互换等优点，所以获得广泛应用。它的缺点是抗冲击能力较差，高速时出现噪声，工作寿命也不及液体摩擦的滑动轴承。因此在高速、高精度、重载、结构上要求剖分等场合下，滑动轴承就显示出它的优异性能。因而在汽轮机、离心式压缩机、内燃机、大型电动机中多采用滑动轴承。此外，在低速而带有冲击的机器中，如水泥搅拌机、滚筒清砂机、破碎机等也常采用滑动轴承。

13.2　滑动轴承的类型、结构和材料

13.2.1　滑动轴承的类型

1. 按工作表面的摩擦状态分类

　　（1）液体摩擦滑动轴承　液体摩擦滑动轴承中，轴颈与轴承之间的工作表面完全被润滑油膜隔开。如图 13-1a 所示，由于两个零件表面没有直接接触，从而减小了轴承摩擦与磨损。因为轴颈与轴承工作表面相对运动引起的摩擦阻力只是润滑油分子间的内摩擦阻力，所以摩擦系数很小，约为 0.001 ~ 0.008。这种轴承的寿命长、效率高，但不是在任何情况下都能实现液体摩擦状态，要达到这种摩擦状态，轴承的制造精度要求高，并应满足其他一些条件（如载荷、润滑等）。

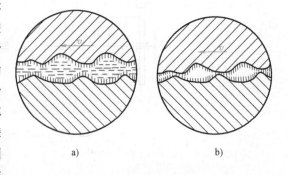

a)　　　　　　　　　　　b)

图 13-1　滑动轴承的摩擦状态

　　（2）非液体摩擦滑动轴承　当轴承不具备形成液体摩擦状态的条件时（如轴的转速低、供油不足等），轴颈与轴承的工作表面之间有一定的润滑油存在，由于润滑油中的极性分子与金属表面的吸附作用，在金属表面上形成极薄的边界油膜，但边界油膜不足以将工作表面完全隔开，仍有部分凸起的金属表面发生直接接触，如图 13-1b 所示。处于这种摩擦状态的

滑动轴承称为非液体摩擦滑动轴承，其摩擦系数大，磨损较快，但结构简单，对制造精度和工作条件要求不高，故在机械中应用比较广泛。本章只介绍非液体摩擦滑动轴承。

2. 按承受载荷的方向分类

（1）向心滑动轴承　向心滑动轴承主要承受径向载荷。

（2）推力滑动轴承　推力滑动轴承主要承受轴向载荷。

13.2.2　滑动轴承的结构形式

1. 向心滑动轴承

（1）整体式向心滑动轴承　图13-2所示为整体式向心滑动轴承。它是由轴承座1和轴瓦2组成的。对于载荷小、速度低的不重要场合，可以不用轴瓦。

整体式滑动轴承结构简单、制造方便、成本低，但轴瓦表面磨损后，轴承间隙过大时无法调整。另外，轴颈只能从端部装拆，很不方便，所以这种轴承多用于低速、轻载或间歇工作而不要经常装拆的场合，如手动机械、某些农业机械等。整体式向心滑动轴承已有标准可供选择。

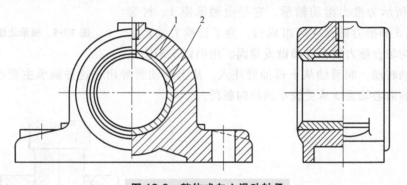

图13-2　整体式向心滑动轴承

1—轴承座　2—轴瓦

（2）剖分式向心滑动轴承　图13-3所示为一种普通的剖分式向心滑动轴承。它是由轴承盖1、连接螺栓2、剖分轴瓦3和轴承座4等组成的。轴承中直接支承轴颈的零件是轴瓦。

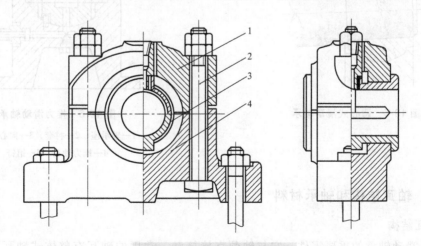

图13-3　剖分式向心滑动轴承

1—轴承盖　2—连接螺栓　3—剖分轴瓦　4—轴承座

轴承盖与轴承座的剖分面常做成阶梯形，以便对中和防止横向错动。轴承盖应适度压紧轴瓦，使轴瓦不能在轴承孔中转动。轴承盖上部开有螺纹孔，用以安装油杯或油管。轴承剖分面最好与载荷方向近于垂直，多数的剖分面是水平的（也有做成倾斜的）。这种轴承装拆方便，当轴瓦工作面磨损后，适当减少剖分面处的垫片厚度，并进行刮瓦，就可调整轴承间隙。所以剖分式向心滑动轴承应用较为广泛。这种轴承也有标准可供选择。

（3）调心式滑动轴承　当轴颈较长（长径比 $L/d>1.5$ 时），轴的刚度较小，轴瓦两端会产生边缘接触（图13-4），造成载荷集中，加剧磨损和发热，降低轴承寿命，此时最好采用调心轴承，如图13-5所示。这种轴承的特点是：轴瓦外表面做成凸形的球面形状，与轴承盖及轴承座的凹形球面相接触，轴瓦可自动调位以适应轴颈的偏斜，从而保证轴颈与轴瓦的均匀接触。

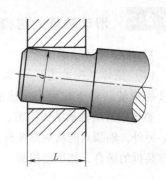

图13-4　轴承边缘接触

2. 推力滑动轴承

图13-6所示为推力滑动轴承。它是由轴承座1、衬套2、向心轴瓦3和推力轴瓦4等组成的。为了使推力轴瓦工作表面受力均匀，推力轴瓦底部做成球面，用销钉5来防止推力轴瓦随轴转动。润滑油从下部油管注入，从上部油管导出。这种轴承主要承受轴向载荷，也可借助向心轴瓦3承受较小的径向载荷。

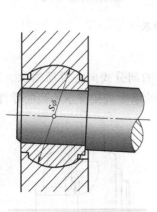

图13-5　调心式滑动轴承

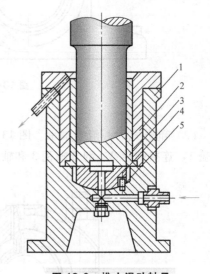

图13-6　推力滑动轴承

1—轴承座　2—衬套　3—向心轴瓦
4—推力轴瓦　5—销钉

13.2.3　轴瓦结构和轴承材料

1. 轴瓦结构

轴瓦是滑动轴承的重要零件，它与轴颈直接接触。常用的轴瓦有整体式轴瓦（又称轴套）和剖分式轴瓦，分别用于整体式和剖分式滑动轴承。

轴瓦可以用单一的减摩材料制成。但为了节约贵重金属（如轴承合金）及提高轴承的工作能力，通常制成双金属轴瓦，即在强度较高、价格较廉的轴瓦（如钢、铸铁或青铜）内表面上浇注一层减摩性好的合金材料，称为轴承衬。一般轴瓦厚度为6mm左右，轴承衬的厚度为0.2~0.8mm。为了使轴承衬牢固地浇铸在轴瓦上面，通常在轴瓦的内表面上预先制成一定形状的沟槽，如图13-7所示。沟槽的尺寸可查阅《机械设计手册》。

为了使润滑油能很好地分布到轴瓦的整个工作表面，轴瓦上要开出油沟和油孔。图13-8所示为几种常见的油沟形式。一般油孔和油沟开在非承载区，这样可以保证承载区油膜的连续性。为了使润滑油能均匀地分布在整个轴颈长度上，油沟轴向应有足够长度，一般取轴瓦长度的0.8倍，但不应开通，以免油从轴瓦两端面漏掉，而不能起到应有的润滑作用。

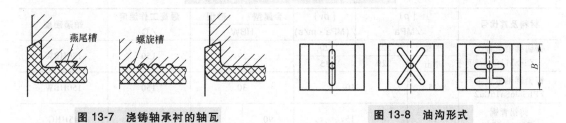

图 13-7　浇铸轴承衬的轴瓦　　　　图 13-8　油沟形式

轴瓦宽度与轴颈直径之比 B/d 称为宽径比，它是向心滑动轴承中的重要参数之一。对于液体摩擦的滑动轴承，常取 $B/d = 0.5 \sim 1$；对于非液体摩擦的滑动轴承，常取 $B/d = 0.8 \sim 1.5$，有时可以更大些。

2. 轴承的材料

对一般使用的滑动轴承，轴承材料主要是指轴瓦和轴承衬材料。根据轴承的工作情况，对轴承材料的要求是：摩擦系数小，导热性能好，热膨胀系数小，耐磨、耐蚀、抗胶合能力强，具有良好的嵌入性及顺应性，具有足够的机械强度和可塑性。

实际上任何一种材料都不可能同时满足上述所有要求，只能根据不同的使用要求合理选择。

常见的轴瓦和轴承衬材料有以下几种：

（1）**轴承合金**　轴承合金（又称为白合金、巴氏合金）有锡锑轴承合金和铅锑轴承合金两大类。

锡锑轴承合金的摩擦系数小，抗胶合性能良好，对油的吸附性强，耐蚀性好，易跑合，是优良的轴承材料，常用于高速、重载的轴承。但它的价格较贵且机械强度较差，因此一般只是浇注在钢、铸铁或青铜轴瓦的内表面上，作为轴承衬用。

铅锑轴承合金的性能与锡锑轴承合金性能相似，但这种材料较脆，不宜在较大的冲击载荷下工作，因此多用于中速中载轴承上。

轴承合金的熔点较低，所以只适用于在150℃以下工作。

（2）**青铜**　青铜具有较高的强度，较好的耐磨性和减摩性，承载能力大，它可以在较高的温度（250℃）下工作。但它的可塑性差，不易跑合，与之相配的轴颈必须淬硬。用作轴瓦材料的青铜，主要有锡青铜、铅青铜和铝青铜。在一般情况下，它们分别用于中速重载、中速中载和低速重载的轴承上。

（3）**具有特殊性能的轴承材料**　用粉末冶金法（经制粉、成形、烧结等工艺）做成的轴承，具有多孔性组织，孔隙内可以储存润滑油，常称为含油轴承。运转时，由于轴瓦发热使孔内的润滑油膨胀而进入润滑表面起润滑作用。含油轴承一次加油可以使用较长时间，但这种材料较脆，不宜承受冲击载荷，故常用于工作平稳、中低速度和加油不方便的场合。

在不重要的或低速轻载的轴承中，也常采用灰铸铁或耐磨铸铁作为轴瓦材料。

橡胶轴承具有较大的弹性，能减轻振动使运转平稳，可以用水润滑，能在有灰尘和泥沙的环境中工作，如潜水泵、砂石清洗机、钻机等。

塑料轴承具有摩擦系数小，可塑性、跑合性良好，耐磨、耐蚀，可以用水、油及化学溶液润滑等优点。

常用轴瓦及轴承衬材料的性能见表 13-1。

表 13-1　常用轴瓦及轴承衬材料的性能

材料及其代号	$[p]$ /MPa		$[pv]$ /(MPa·m/s)	金属型	砂型	最高工作温度 /℃	轴颈硬度
				HBW			
铸锡锑轴承合金 ZSnSb11Cu6	平稳	25	20	27		150	150HBW
	冲击	20	15				
铸铅锑轴承合金 ZPbSb16Sn16Cu2	15		10	30		150	150HBW
铸锡青铜 ZCuSn10P1	15		15	90	80	280	45HRC
铸锡青铜 ZCuSn5PbZn5	8		15	65	60	280	45HRC
铸铝青铜 ZCuAl10Fe3	15		12	110	100	280	45HRC

注：$[pv]$ 值为非液体摩擦下的许用值。

13.3　非液体摩擦滑动轴承的设计计算

非液体摩擦滑动轴承可用油润滑，也可用脂润滑，处于这种润滑状态下工作的滑动轴承，轴瓦的失效形式主要是磨损和胶合，因此维持边界油膜不遭破裂，是非液体摩擦滑动轴承的设计依据。由于边界油膜的强度和破裂温度受多种因素影响而十分复杂，其规律尚未完全被人们掌握。因此目前采用的计算方法是间接的、条件性的。实践证明，若能限制压强 $p \leq [p]$ 和压强与轴颈线速度的乘积 $pv \leq [pv]$，那么轴承是能够很好地工作的。

13.3.1　向心滑动轴承

设计向心滑动轴承时，一般已知轴颈直径 d、转速 n、轴承的径向载荷 F。其设计计算一般步骤如下：

1）根据工作条件和使用要求，选定轴承结构形式及轴瓦材料。

2）选定宽径比 B/d，确定轴承宽度，一般取 $B/d = 0.8 \sim 1.5$。

3）验算轴承工作能力。

（1）轴承的压强 p　限制轴承压强 p，以保证润滑油不被过大的压力挤出，从而避免轴瓦产生过度的磨损。即

$$p = \frac{F}{Bd} \leq [p] \tag{13-1}$$

式中 F——径向载荷，单位为 N；

B——轴承宽度，单位为 mm；

d——轴颈直径，单位为 mm；

$[p]$——轴瓦材料的许用压强，单位为 MPa，见表 13-1。

（2）轴承的 pv 值　pv 值与摩擦功率损耗成正比，它简略地表征轴承的发热因素。pv 值越高，轴承温升越高，容易引起边界油膜的破裂。限制 pv 值就是限制轴承温升，防止轴承胶合。pv 值的验算公式为

$$pv = \frac{F}{Bd} \frac{\pi dn}{60 \times 1000} = \frac{Fn}{19100B} \leqslant [pv] \qquad (13-2)$$

式中 n——轴的转速，单位为 r/min；

$[pv]$——轴瓦材料的许用值，单位为 MPa·m/s，见表 13-1。

例 13-1　试按非液体摩擦状态设计电动绞车中卷筒两端的滑动轴承。钢绳拉力 W 为 20kN，卷筒转速为 25r/min，结构尺寸如图 13-9 所示，其中轴颈直径 $d = 60$mm。

解　（1）求滑动轴承上的径向载荷 F　当钢绳在卷筒中间时，两端滑动轴承受力相等，且为钢绳上拉力之半。但当钢绳绕在卷筒的边缘时，一侧滑动轴承上受力达最大值，为

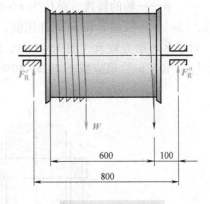

图 13-9　绞车卷筒

$$F = F_R'' = W \times \frac{700}{800} = 20000 \times \frac{7}{8} \text{N} = 17500 \text{N}$$

（2）取宽径比 $B/d = 1.2$

$$B = 1.2 \times 60 \text{mm} = 72 \text{mm}$$

（3）验算压强 p

$$p = \frac{F}{Bd} = \frac{17500}{72 \times 60} \text{MPa} = 4.05 \text{MPa}$$

（4）验算 pv 值

$$pv = \frac{Fn\pi}{60000B} = \frac{17500 \times 25 \times \pi}{60000 \times 72} \text{MPa} \cdot \text{m/s} = 0.32 \text{MPa} \cdot \text{m/s}$$

根据上述计算，参考表 13-1，可知选用铸锡青铜（ZCuSn5Pb5Zn5）作为轴瓦材料是足够的，其 $[p] = 8$MPa，$[pv] = 15$MPa·m/s。

例 13-2　一减速器输出轴上的滑动轴承，其上径向载荷 $F = 100000$N，轴的转速 $n = 120$r/min，轴颈直径 $d = 240$mm，宽径比 $B/d = 1$，试选择轴承材料，并对轴承进行校核。

解　（1）选择轴承材料　根据工作条件，参考表 13-1，选铸铝青铜 ZCuAl10Fe3 为轴瓦材料，其 $[p] = 15$MPa $[pv] = 12$MPa·m/s。

（2）校核计算　因为 $d = 240$mm，$B/d = 1$，所以 $B = 240$mm。

$$p = \frac{F}{Bd} = \frac{100000}{240 \times 240} \text{MPa} = 1.74 \text{MPa} < [p]$$

$$v = \frac{\pi dn}{60 \times 1000} = \frac{\pi \times 240 \times 120}{60 \times 1000} \text{m/s} = 1.5 \text{m/s}$$

$$pv = 1.74 \times 1.5 \text{MPa} \cdot \text{m/s} = 2.61 \text{MPa} \cdot \text{m/s} < [pv]$$

可见此轴承合适。

13.3.2 推力滑动轴承

推力滑动轴承与向心滑动轴承一样需验算压强 p 和 pv 值。

由图13-10可知，推力轴承应满足

$$p = \frac{F}{\frac{\pi}{4}(d_2^2 - d_1^2)z} \leq [p] \tag{13-3}$$

$$pv_m \leq [pv] \tag{13-4}$$

式中　　z——轴环数；

F——轴向载荷，单位为N；

d_2——轴环的外径，单位为mm；

d_1——轴环的内径，单位为mm，一般取 $d_1 = (0.4 \sim 0.6)d_2$；

v_m——轴环的平均速度，单位为m/s，$v_m = \pi d_m n/(60 \times 1000)$；

d_m——平均直径，单位为mm，$d_m = (d_1 + d_2)/2$；

n——轴的转速，单位为r/min；

$[p]$、$[pv]$——压强 p 和 pv 的许用值，单位为MPa和MPa·m/s，由表13-1查取。

对于多环推力轴承（图13-10b），由于制造和装配误差，使各支承面上所受的载荷不相等，$[p]$ 和 $[pv]$ 值应减小 $20\% \sim 40\%$。

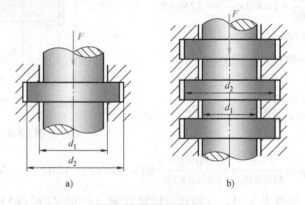

a)　　　　　　　　　　　b)

图13-10　推力轴承

13.4　轴承常用的润滑剂和润滑装置

轴承润滑的目的主要是降低摩擦功耗，减少磨损，同时还可以起到冷却、防尘、防锈以及吸振等作用。因此正确地选择润滑剂和润滑方式对滑动轴承设计和使用是十分重要的。

13.4.1 润滑剂

润滑剂分为润滑油、润滑脂和固体润滑剂三类。

1. 润滑油

润滑油是滑动轴承中最常用的润滑剂。润滑油多为矿物油。它的主要性能指标是黏度和油性。

黏度是润滑油最主要的性能指标，是选择润滑油的主要依据，黏度表征液体润滑油流动时内部摩擦阻力的大小。黏度越大，内摩擦阻力越大，液体流动性越差。黏度的大小可以用动力黏度（又称绝对黏度）和运动黏度等指标来表示。

动力黏度的定义：设长、宽、高各为 1m 的液体，若使上、下两平行平面产生 1m/s 相对滑动速度所需的力为 1N（图 13-11），则认为这种液体具有 1 个单位的动力黏度，以 η 表示，其单位为 N·s/m²，即 Pa·s（帕·秒）。

液体动力黏度 η 与其密度 ρ 的比值称为运动黏度 ν，即

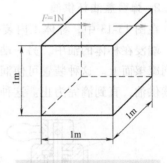

$$\nu = \frac{\eta}{\rho}$$

图 13-11　液体的动力黏度

ν 的单位是 m²/s，工程上常用 mm²/s，即 cst（厘斯）作为单位，$1mm^2/s = 10^{-6}m^2/s$。

温度对润滑油的黏度有显著影响，随着温度升高，黏度降低。

润滑油的黏度还随着压力的升高而增大，但在普通压力范围内黏度的变化极微，可忽略不计。

选用润滑油时应考虑速度、载荷、温度和工作情况等因素，原则上是低速、重载、高温的轴承宜用黏度大的润滑油，载荷小、速度高的轴承宜选用黏度小的润滑油。

2. 润滑脂

润滑脂是润滑油和各种稠化剂（如钙、钠、铝、锂等金属皂）混合稠化而成的。润滑脂稠度大，不易流失，密封简单，不需经常添加，对载荷和速度的变化有较大的适应范围，受温度的影响不大，但摩擦损耗大，故不宜用于高速。

润滑脂主要用于速度低，载荷大，不便经常加油，使用要求不高的场合。

目前使用最多的是钙基润滑脂，它有耐水性，常用于 60℃ 以下的各种机械设备中轴承的润滑。钠基润滑脂可用于 115～145℃ 以下，但不耐水。锂基润滑脂性能优良，耐水，在 -20～150℃ 范围内广泛适用，可以代替钙基、钠基润滑脂。

3. 固体润滑剂

常用的固体润滑剂有石墨、二硫化钼和聚氟乙烯树脂等，一般用于润滑油和润滑脂不能适应的场合。在滑动轴承中主要是以粉剂加入润滑油或润滑脂中，用以提高其润滑性能。实践表明，滑动轴承的润滑剂中添加二硫化钼后，轴承的摩擦损失减少，温升降低，使用寿命提高。尤其是对高温、低速、重载下工作的轴承，采用添加二硫化钼的润滑剂，润滑效果良好。

13.4.2　润滑装置

供给润滑油的方法较多，常用的方法有：

1. 针阀式油杯供油

在图 13-12 中，当平放手柄 1 时，针杆 3 借弹簧的推压而堵住底部油孔。直立手柄时，当针杆 3 被提起直立时油孔敞开，于是润滑油自动滴到轴颈上。在针阀式油杯的上端面开有小孔，供补充润滑油用，平时由簧片 4 遮盖。螺母 2 可调节针杆 3 下端油口的大小，以控制供油量。

2. 弹簧盖油杯供油

在图 13-13 中，杯体 1 内装一导油管 2，管子内放置用毛线或棉线做成的油芯 3，油芯的一端浸在杯体的油中，另一端在管子内，但不与轴颈接触，利用油芯的毛细管作用，把油吸到摩擦面上。这种装置可使润滑油连续而均匀地供应，但是不能调节供油量，停车时仍在继续供油，直到滴完为止。这种方式适用于不需充分润滑的轴承。

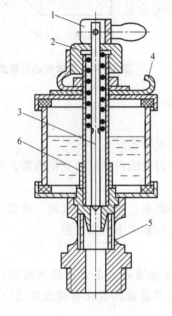

图 13-12　针阀式油杯

1—手柄　2—螺母　3—针杆
4—簧片　5—观察孔　6—滤油网

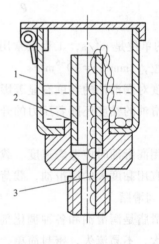

图 13-13　弹簧盖油杯

1—杯体　2—油管　3—油芯

3. 油环润滑

图 13-14 所示为油环润滑，在轴颈上套一油环，油环下部浸入油池中。当轴颈回转时，靠摩擦力带动油环旋转，把油带入轴承的摩擦部位。油环浸在油池内的深度约为其直径的 1/4 时，给油量足以维持液体润滑状态的需要。它适用于轴的转速为 $100 \sim 3000 r/min$、水平安装的轴承中。

4. 旋盖式油杯

在图 13-15 中，油杯中填满润滑脂，杯盖与杯体用螺纹连接。当旋紧杯盖，可将润滑脂压送进轴承孔内，只能做间歇供油。

最完善的供油方法是利用油泵循环供油。这种方法给油量充足，安全可靠，但设备费用高，常用于高速且精密的重要机器中。

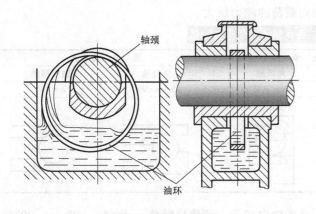

轴颈

油环

图 13-14 油环润滑

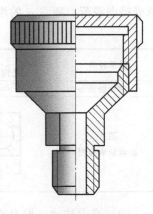

图 13-15 旋盖式油杯

13.5 滚动轴承的类型、结构和代号

13.5.1 滚动轴承的基本结构

滚动轴承一般是由内圈 1、外圈 2、滚动体 3 和保持架 4 组成的，如图 13-16 所示。内圈、外圈分别与轴颈和轴承座装配在一起。多数情况是内圈随轴回转，外圈不动。滚动体是滚动轴承的核心元件，它使相对运动表面间的滑动摩擦变为滚动摩擦。内外圈上有滚道，当内外圈做相对转动时，滚动体即在滚道间滚动。保持架的作用是将滚动体均匀地隔开。

滚动轴承是标准零件，并由专门的轴承厂大批生产。设计人员设计机械的主要任务是熟悉标准，正确选用。

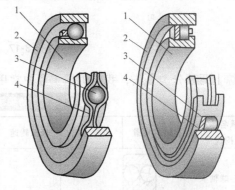

图 13-16 滚动轴承的基本结构
1—内圈 2—外圈 3—滚动体 4—保持架

13.5.2 滚动轴承的类型

滚动轴承的类型很多，可以按照不同的方法进行分类。通常是按轴承承受载荷的方向和滚动体的形状进行分类。

滚动体与外圈接触处的法线与垂直于轴承轴心线的平面之间的夹角称为公称接触角，简称接触角。这是轴承的一个重要参数，其值的大小反映了轴承承受轴向载荷的能力。接触角越大，轴承承受轴向载荷的能力也越大。表 13-2 列出了各类轴承的公称接触角。

按承受载荷方向，滚动轴承可分为向心轴承和推力轴承。

（1）向心轴承 向心轴承主要用于承受径向载荷，其公称接触角 α 为 $0° \sim 45°$。$\alpha = 0°$ 的轴承称为径向接触轴承，只能承受径向载荷；$0°<\alpha\leqslant45°$ 的轴承称为角接触向心轴承，主要承受径向载荷。随着 α 的增大，承受轴向载荷的能力增大。

表 13-2 各类轴承的公称接触角

轴承种类	向 心 轴 承		推 力 轴 承	
	径向接触	角接触	角接触	轴向接触
公称接触角 α	$\alpha=0°$	$0°<\alpha\leqslant45°$	$45°<\alpha<90°$	$\alpha=90°$
图例 （以球轴承为例）				

（2）推力轴承　推力轴承主要用于承受轴向载荷，公称接触角 α 为 $45°\sim90°$。$\alpha=90°$ 的轴承称为轴向接触轴承，只能承受轴向载荷；$45°<\alpha<90°$ 的轴承称为角接触推力轴承，主要承受轴向载荷。随着 α 的减小，承受径向载荷的能力增大。

按滚动体的形状，滚动轴承可分为球轴承和滚子轴承。滚子又分为圆柱滚子（图 13-17a）、圆锥滚子（图 13-17b）、球面滚子（图 13-17c）和滚针（图 13-17d）等。

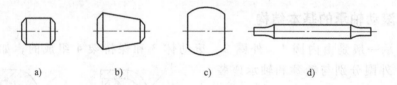

　　　　a)　　　　　　　　　b)　　　　　　　　c)　　　　　　　　d)

图 13-17　滚子的类型

综上两种分类方法，我国机械工业中常用滚动轴承的类型和特性见表 13-3。

表 13-3 滚动轴承的主要类型和特性

轴承名称及 结构代号	结构简图	承载方向	极限转速	允许角偏差	主要特性和应用
调心球轴承 10000		中	$2°\sim3°$	主要承受径向载荷，同时也能承受少量的轴向载荷。因为外圈滚道表面是以轴承中点为中心的球面，故能调心
调心滚子轴承 20000		低	$0.5°\sim2°$	能承受很大的径向载荷和少量轴向载荷，承载能力大，具有调心性能
圆锥滚子轴承 30000		中	$2'$	能同时承受较大的径向、轴向联合载荷，因是线接触，承载能力大于"7"类轴承。内外圈可分离，装拆方便，成对使用

（续）

轴承名称及结构代号	结构简图	承载方向	极限转速	允许角偏差	主要特性和应用
推力球轴承 单向 51000 双向 52000	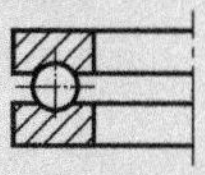 a) 单向 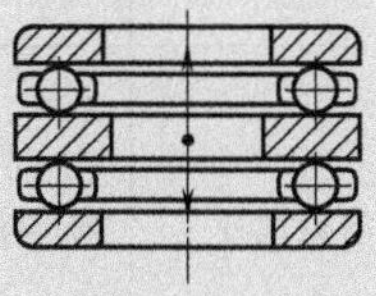 b) 双向	低	不允许	$\alpha=90°$，只能承受轴向载荷，而且载荷作用线必须与轴线相重合，不允许有角偏差。有两种类型： 单向——承受单向推力 双向——承受双向推力 高速时，因滚动体离心力大，球与保持架摩擦发热严重，寿命较低，可用于轴向载荷大、转速不高之处
深沟球轴承 60000		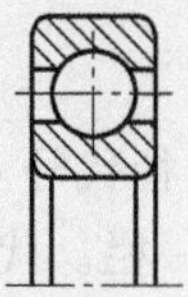 高	$8'\sim16'$	主要承受径向载荷，同时也可承受一定量的轴向载荷。当转速很高而轴向载荷不太大时，可代替推力球轴承承受纯轴向载荷 当承受纯径向载荷时，$\alpha=0°$
 角接触球轴承 70000C($\alpha=15°$) 70000AC($\alpha=25°$) 70000B($\alpha=40°$)		较高	$2'\sim10'$	能同时承受径向、轴向联合载荷，公称接触角越大，轴向承载能力也越大。公称接触角 α 有15°、25°、40°三种。通常成对使用，可以分装于两个支点或同装于一个支点上
推力圆柱滚子轴承 80000		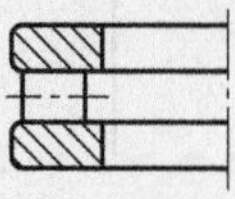 低	不允许	能承受很大的单向轴向载荷，轴向刚度高，极限转速低，不允许轴与外圈轴线有倾斜
圆柱滚子轴承 N0000		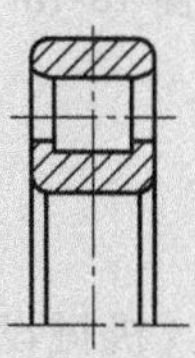 较高	$2'\sim4'$	能承受较大的径向载荷，不能承受轴向载荷。因是线接触，内外圈只允许有极小的相对偏转 除左图所示外圈无挡边（N）结构外，还有内圈无挡边（NU）、外圈单挡边（NF）、内圈单挡边（NJ）等结构形式
滚针轴承 a) NA0000 b) RNA0000	a) 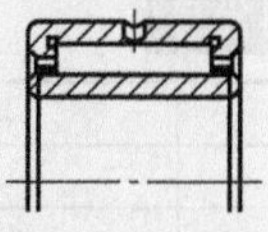 b) 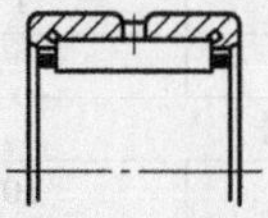	低	不允许	只能承受径向载荷，承载能力大，径向尺寸小。一般无保持架，因而滚针间有摩擦，轴承极限转速低。这类轴承不允许有角偏差 左图结构特点是：有保持架，图 a 带内圈，图 b 不带内圈

13.5.3 滚动轴承代号

常用的各类滚动轴承中，每种类型又可做成几种不同的结构、尺寸、公差等级，以适应不同的技术要求。为了统一表征各类轴承的特点，便于组织生产和选用，GB/T 272—1993

规定了轴承代号由基本代号、前置代号和后置代号三部分组成，用字母和数字表示。其排列顺序见表13-4。基本代号是轴承的核心。前置代号和后置代号都是轴承代号的补充，只有在遇到对轴承结构、形状、材料、公差等级、技术要求等有特殊要求时才使用。一般情况下可部分或全部省略。

表 13-4   滚动轴承代号

前置代号	基 本 代 号				后置代号
	×	× ×			
		尺寸系列代号			
□	×	宽(高)度系列代号	直径系列代号	× ×	□或加×
成套轴承分部件代号	（□）类型代号			内径代号	内部结构、公差等级及其他

注：□——字母；×——数字。

1. 基本代号

轴承的基本代号包括三项内容：类型代号、尺寸系列代号、内径代号。

（1）类型代号   用数字或字母表示不同的类型，见表13-3第一栏。代号为 "0"（双列角接触球轴承）则省略不标。

（2）尺寸系列代号   由两位数字组成。前一位数字代表宽度系列（向心轴承）或高度系列（推力轴承），后一位数字表示直径系列。尺寸系列表示内径相同的轴承可具有不同外径，而同样的外径又有不同的宽度（高度），由此用以满足各种不同要求的承载能力。向心轴承和推力轴承的常用尺寸系列代号见表13-5。

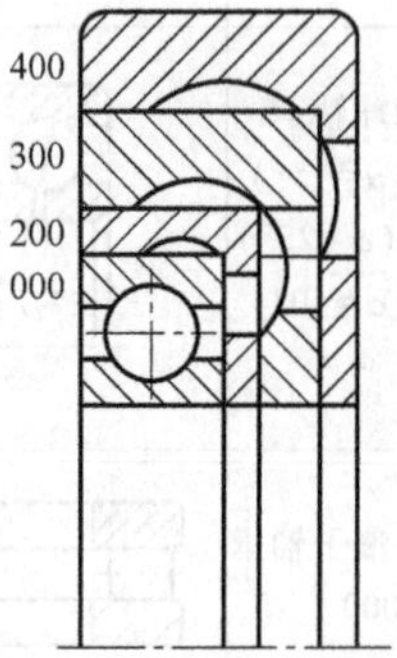

图13-18所示为内径相同，而直径系列不同的四种轴承的对比。

当宽度系列为0系列时，对多数轴承在代号中不标出，但对于调心轴承和圆锥滚子轴承，宽度系列代号0应标出。

图 13-18   直径系列的对比

（3）内径代号   表示轴承内径尺寸，用数字表示，见表13-6。

2. 前置代号

用字母表示成套轴承的分部件。前置代号及其含义可以参阅《机械设计手册》。

表 13-5   向心轴承和推力轴承常用尺寸系列代号

直径系列代号		向心轴承			推力轴承	
		宽度系列代号			高度系列代号	
		(0)	1	2	1	2
		窄	正常	宽	正常	
		尺寸系列代号				
0	特轻	(0)0	10	20	10	—
1		(0)1	11	21	11	
2	轻	(0)2	12	22	12	22
3	中	(0)3	13	23	13	23
4	重	(0)4	—	24	14	24

注：宽度系列代号为零时不标出。

表 13-6 轴承内径代号

内径代号	00	01	02	03	04~99
轴承内径尺寸/mm	10	12	15	17	数字×5

注：内径小于 10mm 和大于 495mm 的轴承内径代号另有规定。

3. 后置代号

用字母（或加数字）表示，置于基本代号右边，并与基本代号空半个汉字距离或用符号"—""/"分隔。轴承后置代号排列顺序见表 13-7。内部结构代号见表 13-8，如角接触球轴承等不同公称接触角标注不同代号。公差等级代号列于表 13-9 中。

表 13-7 轴承后置代号排列顺序

后置代号（组）	1	2	3	4	5	6	7	8
含义	内部结构	密封与防尘	保持架及其材料	轴承材料	公差等级	游隙	多轴承配置	其他

表 13-8 轴承内部结构常用代号

轴承类型	代 号	含 义	示 例
角接触球轴承	B	$\alpha = 40°$	7210B
	C	$\alpha = 15°$	7005C
	AC	$\alpha = 25°$	7210AC
圆锥滚子轴承	B	接触角 α 加大	32310B
	E	加强型	N207E

表 13-9 公差等级代号

代 号	/PN	/P6	/P6X	/P5	/P4	/P2
公差等级	普通级	6 级	6X 级	5 级	4 级	2 级
示 例	6203	6203/P6	30210/P6X	6203/P5	6203/P4	6203/P2

注：公差等级中普通级最低，向右依次增高，2 级最高。

代号举例：

6308——表示内径为 40mm 的深沟球轴承，宽度系列代号为 0，直径系列代号为 3，0 级公差。

7211C/P5——表示内径为 55mm 的角接触球轴承，宽度系列代号为 0，直径系列代号为 2，接触角度 $\alpha = 15°$，5 级公差。

13.5.4 滚动轴承类型的选择

选择滚动轴承类型时应综合考虑轴承所受的载荷情况、轴承转速、调心性能以及其他要求。再参照各类轴承的特性和用途，正确合理地选择轴承类型。其选择原则如下：

1）一般来说，球形轴承价廉，在转速较高、载荷较小、要求旋转精度高时，宜选用球轴承。滚子轴承的承载能力比球轴承大，因而当转速较低、载荷较大或有冲击载荷时，则适用滚子轴承。

2）轴承上同时受径向和轴向联合载荷，一般选用角接触球轴承或圆锥滚子轴承；若径向载荷较大、轴向载荷小，可选用深沟球轴承；而当轴向载荷较大、径向载荷小时，可采用角接触推力轴承，或选用向心轴承和推力轴承的组合结构分别承受径向和轴向载荷。

3）轴承由于安装误差或轴的变形等都会引起内外圈中心线发生相对倾斜。当弯曲变形较大时，会影响轴承正常运转。此时，要求轴承有较好的调心性能，宜选用调心球轴承或调心滚子轴承，并应成对使用。

4）为便于安装、拆卸和调整间隙，常选用内、外圈可分离的轴承。此外，轴承类型的选择还应考虑轴承装置整体设计的要求，如轴承的配置使用要求、游动要求等。

13.6　滚动轴承选择计算

13.6.1　滚动轴承的失效形式

滚动轴承工作时内、外套圈间有相对运动，滚动体既自转又围绕轴承中心公转，滚动体和套圈分别受到不同的脉动接触应力。根据工作情况，滚动轴承的失效形式主要有以下几种：

(1) 疲劳点蚀　滚动轴承受载后各滚动体的受力大小不同，因此滚动体与滚道接触表面受变应力（图 13-19）。经过一定时间运转，工作表面首先出现疲劳点蚀，导致轴承失去正常工作能力。这是滚动轴承的主要失效形式。

(2) 塑性变形　当轴承转速很低或间隙摆动时，一般不会产生疲劳破坏。但在很大的静载荷或冲击载荷下，会使工作表面产生不允许的塑性变形（滚动表面形成凹坑），从而使轴承在运转中产生剧烈振动和噪声，以致失去正常工作能力。

此外，由于维护和保养不当或密封不良等因素也会引起轴承早期磨损、胶合、内外圈和保持架破损等不正常失效。

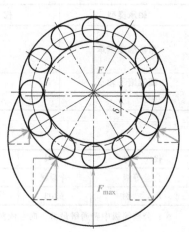

图 13-19　径向载荷分布

由失效分析可知，一个正常工作的轴承的承载能力取决于接触疲劳强度和静强度。对于一般转速（$n>10\text{r/min}$）的轴承，应进行防止疲劳点蚀的寿命计算。对于转速极低（$n\leqslant10\text{r/min}$）或缓慢摆动的轴承，应进行静强度计算。对于高速轴承，除进行寿命计算外，还需验算极限转速。

13.6.2　滚动轴承的选择计算

1. 轴承寿命

滚动轴承的任一个套圈或滚动体的材料首次出现疲劳扩展迹象前，轴承转过的总转数，或在某一转速下的工作小时数，称为轴承的寿命。

对同一批生产的同一型号的轴承，由于材料、热处理和工艺等很多随机因素的影响，即使在相同条件下运转，寿命也不一样，有的相差几十倍。因此对一个具体轴承，很难预知其确切的寿命。但大量的轴承寿命试验表明，轴承的可靠性与寿命之间有如图 13-20 所示的关系。可靠性常用可靠度 R 度量。一组相同轴承能达到或超过规定寿命的百分率，称为轴承寿命的可靠度。如图 13-20 所示，当寿命 L 为 1×10^6r 时，可靠度 R 为 90%；L 为 5×10^6r 时，可靠度 R 为 50%。

2. 基本额定寿命

一批同型号的轴承，在相同条件下运转，其可靠度为 90% 时，能够达到或超过的总转数或工作小时数称为基本额定寿命，用 L（单位为 10^6r）或 L_h（单位为 h）表示。换言之，即 90% 的轴承在发生点蚀前能达到或超过的寿命，称为基本额定寿命。对单个轴承而言，能够达到或超过此寿命的概率为 90%。

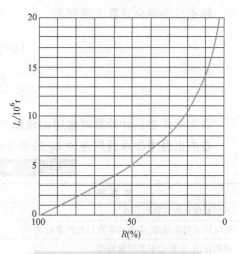

图 13-20 滚动轴承的寿命曲线

3. 基本额定动载荷

对于相同型号的轴承，轴承的寿命与所受载荷的大小有关，工作载荷越大，轴承的寿命越短。标准中规定轴承基本额定寿命 $L = 1 \times 10^6$r 时，轴承所能承受的载荷值为轴承的基本额定动载荷，用字母 C 表示。各种轴承的基本额定动载荷 C 值可由轴承样本查得。

4. 滚动轴承的寿命计算公式

大量实验表明，滚动轴承的基本额定寿命 L（单位为 10^6r）与基本额定动载荷 C（单位为 N）、当量动载荷 P（单位为 N）间的关系为

$$L = \left(\frac{C}{P} \right)^{\varepsilon} \tag{13-5}$$

式中 ε——寿命指数，对球轴承，$\varepsilon = 3$；对滚子轴承，$\varepsilon = 10/3$。

在实际工程计算中，轴承寿命常用小时表示。如用 n 表示轴的转速（单位为 r/min），则式（13-5）可写为

$$L_h = \frac{10^6}{60n} \left(\frac{C}{P} \right)^{\varepsilon} \tag{13-6}$$

式中 L_h——轴承寿命，单位为 h。

当量动载荷 P 为一恒定径向（或轴向）载荷，在该载荷作用下，滚动轴承具有与实际载荷作用下相同的寿命。P 的确定方法将在下一节阐述。

考虑到轴承在温度高于 100℃ 下工作时，基本额定动载荷 C 有所降低，故引进温度系数 f_t（$f_t \le 1$），对 C 值予以修正。f_t 值可查表 13-10 得到。考虑到工作中的冲击和振动会使轴承寿命降低，为此又引进载荷系数 f_p。f_p 值可查表 13-11 得到。

表 13-10 温度系数 f_t

轴承工作温度/℃	100	125	150	200	250	300
温度系数 f_t	1.00	0.95	0.90	0.80	0.70	0.60

表 13-11 载荷系数 f_p

载荷性质	无冲击或轻微冲击	中等冲击	强烈冲击
f_p	1.0~1.2	1.2~1.8	1.8~3.0

修正后的寿命计算式可写为

$$L_h = \frac{10^6}{60n}\left(\frac{f_t C}{f_p P}\right)^\varepsilon \left.\right\}$$

$$C = \frac{f_p P}{f_t}\left(\frac{60n}{10^6}L_h\right)^{1/\varepsilon} \left.\right\}$$

(13-7)

以上两式是设计计算时常用的轴承寿命计算式，由此可确定轴承的寿命或型号。

各类机器中轴承预期寿命 L_h 的参考值列于表 13-12 中。

表 13-12　轴承预期寿命的 L_h 的参考值

使 用 场 合	L_h/h
不经常使用的仪器和设备	500
短时间或间断使用，中断时不致引起严重后果	4000~8000
间断使用，中断会引起严重后果	8000~12000
每天 8h 工作的机械	12000~20000
24h 连续工作的机械	40000~60000

5. 当量动载荷的计算

滚动轴承的基本额定动载荷是在一定的试验条件下确定的。对向心轴承仅承受纯径向载荷 R。对推力轴承仅承受纯轴向载荷 A。实际上，轴承在许多应用场合，常常同时承受径向载荷和轴向载荷，因此在进行轴承寿命计算时，必须将实际载荷换算成与试验条件相当的载荷后，才能和基本额定动载荷进行比较。换算后的载荷是一种假定的载荷，故称为当量动载荷，用字母 P 表示。计算公式为

$$P = XR + YA$$

(13-8)

式中　R、A——轴承的径向载荷与轴向载荷；

　　　X、Y——径向动载荷系数与轴向动载荷系数。

对于向心轴承，当 $A/R > e$ 时，可由表 13-13 查出 X 和 Y 的数值；当 $A/R \leqslant e$ 时，轴向力的影响可以忽略不计（这时表中 $Y=0$，$X=1$），e 值列于轴承标准中，其值与轴承类型和 A/C_{or} 比值有关（C_{or} 是轴承的径向额定静载荷）。以上 X、Y、e、C_{or} 诸值由制定轴承标准的部门根据试验确定。

对于只能承受纯径向载荷 R 的轴承（如 N、NA 类轴承）

$$P = R$$

(13-9)

对于只能承受纯轴向载荷 A 的轴承（如 5 类轴承）

$$P = A$$

(13-10)

6. 角接触球轴承和圆锥滚子轴承轴向载荷 A 的计算

角接触球轴承和圆锥滚子轴承的结构特点是在滚动体与滚道接触处存在着接触角 α。当其承受径向载荷 R 时，会产生派生轴向力 S，为了保证这类轴承正常工作，通常是成对使用，对称安装。安装方式有两种：图 13-21a 所示为两外圈窄边相对（正装），图 13-21b 所示为两外圈宽边相对（反装）。

由式（13-8）计算各轴承的当量动载荷 P 时，其中的径向载荷 R 是由外界作用在轴上的径向力 F_r 在轴承上产生的径向载荷；但其中轴向载荷 A 并不完全由外界的轴向力 F_a 产

生，而是应该根据整个轴上的轴向载荷（包括因径向载荷 R 产生的派生轴向力 S）之间的平衡条件得出。

表 13-13　向心轴承当量动载荷 X、Y 值

轴承类型		A/C_{or}	e	$A/R > e$		$A/R \leqslant e$	
				X	Y	X	Y
深沟球轴承		0.014	0.19		2.30		
		0.028	0.22		1.99		
		0.056	0.26		1.71		
		0.084	0.28		1.55		
		0.11	0.30	0.56	1.45	1	0
		0.17	0.34		1.31		
		0.28	0.38		1.15		
		0.42	0.42		1.04		
		0.56	0.44		1.00		
角接触球轴承（单列）	$\alpha = 15°$	0.015	0.38		1.47		
		0.029	0.40		1.40		
		0.058	0.43		1.30		
		0.037	0.46		1.23		
		0.12	0.47	0.44	1.19	1	0
		0.17	0.50		1.12		
		0.29	0.55		1.02		
		0.44	0.56		1.00		
		0.58	0.56		1.00		
	$\alpha = 25°$	—	0.68	0.41	0.87	1	0
	$\alpha = 40°$	—	1.14	0.35	0.57	1	0
圆锥滚子轴承（单列）		—	$1.5\tan\alpha$	0.4	$0.4\cot\alpha$	1	0
调心球轴承（双列）		—	$1.5\tan\alpha$	0.65	$0.65\cot\alpha$	1	$0.42\cot\alpha$

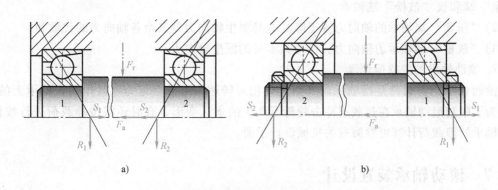

图 13-21　角接触球轴承轴向载荷的分析

a）正装　b）反装

根据力的平衡条件，很容易由外界的径向力 F_r 计算出两个轴承上的径向载荷 R_1、R_2，当 F_r 的大小及作用位置固定时，径向载荷 R_1、R_2 也就确定。由径向载荷 R_1、R_2 派生的轴向力 S_1、S_2 的大小可按表 13-14 中的公式计算。

表 13-14　派生轴向力 S 的计算公式

轴承类型	角接触球轴承			圆锥滚子轴承
	70000C($\alpha=15°$)	70000AC($\alpha=25°$)	70000B($\alpha=40°$)	
派生轴向力 S	eR	$0.68R$	$1.14R$	$R/2Y$

注：1. e 由表 13-13 查得。

2. Y 是对应于表 13-13 中 $A/R>e$ 的值。

在图 13-21 中，把派生轴向力的方向与外部轴向力 F_a 的方向一致的轴承标为 2，另一端标为 1。若将轴与内圈视为一体作为分离体，考虑轴系的轴向平衡，就可确定各轴承所承受的轴向载荷。

在图 13-21 中，有两种受力情况：

1）当 $F_a+S_2>S_1$ 时，轴有向左移动的趋势，由于轴承 1 已固定，相当于轴承 1 被"压紧"，轴承 2 被"放松"，但实际上轴必须处于平衡位置，所以被"压紧"端轴承 1 的总轴向力 A_1 必须与 F_a+S_2 相平衡，即

$$A_1 = F_a + S_2$$

而被"放松"端的轴承 2 只承受其本身派生的轴向力，即

$$A_2 = S_2$$

2）当 $F_a+S_2<S_1$ 时，轴有右移趋势，同前理，被"放松"的轴承 1 只承受其本身派生的轴向力，即

$$A_1 = S_1$$

而被"压紧"端的轴承 2 所受的轴向力为

$$A_2 = S_1 - F_a$$

以上分析结果与安装方式无关，既适用于正装，也适用于反装。因此，计算角接触球轴承和圆锥滚子轴承所受轴向力的方法归纳如下：

1）判明轴上全部轴向力（包括外部轴向力和轴承派生轴向力）合力的指向，确定被"压紧"端和被"放松"端轴承。

2）"压紧"端轴承的轴向力等于除其本身派生轴向力外其余各轴向力的代数和。

3）"放松"端轴承的轴向力，仅为其本身的派生轴向力。

7. 滚动轴承的静载荷计算

滚动轴承的静载荷是指轴承内外圈之间相对转速为零或接近为零时作用在轴承上的载荷。为了限制滚动轴承在过载或冲击载荷下产生的永久变形，有时还需按静载荷进行校核。滚动轴承的静载荷计算可参阅有关机械设计手册。

13.7　滚动轴承装置设计

为了保证轴承能正常地工作，除了正确地选择轴承的类型和尺寸外，还应正确地进行轴承装置设计。即正确地解决轴承的配置、配合、调整、润滑和密封等问题。

13.7.1　轴承的配置

合理的轴承配置应考虑轴在机器中有正确的位置，防止轴向窜动及当工作温度变化时，

轴受热膨胀后不致将轴承卡死等因素。常见的轴承配置方法有两种：

1. 两端固定（双支点单向固定）

在图 13-22 中，用轴肩顶住内圈，端盖压住外圈，使轴的两个支点中每一个支点都能限制轴的单向移动，两个支点联合起来就限制了轴的双向移动，这种配置方式称为两端固定，它适用于工作温度变化不大的短轴。考虑到轴因受热而伸长，在轴承盖与外圈端面之间应留出热补偿间隙 c，$c=0.2\sim0.3$mm（图 13-22b）。

2. 一端固定、一端游动（单支点双向固定）

这种配置方式是在两个支点中使一个支点双向固定以承受轴向力（图 13-23a 的左端），另一个支点则可做轴向游动。可做轴向游动的支点称为游动支点（图 13-23a 的右端），固定端内、外圈都应双向固定而游动端只对内圈做双向固定，外圈可移动。

选用深沟球轴承作为游动支点时，应在轴承外圈与端盖之间留适当间隙（图 13-23a）；选用圆柱滚子轴承时，则轴承外圈应做双向固定（图 13-23b），以免内外圈同时移动，造成过大错位。这种配置方式适用于温度变化较大的长轴。

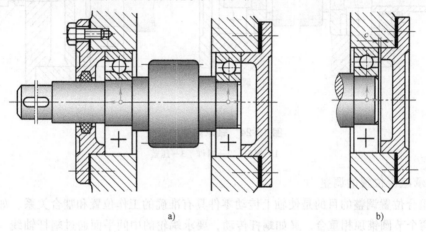

a)   b)

图 13-22　两端固定支承

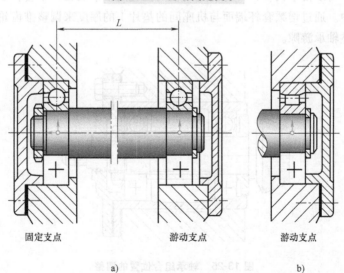

固定支点　　　　　游动支点　　　　　游动支点

a)   b)

图 13-23　一端固定一端游动支承

13.7.2 轴承组合的调整

1. 轴承间隙的调整

轴承间隙是指轴承本身的轴向游隙。间隙调整常用下列方法：

1）靠增减轴承盖与机座间垫片的厚度进行调整（图13-24a）。

2）用螺钉1通过轴承外圈压盖3移动外圈位置进行调整（图13-24b），调整后用螺母2锁紧防松。

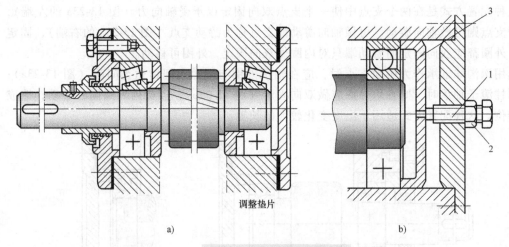

调整垫片

a)   b)

图13-24　轴承间隙的调整

1—螺钉　2—螺母　3—压盖

2. 轴承组合位置的调整

轴承组合位置调整的目的是使轴上传动零件具有准确的工作位置和啮合关系。如锥齿轮传动，要求两个节圆锥顶相重合，又如蜗杆传动，要求蜗轮的中间平面通过蜗杆轴线，这就需要轴向位置的调整。为了便于调整，可将确定其轴向位置的轴承装在一个套杯中（图13-25），套杯则装在机座孔中。通过增减套杯端面与机座间的垫片1的厚度来调整锥齿轮的轴向位置，而垫片2则用来调整轴承游隙。

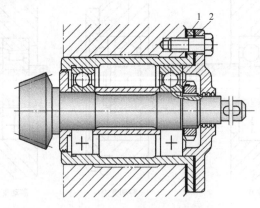

图13-25　轴承组合位置的调整

1、2—垫片

13.7.3　轴承的配合

由于滚动轴承是标准件，为了便于互换及适应大量生产，轴承内圈孔与轴的配合采用基孔制，轴承外圈与轴承座孔的配合则采用基轴制。

选择配合时，应考虑载荷的方向、大小和性质，以及轴承类型、转速和使用条件等因素。一般地说，当工作载荷方向不变时，转动圈应比不动圈的配合紧一些。一般情况下是内圈随轴一起转动，外圈固定不转，故内圈与轴常取具有过盈的过渡配合，如轴的公差采用k6、m6；外圈与座孔常取较松的过渡配合，如座孔的公差采用 H7、J7 或 JS7。当轴承用作游动支承时，外圈与座孔应取保证有间隙的配合，如座孔公差采用 G7。关于配合的详细资料可参见有关《机械设计手册》。

13.7.4　轴承的装拆

设计轴承组合时，应考虑到有利于轴承装拆，以便在装拆过程中不致损坏轴承和其他零件。在安装或拆卸轴承时，都必须以内圈为着力件；并且将压入或压出力均匀地加在内圈上，通过内圈将轴承装入或卸下。如图 13-26 所示，若轴肩高度大于轴承内圈外径时，就难以放置拆卸工具的钩头。对外圈拆卸要求也是如此，应留出拆卸高度 h_1（图 13-27a、b）或在壳体上做出能放置拆卸螺钉的螺孔（图 13-27c）。

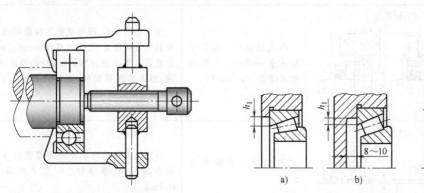

图 13-26　利用拆卸器拆卸轴承　　　　　图 13-27　拆卸高度和拆卸螺孔

13.7.5　滚动轴承的润滑

润滑对于滚动轴承具有重要意义，其主要目的是减小摩擦，降低磨损，同时也起冷却、吸振、防锈和减小噪声的作用。

滚动轴承中使用的润滑剂主要是润滑脂、润滑油或固体润滑剂。一般情况下，滚动轴承采用润滑脂润滑，但在轴承附近已经具有润滑油源时（如变速箱内本来就有润滑齿轮的油），也可采用润滑油润滑。具体选择可按速度因数 dn 值来定。d 代表轴承内径，n 代表轴承套圈的转速，dn 值间接地反映了轴颈的圆周速度。当 $dn < (1.5 \sim 2) \times 10^5 \mathrm{mm \cdot r/min}$ 时，一般滚动轴承可采用润滑脂润滑，超过这一范围宜采用润滑油润滑。

脂润滑密封结构简单，润滑脂不易流失，一次充填润滑脂（装脂量约为轴承空间的 1/3 ~ 1/2）后可以工作较长时间。

油润滑摩擦损失小。一般在采用浸油润滑时，油面不应超过轴承最低滚动体的中心，以免产生过大的搅油损耗和热量。高速轴承通常采用喷油或喷雾方法润滑。

13.7.6　滚动轴承的密封

密封的目的是防止灰尘、水分等进入轴承，并阻止润滑剂流失。

滚动轴承密封方法的选择与润滑的种类、工作环境、温度、密封表面的圆周速度有关。密封方法可分为两大类：接触式密封和非接触式密封。它们的密封形式、适用范围和性能可参阅表 13-15。

表 13-15　常用的滚动轴承密封形式

密封类型	图　例	适用场合	说　明
接触式密封	毛毡圈密封 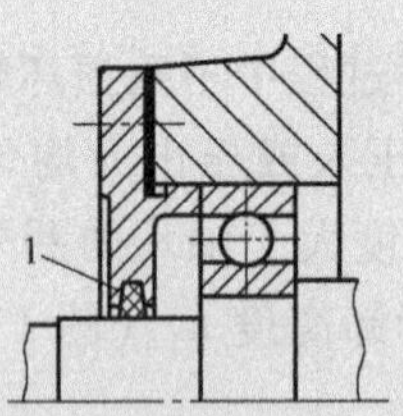 	脂润滑。环境清洁,轴颈圆周速度 $v \leqslant 4 \sim 5\text{m/s}$,工用温度不超过 90℃	矩形断面的毛毡圈 1 被安装在梯形槽内,它对轴产生一定的压力而起到密封作用
接触式密封	密封圈密封 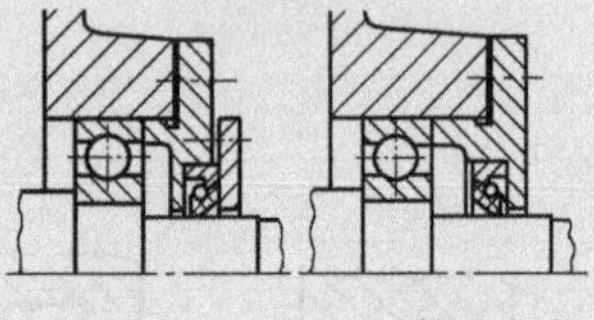 a)　　　　b)	脂或油润滑。轴颈圆周速度 $v < 7\text{m/s}$,工作温度范围为 $-40 \sim 100$℃	密封圈用皮革、塑料或耐油橡胶制成,有的具有金属骨架,有的没有骨架,密封圈是标准件。图 a 密封唇朝里,目的是防止漏油;图 b 密封唇朝外,主要目的是防止灰尘、杂质进入
非接触式密封	间隙密封 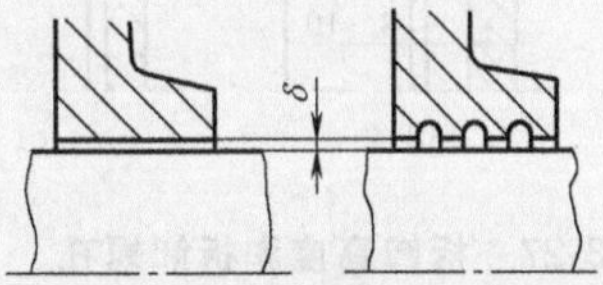 	脂润滑。干燥清洁环境	靠轴与盖间的细小环形间隙密封,间隙越小越长,效果越好。间隙 δ 取 $0.1 \sim 0.3\text{mm}$
非接触式密封	迷宫式密封 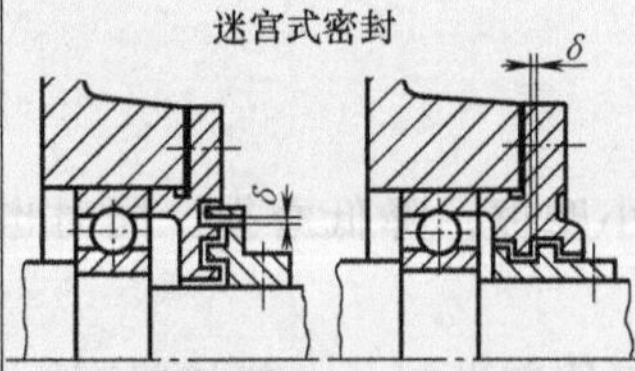 a)　　　　b)	脂润滑或油润滑。工作温度不高于密封用脂的滴点,这种密封效果可靠	将旋转件与静止件之间的间隙做成迷宫(曲路)形式,并在间隙中充填润滑油或润滑脂以加强密封效果。分径向、轴向两种:图 a 为径向曲路,径向间隙 $\delta \leqslant 0.1 \sim 0.2\text{mm}$;图 b 为轴向曲路,因考虑到轴受热后会伸长,间隙应取大些,$\delta = 1.5 \sim 2\text{mm}$
组合密封	毛毡加迷宫密封 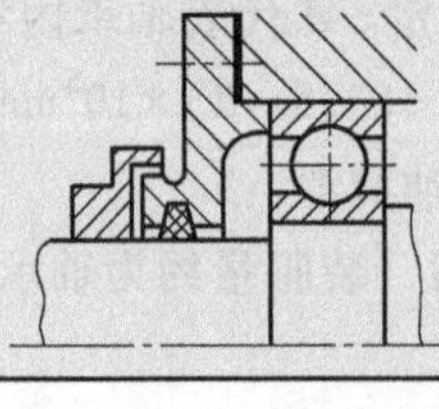 	脂润滑或油润滑	这是组合密封的一种形式,毛毡加迷宫,可充分发挥各自优点,提高密封效果。组合方式很多,不一一列举

例 13-3 设某支承根据工作条件决定选用深沟球轴承，轴承径向载荷 $R=5500\text{N}$，轴向载荷 $A=2700\text{N}$，$n=1250\text{r/min}$，装轴承处的轴颈直径 $d=60\text{mm}$，运转时有轻微冲击，预期寿命 $L_h=5000\text{h}$，试选择轴承型号。

解 1）因深沟球轴承的型号未定，C_{or} 值未知，故 A/C_{or}、e、X 及 Y 等不能确定，在这种情况下应进行试算。试算时可以先试选某一型号轴承，也可试选 X、Y。

现根据 $d=60\text{mm}$，试选 6312 轴承，查轴承样本或设计手册 $C_r=81800\text{N}$，$C_{or}=51800\text{N}$。

2）求当量动载荷 P。

$$\frac{A}{R}=\frac{2700}{5500}=0.49$$

按表 13-13，深沟球轴承的最大 e 值为 0.44，故此时 $A/R>e$，又由于

$$\frac{A}{C_{or}}=\frac{2700}{51800}=0.052$$

按表 13-13，由线性插值法查得 $X=0.56$，$Y=1.75$。

按式（13-8）计算当量动载荷为

$$P=XR+YA=(0.56\times5500+1.75\times2700)\text{N}=7805\text{N}$$

3）计算轴承应有的基本额定动载荷值。

$$C=\frac{f_p P}{f_t}\left(\frac{60n}{10^6}L_h\right)^{1/\varepsilon}$$

因为是球轴承，取 $\varepsilon=3$，由表 13-10、表 13-11 查得 $f_t=1$（常温），$f_p=1.2$（考虑有轻微冲击），则

$$C=\frac{1.2\times7805}{1}\times\left(\frac{60\times1250\times5000}{10^6}\right)^{1/3}\text{N}=67541\text{N}$$

由于 6312 轴承的基本额定动载荷 $C_r=81800\text{N}>C$，故选择该轴承合适。

例 13-4 轴承承载情况如图 13-28 所示，根据工作条件拟选用 7208AC 轴承。已知轴承所受径向载荷 $R_1=1000\text{N}$，$R_2=2060\text{N}$，轴上作用的外部轴向力 $F_a=880\text{N}$，方向指向轴承 1，$n=5000\text{r/min}$，运转中受中等冲击，常温，预期寿命 $L_h=2000\text{h}$，试问所选轴承是否恰当。（注：AC 表示 $\alpha=25°$）

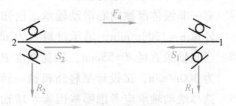

图 13-28 例 13-4 图

解 （1）计算派生轴向力 S_1、S_2 由表 13-14 查得派生轴向力为 $S=0.68R$，则

$$S_1=0.68R_1=0.68\times1000\text{N}=680\text{N} \qquad （方向见图示）$$

$$S_2=0.68R_2=0.68\times2060\text{N}=1401\text{N} \qquad （方向见图示）$$

（2）计算轴承的轴向力 A_1、A_2 因为 $S_2+F_a=(1401+880)\text{N}=2281\text{N}>S_1$，所以轴承 1 为压紧端，轴承 2 为放松端。

$$A_1=S_2+F_a=(1401+880)\text{N}=2281\text{N}$$

$$A_2=S_2=1401\text{N}$$

（3）计算当量动载荷 由表 13-13 查得 $e=0.68$，而

$$\frac{A_1}{R_1} = \frac{2281}{1000} = 2.28 > e, \frac{A_1}{R_2} = \frac{1401}{2060} = 0.68 = e$$

查表 13-13，可得 $X_1 = 0.41$、$Y_1 = 0.87$；$X_2 = 1$、$Y_2 = 0$。故当量动载荷为

$$P_1 = X_1 R_1 + Y_1 A_1 = (0.41 \times 1000 + 0.87 \times 2281) \text{N} = 2394 \text{N}$$

$$P_2 = X_2 R_2 + Y_2 A_2 = (1 \times 2060 + 0 \times 1401) \text{N} = 2060 \text{N}$$

（4）计算轴承应有的基本额定动载荷 C　因为 $P_1 > P_2$，所以以轴承 1 的当量动载荷 P_1 为计算依据，因受中等冲击，查表 13-11，取 $f_p = 1.5$，工作温度正常，查表 13-10，取 $f_t = 1$，球轴承 $\varepsilon = 3$。所以

$$C_1 = \frac{f_p P}{f_t} \left(\frac{60n}{10^6} L_h \right)^{1/\varepsilon} = \frac{1.5 \times 2394}{1} \times \left(\frac{60 \times 5000}{10^6} \times 2000 \right)^{1/3} \text{N} = 30288 \text{N}$$

（5）确定轴承　由手册或轴承样本中查得 7208AC 轴承的基本额定动载荷 $C_r = 35200 \text{N} > C_1$，故所选 7208AC 轴承适用。

思考题及习题

13-1　滑动轴承与滚动轴承的根本区别是什么？在机械设备中为何广泛采用滚动轴承？

13-2　滑动轴承的主要失效形式有哪些？其设计准则是否针对失效形式而定出？

13-3　常用的轴瓦及轴承衬材料有哪些？各有何特点？

13-4　非液体摩擦滑动轴承的主要结构形式有哪几种？各有何特点？

13-5　轴瓦为什么要开油孔和油沟？对油孔和油沟的所在位置有何要求？油孔、油沟的功用是否一样？

13-6　某起重机上采用一对向心滑动轴承。已知两个轴承各受径向载荷 $F = 15 \text{kN}$，轴颈直径 $d = 120 \text{mm}$，轴承宽 $B = 100 \text{mm}$，轴的转速 $n = 80 \text{r/min}$，间断工作，载荷平稳，试选择材料并对此轴承进行验算。

13-7　有一非液体摩擦向心滑动轴承。已知轴颈直径 $d = 100 \text{mm}$，轴瓦宽度 $B = 100 \text{mm}$，轴的转速 $n = 1200 \text{r/min}$，轴承材料为 ZCuSn10P1，试问它允许承受多大的径向载荷？

13-8　已知轴颈直径 $d = 55 \text{mm}$，轴瓦宽度 $B = 44 \text{mm}$，轴颈的径向载荷 $F = 24200 \text{N}$，轴的转速为 300 r/min，试设计某轻纺机械一转轴上的非液体摩擦向心滑动轴承。

13-9　选择滚动轴承应考虑哪些因素？球轴承和滚子轴承在极限转速和承载能力方面各有什么特点？

13-10　滚动轴承的主要失效形式有哪几种？设计准则是什么？

13-11　试述滚动轴承基本额定寿命、基本额定动载荷及当量动载荷的含义。

13-12　在什么情况下滚动轴承要进行静强度计算？

13-13　滚动轴承常用的润滑方式有哪几种？在什么条件下选用脂润滑？

13-14　角接触轴承的"正装"和"反装"对轴系刚度有何影响？

13-15　滚动轴承的常用配置方式有哪几种？各在什么条件下应用？

13-16　试计算图 13-29 所示 1、2 两角接触球轴承的轴向力。设：①$F_{a1} + S_1 > F_{a2} + S_2$；②$F_{a1} + S_1 < F_{a2} + S_2$；③$F_{a1} + S_1 = F_{a2} + S_2$。

13-17　说明下列轴承代号的意义：6310，N206，7206C，30206/P5，51206。

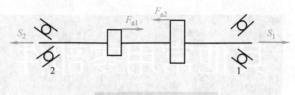

图 13-29　题 13-16 图

13-18　滚动轴承常用的密封方式有哪几种？各用于什么场合？

13-19　一角接触球轴承的寿命为 8000h，在下列两种情况下，其寿命如何改变？

1）当它承受的当量动载荷增加 1 倍时。

2）当它的转速提高 1 倍时。

13-20　根据工作条件，某机械传动装置中轴的两端各采用一个深沟球轴承支承，轴颈直径 $d=35\text{mm}$，转速 $n=2900\text{r/min}$，每个轴承承受径向载荷 $R=2300\text{N}$，轴向载荷 $A=540\text{N}$，常温下工作，载荷平稳，预期寿命 $L_h=5000\text{h}$，试选择轴承型号。

13-21　根据工作条件，决定在某传动轴上安装 $\alpha=25°$ 一对角接触球轴承，如图 13-21a 所示正装。已知两个轴承的径向载荷分别为 $R_1=3390\text{N}$、$R_2=1040\text{N}$，外部轴向力 $F_a=870\text{N}$，方向向左，轴颈直径 $d=35\text{mm}$，转速 $n=1800\text{r/min}$，常温下运转，有中等冲击，试确定其工作寿命。

13-22　若将图 13-21a 中的两个轴承换为圆锥滚子轴承，代号为 30206，其他条件同题 13-21，试验算轴承的寿命。

第14章 其他常用零部件

联轴器和离合器主要用于连接两轴，使它们一起回转并传递转矩，也可用作安全装置。制动器是用来降低机械的运转速度或停止机械运转的装置。

联轴器和离合器主要区别在于用联轴器连接的两轴，只有在机器停车后，经过拆卸才能把它们分离。而用离合器连接的两轴，在机器工作中就能随时使它们分离或接合。

弹簧是一种利用弹性来工作的机械零件，用弹性材料制成，在外力作用下发生形变，除去外力后又恢复原状，在机械和电子行业中广泛使用。

14.1 联轴器

联轴器分刚性和弹性两大类。刚性联轴器由刚性传力件组成，又可分为固定式和可移式两类。固定式刚性联轴器不能补偿两轴的相对位移，可移式刚性联轴器能补偿两轴的相对位移。前者用在两轴能严格对中、工作时不发生相对位移的连接，后者用在两轴有偏斜或有相对位移的连接中。弹性联轴器包含有弹性元件，能补偿两轴的相对位移，并具有吸收振动和缓和冲击的能力，故应用广泛。

14.1.1 固定式刚性联轴器

固定式刚性联轴器中应用最广泛的是凸缘联轴器。如图 14-1 所示，它是由两个带凸缘的半联轴器用螺栓连接而成的。螺栓可以用普通螺栓，也可以用铰制孔用螺栓。这种联轴器有两种主要的结构形式：图 14-1a 所示为普通的凸缘联轴器，通常靠铰制孔用螺栓来实现两轴对中，依靠螺栓杆受剪切及它与孔的挤压传递转矩，它在拆卸时无须做轴向移动，故拆装方便，但制造麻烦。图 14-1b 所示为有对中榫的凸缘联轴器，靠凸肩和凹槽的相互配合（即对中榫）来实现两轴对中。并用普通螺栓连接，依靠接合面间的摩擦力传递转矩。

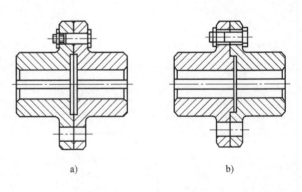

a)   b)

图 14-1 凸缘联轴器

联轴器的材料通常为铸铁。重载时或圆周速度 $v \geqslant 30\text{m/s}$ 时，应采用铸钢或锻钢。

凸缘联轴器结构简单，价格低廉，传递转矩较大，但不能缓冲减振，故适用于两轴能严格对中、载荷平稳的连接中。

可移式刚性联轴器

由于制造、安装误差或工作时零件的变形等原因，被连接的两轴往往不能严格对中，因此就会出现两轴间的轴向位移 x（图 14-2a）、径向位移 y（图 14-2b）、角位移 α（图 14-2c），以及由这些位移组合的综合位移。如果联轴器不能适应这种相对位移，就会在联轴器、轴和轴承及其他传动零件中产生附加载荷，使机器工作情况恶化。

可移式刚性联轴器的组成零件间构成的连接具有某一方向或几个方向的活动度，因此能补偿两轴的相对位移。常用的可移式刚性联轴器有以下几种：

1. 滑块联轴器

滑块联轴器是由两个端面带凹槽的半联轴器 1 和 3，以及两端各具凸榫的中间滑块 2 所组成的，如图 14-3 所示。中间滑块两端面上的凸榫相互垂直，分别嵌装在两个半联轴器的凹槽中，构成移动副。在转速较高、两轴线不同心

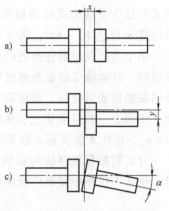

图14-2 两轴线的相对位移

的情况下工作时，由于中间盘的偏心会产生较大的离心力和磨损，并给轴带来附加动载荷，因此这种联轴器适用于低速。为了减少磨损，应在凹槽和滑块的工作面间加润滑剂。滑块联轴器允许的径向位移（即偏心距）$y \le 0.4d$（d 为轴的直径），角位移 $\alpha \le 30'$。

2. 齿式联轴器

齿式联轴器是由两个有内齿的外壳 3 和两个有外齿的套筒 4 所组成的，如图 14-4a 所示。两外壳用螺栓 2 相连接，两套筒用键分别与主动轴、从动轴连接。内、外齿相互啮合，齿数相等，采用渐开线齿廓，工作时靠齿轮啮合传递转矩。为减轻工作过程中轮齿的磨损，在外壳注入润滑油，并在外壳与套筒之间设有密封圈 1。

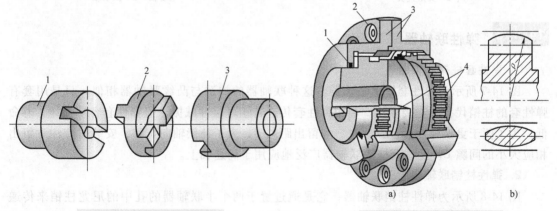

图14-3 滑块联轴器	图14-4 齿式联轴器
1、3—半联轴器　2—中间滑块	1—密封圈　2—螺栓　3—外壳　4—套筒

齿式联轴器允许角位移在 30′ 以下，若将外齿轮做成鼓形齿（图 14-4b），则允许角位移可达 3°。

齿式联轴器能传递很大的转矩，允许有较大的径向位移和角偏移，故能补偿两轴间的偏差。安装精度要求不高，但质量较大，成本较高。广泛地应用于重型机械中。

3. 万向联轴器

万向联轴器由两个叉形接头 1、2 与一个十字元件组成，如图 14-5 所示。十字元件与两个叉形接头分别组成活动铰链。当一轴的位置固定后，另一轴可以在任意方向偏斜 α 角，角位移 α 可达 $40° \sim 45°$。为了增加其灵活性，可在铰链处配置滚针轴承。

单个万向联轴器连接的两轴的瞬时角速度并不是时时相等的，即当主动轴 1 以等角速度回转时，从动轴 2 做变角速度转动，因而会引起附加动载荷。为避免这种现象，机器中常将万向联轴器成对使用，形成双万向联轴器（图 14-6），安装时要将与轴连接的两个叉面位于同一平面上，并且应使主、从动轴与中间件 C（属于联轴器的零件）之间的夹角相等，即 $\alpha_1 = \alpha_2$，这样才能使输入轴和输出轴的转速一致，并减小产生的附加动载荷。

万向联轴器能补偿两轴间较大的角位移，且结构紧凑，维护方便，因而在汽车、拖拉机、机床等机械中得到广泛应用。

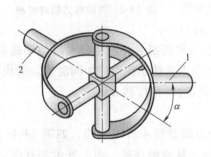

图 14-5 万向联轴器示意图

1、2—叉形接头

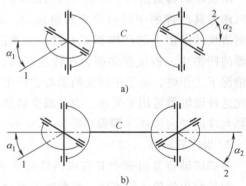

a)

b)

图 14-6 双万向联轴器示意图

1—主动轴 2—从动轴

14.1.3 弹性联轴器

1. 弹性套柱销联轴器

图 14-7 所示为弹性套柱销联轴器。这种联轴器的构造与凸缘联轴器相似，只是用套有弹性套的柱销代替了连接螺栓。利用弹性套传递转矩可缓冲减振，但弹性套容易损坏，寿命低。为了便于更换弹性套，设计时，应留出距离 B；为了补偿轴向位移，安装时应注意留出相应大小的间隙 C。弹性套柱销联轴器广泛地应用于高速轴上。

2. 弹性柱销联轴器

图 14-8 所示为弹性柱销联轴器，它是通过置于两个半联轴器的孔中的尼龙柱销来传递运动和转矩的。为了防止柱销脱落，在半联轴器的外侧，用螺钉固定了挡板。

在上述两种联轴器中，动力从主动轴通过弹性件传递到从动轴。因此，它能缓和冲击、吸收振动，适用于正反向变化多、起动频繁的高速轴。最大转速可达 8000r/min，使用温度范围为 $-20 \sim 60$℃。

这两种联轴器能补偿较大的轴向位移。依靠弹性柱销的变形，允许有微量的径向位移和

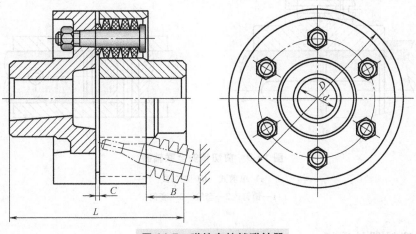

图 14-7 弹性套柱销联轴器

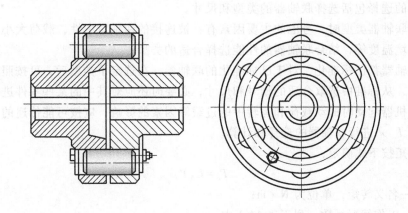

图 14-8 弹性柱销联轴器

角位移。但若径向位移或角位移较大，则会引起弹性柱销的迅速磨损，因此采用这两种联轴器时，仍需较仔细地安装。

14.1.4 安全联轴器

当工作转矩超过机器允许的极限转矩时，安全联轴器的连接件将发生折断、脱开或打滑，从而使从动轴自动停止转动，以保护机器中的重要零件不致损坏。

图 14-9 所示为剪切销安全联轴器。这种联轴器分单剪式（14-9a）和双剪式（14-9b）两种类型。以单剪式为例，它的结构类似凸缘联轴器，但不用螺栓而用钢制销钉连接。销钉装入经过淬火的两段钢制套管中，过载时被剪断。销钉直径 d 可按剪切强度计算。

销钉材料可采用 45 钢淬火或高碳工具钢。在剪断处应预先切槽。

这种联轴器由于销钉材料的力学性能不稳定，以及制造尺寸误差等原因，使得销钉剪断载荷不精确，工作精度不高；而且销钉被剪断后，不能自动恢复工作能力，需要停车更换销钉；但结构简单，常用于很少过载的机器中。

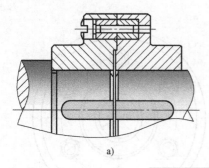
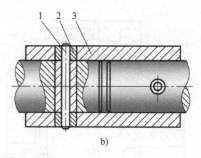

a)   b)

图 14-9　剪切销安全联轴器

a) 单剪式　b) 双剪式

1—销钉　2—套管　3—套筒

14.1.5　联轴器的选择

联轴器的选择包括选择联轴器的类型和尺寸。

在选择联轴器类型时，考虑的主要因素有：被连接的两轴对中性，载荷大小和性质，工作转速，环境温度等，结合联轴器的性能选择合适的类型。

许多联轴器都已标准化，对于已标准化的联轴器，在选定了类型后，可按照转矩、转速和轴的直径，从标准中选取合适的型号和尺寸，必要时还应对其中的某些零件进行验算。

考虑到机器起动时的动载荷和运转中的过载等因素的影响，应按可能传递的最大转矩作为计算转矩 T_c 来进行联轴器的选择和计算。

计算转矩按下式确定：

$$T_c = K_A T \tag{14-1}$$

式中　T——名义转矩，单位为 N·m；

　　　　K_A——工作情况系数，列于表 14-1 中。

表 14-1　工作情况系数 K_A

工作机	原动机为电动机时
转矩变化很小的机械：如发电机、小型通风机、小型离心泵	1.3
转矩变化较小的机械：如透平压缩机、木工机械、输送机	1.5
转矩变化中等的机械：如搅拌机、增压机、有飞轮的压缩机	1.7
转矩变化和冲击载荷中等的机械：如织布机、水泥搅拌机、拖拉机	1.9
转矩变化和冲击载荷大的机械：如挖掘机、起重机、碎石机、造纸机	2.3

例 14-1　电动机经减速器驱动水泥搅拌机工作。已知电动机的功率 $P = 11\text{kW}$，转速 $n = 970\text{r/min}$，电动机轴的直径和减速器输入轴的直径均为 42mm，试选择电动机与减速器之间的联轴器。

解　（1）选择类型　为了缓和冲击和减轻振动，选用弹性套柱销联轴器。

（2）计算转矩

$$T = 9550 \times \frac{P}{n} = 9550 \times \frac{11}{970} \text{N·m} = 108 \text{N·m}$$

由表 14-1 查得工作机为水泥搅拌机时的工作情况系数 $K_A = 1.9$，故计算转矩

$$T_c = K_A T = 1.9 \times 108 \text{N} \cdot \text{m} = 205 \text{N} \cdot \text{m}$$

（3）确定型号　由设计手册选取弹性套柱销联轴器 TL6。它的公称扭矩（即许用转矩）为 250N·m，半联轴器材料为钢时，许用转速为 3800r/min，允许的轴孔直径在 32~42mm 之间。以上数据均能满足本题的要求，故适用。

14.2　离合器

离合器在机器运转中可将传动系统随时分离或接合。对离合器的要求是：接合平稳，分离迅速而彻底，调节和修理方便，操纵灵活，外廓尺寸小，重量轻。离合器的类型很多，按工作原理不同，分为牙嵌式和摩擦式两大类。

14.2.1　牙嵌离合器

牙嵌离合器是由两个端面带牙的套筒所组成的，如图 14-10 所示，其中套筒 1 紧配在轴上，而套筒 2 可以沿导向平键 3 在另一根轴上移动。利用操纵杆移动滑环 4，可使两个套筒接合或分离。为避免滑环的过量磨损，可动套筒应装在从动轴上。为便于两轴对中，在套筒 1 中装有对中环 5，从动轴端则可在对中环中自由转动。

牙嵌离合器的牙形有三角形、梯形和锯齿形（图 14-11）。三角形牙用于传递小转矩的低速离合器；梯形牙强度高，可传递较大转矩，能自动补偿磨损后的牙侧间隙，从而减少冲击，所以应用广泛；锯齿形牙强度高，只能单向工作，用于特定的工作条件。

牙嵌离合器结构简单，外形尺寸小，但连接时容易发生冲击而使牙齿折断。所以牙嵌离合器一般用于转矩不大、低速或静止状态的接合处。

牙嵌离合器的常用材料为低碳合金钢（如 20Cr、20MnB）。这种材料经渗碳淬火等处理后使牙面硬度达到 56~62HRC。有时也采用中碳合金钢（如 40Cr、45MnB），这种材料经表面淬火等处理后使牙面硬度达到 48~58HRC。

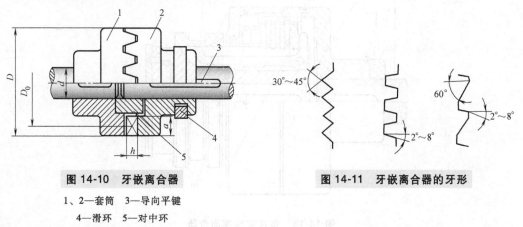

图 14-10　牙嵌离合器

1、2—套筒　3—导向平键

4—滑环　5—对中环

图 14-11　牙嵌离合器的牙形

14.2.2　圆盘摩擦离合器

圆盘摩擦离合器是在主动摩擦盘转动时，由主、从动盘的接触面间产生的摩擦力矩来传递转矩的。有单片式和多片式两种。

1. 单片式摩擦离合器

图 14-12 所示为单片式摩擦离合器的简图，其中圆盘 1 紧配在主动轴上，圆盘 2 可以沿导向键在从动轴上移动。移动滑环 3 可使两圆盘接合或分离。工作时轴向压力 F_a 使两圆盘的工作表面产生摩擦力，以传递转矩。设摩擦力的合力作用在摩擦半径 R_f 的圆周上，则可传递的最大转矩为

$$T_{max} = F_a f R_f$$

式中　f——摩擦系数。

单片式摩擦离合器结构简单，散热性好，但径向尺寸大，多用于转矩在 2000N·m 以下的轻型机械（如包装机械、纺织机械）。当必须传递较大转矩时，可采用多片式摩擦离合器。

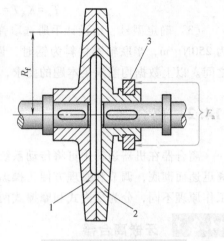

图 14-12　圆盘摩擦离合器

1、2—圆盘　3—滑环

2. 多片式摩擦离合器

图 14-13 所示为多片式摩擦离合器，其中主动轴 1 与外壳 2 相连接，从动轴 3 与套筒 4 相连接。外壳内装有一组摩擦片 5，如图 14-14a 所示，它的外缘凸齿插入外壳 2 的纵向凹槽内，因而随外壳 2 一起回转，它的内孔不与任何零件接触。套筒 4 上装有另一组摩擦片 6，如图 14-14b 所示，它的外缘不与任何零件接触，而内孔凸齿与套筒 4 上的纵向凹槽相连接，因而带动套筒 4 一起回转。这样，就有两组形状不同的摩擦片相间叠合，如图 14-13 所示。图中位置表示杠杆 8 经压板 9 将摩擦片压紧，离合器处于接合状态。若将滑环 7 向右移动，杠杆 8 逆时针方向摆动，压板 9 松开，离合器即分离。若把图 14-14b 中的摩擦片做成碟形（图 14-14c），则分离时摩擦片能自行弹开，接合也较平稳。另外，调节螺母 10 用来调整摩擦片间的压力。

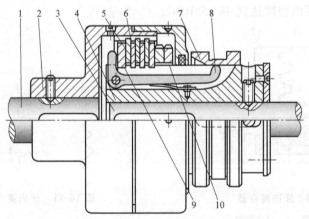

图 14-13　多片式摩擦离合器

1—主动轴　2—外壳　3—从动轴　4—套筒　5、6—摩擦片　7—滑环
8—杠杆　9—压板　10—调节螺母

多片式摩擦离合器因增加了摩擦片数，所以提高了传递转矩的能力，且径向尺寸相对减小，但结构复杂。

摩擦离合器与牙嵌离合器相比较，具有下列优点：不论在何种速度下，两轴都可以接合或分离；接合平稳，冲击振动较小；过载时摩擦面间将发生打滑，以保护其他零件不致损坏。缺点是在接合和分离过程中，不可避免地要产生相对滑动，故会引起摩擦片的磨损和发热。

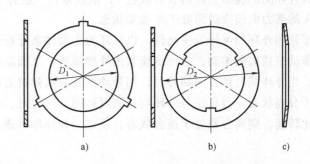

图 14-14　摩擦盘结构图

摩擦离合器除采用上述杠杆或液压来压紧外，还常利用气压、电磁吸力来压紧。利用电磁力压紧的摩擦离合器常称为电磁摩擦离合器，其动作迅速，操纵方便，适于远距离操纵和自动控制。该产品易于标准化，维护方便，因而应用广泛。

14.2.3　超越离合器

超越离合器是利用主动件和从动件的转速变化或回转方向变换而自动接合和脱开的一种离合器。当主动件带动从动件一起转动时，称为接合状态；当主动件和从动件脱开以各自的速度回转时，称为超越状态。

常用的超越离合器有三种：滚柱式超越离合器、棘轮式超越离合器和楔块式超越离合器。

图 14-15 所示为滚柱式超越离合器，其中星轮 1 和外环 2 分别装在主动件和从动件上，

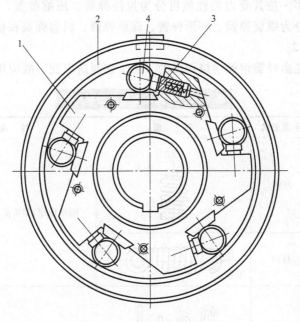

图 14-15　滚柱式超越离合器

1—星轮　2—外环　3—弹簧推杆　4—滚柱

星轮和外环间的楔形空腔内装有滚柱 4，滚柱数目一般为 3~8 个。每个滚柱都被弹簧推杆 3 以不大的推力向前推进而处于半楔紧状态。

星轮和外环均可作为主动件。以外环为主动件来分析，当外环逆时针方向回转时，以摩擦力带动滚柱向前滚动，进一步楔紧内外接触面，从而驱动星轮一起转动，离合器处于接合状态。当外环顺时针方向回转时，则带动滚柱克服弹簧力而滚到楔形空腔的宽敞部分，离合器处于分离状态。当星轮与外环均按顺时针同向回转时，根据相对运动原理，若外环转速小于星轮转速，则离合器处于接合状态。反之，如外环转速大于星轮转速，则离合器处于分离状态。

14.3 弹簧

14.3.1 弹簧的功用、类型和特点

1. 弹簧的功用

弹簧是一种在外力作用下易变形的弹性元件。利用弹簧本身的弹性，在产生变形的过程中，可以储存变形能或做机械功。它在各类机械中应用十分广泛，其主要功用有：

1）缓冲和吸振，如汽车、火车车厢下的减振弹簧及各种缓冲器用的弹簧等。

2）控制机构的运动，如制动器、离合器中的控制弹簧和内燃机气缸的阀门弹簧等。

3）储存和释放能量，如钟表弹簧、枪闩弹簧等。

4）测量载荷，如测力计弹簧秤中的弹簧等。

2. 弹簧的类型和特点

弹簧的种类很多，按其受力的性质可分为拉伸弹簧、压缩弹簧、扭转弹簧和弯曲弹簧等。按其形状又可分为螺旋弹簧、环形弹簧、碟形弹簧、涡卷弹簧和板弹簧等。弹簧的主要类型和特点见表 14-2。

圆柱螺旋弹簧是由弹簧钢丝卷绕而成的，由于它制造方便，故应用最广。

表 14-2 弹簧的主要类型和特点

类 型		承载形式	简 图	特 点 及 应 用
螺旋弹簧	圆柱形	压缩	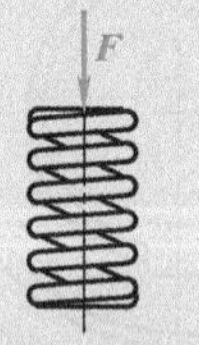	刚性稳定，结构简单，制造方便，应用最广
		拉伸	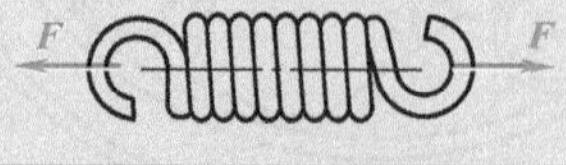	
		扭转	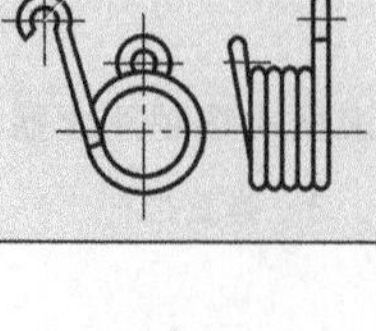	用于压紧、储能或传递转矩

（续）

类 型		承载形式	简 图	特 点 及 应 用
螺旋弹簧	圆锥形	压缩		结构紧凑,稳定性好,刚度随载荷增大而增大,常用于需要承受较大载荷或减振的场合
其他弹簧	碟形弹簧	压缩		刚度大,缓冲吸振能力强,适用于载荷很大而轴向尺寸受限制的场合,如常用于重型机械、大炮等的缓冲和减振弹簧
	环形弹簧	压缩		能吸收较多能量,有很大的缓冲和吸振能力,常用于重型车辆和飞机起落架等的缓冲弹簧
	平面涡卷弹簧	扭转		储存能量大,轴向尺寸小,多用于钟表、仪器中的储能弹簧
	板弹簧	弯曲		缓冲和减振性能好,主要用于汽车、拖拉机、火车车辆等的缓冲和减振弹簧

14.3.2 弹簧的材料和许用应力

1. 弹簧的材料

弹簧常受变载荷或冲击载荷作用,为了保证弹簧能可靠地工作,弹簧材料必须具有较高的弹性极限和疲劳极限,同时应具有足够的韧性和塑性,以及良好的热处理性能。常用的弹簧材料有下列几种。

（1）碳素弹簧钢 它是弹簧钢中用途广泛,用量最大的钢类。其价格便宜、来源方便。经适当的加工或热处理,可以获得很高的抗拉强度,足够的韧性和良好的疲劳寿命。但碳素钢丝的淬透性低,抗松弛性能和耐蚀性能差,弹性极限低,多次重复变形后易失去弹性,一般用于低温、小尺寸的弹簧。

碳素弹簧钢丝按现行国家和行业推荐标准分两种类型：冷拉弹簧钢丝和油淬火-回火钢丝。冷拉弹簧钢丝组织呈纤维状，有很高的抗拉强度和弹性极限，良好的弯曲和扭转性能。冷拉弹簧钢丝尺寸精度高，表面光洁，无氧化和脱碳缺陷，疲劳寿命比较稳定，是使用最广泛的弹簧钢丝。油淬火-回火钢丝通过淬回火处理，可获得良好的综合力学性能，油淬火-回火钢丝只要完全淬透就可以获得比冷拉钢丝更高的性能。近年来中大规格油淬火-回火钢丝有取代冷拉钢丝的趋势。

普通碳素弹簧钢丝主要用于制作在各种应力状态下工作的静态弹簧。根据弹簧工作应力状态钢丝可分为三个组别：用于低应力弹簧的 B 组，用于中等应力弹簧的 C 组，用于高应力弹簧的 D 组。重要碳素弹簧钢丝主要用于制作在各种应力状态下工作的动态弹簧。根据弹簧工作应力状态也分为三个组别：适用于中等应力动态弹簧的 E 组，适用于高应力动态弹簧的 F 组，适用于高疲劳寿命动态弹簧的 G 组。

（2）合金弹簧钢　这种钢含有 Si、Mn、Cr、V、W 及 B 等合金元素。合金元素的加入改善了弹簧钢的抗松弛性能，提高了钢的韧性，同时显著提高了钢的淬透性和使用温度，适用于制造较大截面，较高温度下使用的弹簧。

（3）有色金属合金　这类合金耐蚀、防磁和导电性能好，故常用在潮湿及腐蚀性介质中工作的弹簧。常用的有色金属合金有铜合金（QSi3-1）、镍合金（Ni42CrTi）等。

（4）非金属材料　如橡胶（聚氨酯和氯丁橡胶）、塑料（纤维增强的 GFRP 和 cn 等），具有耐用、永不生锈等特点，近年来有较大的发展。

选择弹簧材料时，应综合考虑弹簧的功用、重要程度和工作条件，同时还要考虑其加工、热处理工艺及经济性等因素。弹簧选材的原则是：首先满足功能要求，其次是强度要求，最后才考虑经济性。一般优先选用碳素弹簧钢。常用弹簧材料及性能列于表 14-3 中，弹簧钢丝的抗拉强度极限见表 14-4。

表 14-3　常用弹簧材料及性能

类　别	代　号	许用切应力 $[\tau]$/MPa			切变模量 G/MPa	推荐使用温度/℃
		Ⅰ类弹簧	Ⅱ类弹簧	Ⅲ类弹簧		
碳素弹簧钢丝	65、70	$0.3\sigma_b$	$0.4\sigma_b$	$0.5\sigma_b$	79000	$-40\sim120$
	65Mn					
合金弹簧钢丝	60Si2Mn	445	590	740	79000	$-40\sim200$
	65Si2MnVA	560	745	950	79000	$-40\sim250$
	50CrVA	445	590	740	79000	$-40\sim210$
不锈钢丝	12Cr18Ni9	330	440	550	73000	$-250\sim290$
	40Cr13	450	600	750	77000	$-40\sim300$
镍合金丝	Ni36CrTiAl	450	600	750	77000	$-40\sim250$
	Ni42CrTi	420	560	750	67000	$-60\sim100$
铜合金丝	QSi3-1	270	360	450	41000	$-40\sim120$
	QSn4-3				40000	
	QBe2	360	450	560	43000	$-40\sim120$

表 14-4 弹簧钢丝的抗拉强度极限 σ_b　　　　（单位：MPa）

钢丝直径 d/mm	碳素弹簧钢丝			重要用途碳素弹簧钢丝			油淬火-回火 碳素弹簧钢丝	
	B	C	D	E	F	G	A	B
0.5	1860	2200	2550	2180	2560	—	1750	1910
0.8	1710	2010	2400	2110	2490	—	1730	1880
1	1660	1960	2300	2020	2350	1850	1700	1860
1.4	1620	1860	2150	1870	2200	1780	1660	1820
1.6	1570	1810	2110	1830	2160	1750	1640	1770
2.00	1470	1710	1910	1760	1970	1670	1620	1720
2.50	1420	1660	1760	1680	1770	1620	1610	1690
3.00	1370	1570	1710	1610	1690	1570	1580	1640
3.50	1320	1570	1660	1520	1620	1470	1540	1570
4.00	1320	1520	1620	1480	1570	1470	1520	1540
5.00	1320	1470	1570	1380	1480	1420	1480	1490
6.00	1220	1420	1520	1320	1420	1350	1440	1440

2. 弹簧的许用应力

弹簧材料的许用应力与弹簧的材料、类型、载荷性质及弹簧钢丝的尺寸等有关。通常按载荷性质及重要程度将弹簧分为三类：Ⅰ类——受变载荷作用次数在 10^6 次以上或重要的弹簧，如内燃机气门弹簧等；Ⅱ类——受变载荷作用次数在 $10^3 \sim 10^5$ 次及受冲击载荷的弹簧，如调速器弹簧、车辆弹簧等；Ⅲ类——受变载荷作用次数在 10^3 次以下的弹簧及受静载荷的弹簧，如一般安全阀弹簧等。常用弹簧材料的许用切应力列于表 14-3 中。

14.3.3 圆柱螺旋压缩（拉伸）弹簧的设计计算

1. 弹簧的结构和尺寸

图 14-16a 所示为圆柱螺旋压缩弹簧的结构，在自由状态下，各圈间均留有一定的间隙，以备压缩时变形。弹簧的两端各有 0.75~1.25 圈并紧，作为支承圈而不变形，故称为死圈。死圈一般磨平，以保证弹簧受压时不致歪斜。

图 14-16b 所示为圆柱螺旋拉伸弹簧，空载时各圈相互并紧，端部有挂钩，以便安装和加载。

圆柱螺旋弹簧的主要几何尺寸有外径 D、中径 D_2、内径 D_1、节距 t、螺旋升角 α、弹簧有效圈数 n 和弹簧自由高度 H_0 等。弹簧的旋向一般为右旋。圆柱螺旋压缩和拉伸弹簧的结构尺寸计算公式见表 14-5。

2. 弹簧的特性曲线

弹簧在弹性范围内，其变形量与载荷成正比，载荷与变形之间的关系曲线，称为弹簧的特

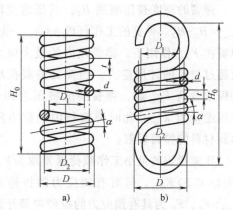

a)　　　　b)

图 14-16 圆柱螺旋弹簧

表 14-5　圆柱螺旋弹簧的结构尺寸计算公式

参数名称及代号	计 算 公 式	
	压缩弹簧	拉伸弹簧
中径 D_2/mm	$D_2 = Cd$，C 为旋绕比	
外径 D/mm	$D = D_2 + d$	
内径 D_1/mm	$D_1 = D_2 - d$	
有效圈数 n	由刚度计算确定	
支承圈数 n_2	1.5~2	0
总圈数 n_1	$n_1 = n + n_2$	$n_1 = n$
节距 t/mm	$t = (0.28 \sim 0.5)D_2$	$t = d$
轴向间距 δ/mm	$\delta = t - d$	
螺旋升角 α/(°)	$\alpha = \arctan \dfrac{t}{\pi D_2}$	$\alpha = 5° \sim 9°$
自由高度 H_0/mm	磨平：$H_0 = nt + (n_2 - 0.5)d$ 不磨平：$H_0 = nt + (n_2 + 1)d$	$H_0 = nd +$ 挂钩尺寸
簧丝展开长度 L/mm	$L = \dfrac{\pi D_2 n_1}{\cos\alpha}$	$L \approx \pi D_2 n +$ 钩环展开长度

性曲线。特性曲线是设计和生产中进行检验或试验的依据。圆柱螺旋压缩及拉伸弹簧的特性曲线是相同的，现以圆柱螺旋压缩弹簧为例进行分析。

图 14-17 所示为圆柱螺旋压缩弹簧及其特性曲线。弹簧未受载荷时自由高度为 H_0。为了使弹簧能可靠而稳定地安装在预定位置上，一般要在弹簧预加一初始载荷（也称最小工作载荷）F_{min}，此时弹簧的高度由 H_0 被压缩到 H_1，其压缩变形量 $\lambda_{min} = H_0 - H_1$。当弹簧工作时，在最大工作载荷 F_{max} 的作用下，弹簧的高度被压缩到 H_2，其压缩变形量 $\lambda_{max} = H_0 - H_2$。弹簧的工作行程 $h = \lambda_{max} - \lambda_{min}$。弹簧在 F_{max} 作用下，弹簧丝内的最大应力不应超过材料的许用应力。当弹簧的载荷增加到极限载荷 F_{lim} 时，弹簧高度被压缩到 H_3，其压缩量为 λ_{lim}，此时弹簧丝内的应力刚好达到材料的弹簧极限。

压缩弹簧的最小工作载荷通常取为 $F_{min} = (0.1 \sim 0.5)F_{max}$，但对有预应力的拉伸弹簧 $F_{min} > F_0$，F_0 为具有预应力的拉伸弹簧开始变形时所需的初拉力。弹簧的最大工作载荷

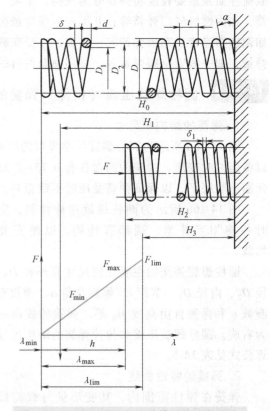

图 14-17　圆柱螺旋压缩弹簧及其特性曲线

F_{max} 由工作条件决定，但应小于极限载荷，通常取 $F_{max} \leq 0.8F_{lim}$。

3. 圆柱螺旋压缩（拉伸）弹簧的设计计算

（1）弹簧的强度计算 圆柱螺旋弹簧受压或受拉时，弹簧丝的受力情况是完全一样的，设计计算方法也相同。现以圆柱螺旋压缩弹簧为例进行分析。

图 14-18 所示为一圆柱螺旋压缩弹簧，承受轴向载荷 F，弹簧丝直径为 d，弹簧中径 D_2，螺旋升角 α（$5° \sim 9°$）很小，可以近似地认为通过弹簧轴线的截面就是弹簧丝的横截面。由力的平衡条件知，此截面上作用着剪力 F 和扭矩 $T = F\dfrac{D_2}{2}$。

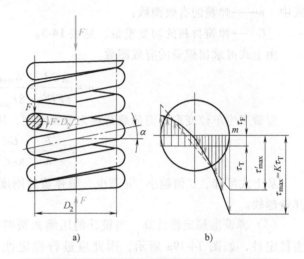

扭矩 T 在截面上引起的最大切应力为

$$\tau_T = \frac{T}{W_T} = \frac{F\dfrac{D_2}{2}}{\dfrac{\pi d^3}{16}} = \frac{8FD_2}{\pi d^3}$$

图 14-18 圆柱螺旋压缩弹簧的受力及应力分析

考虑到断面上有剪力 F 作用，还要考虑弹簧丝曲率对应力的影响，实际最大切应力应为

$$\tau_{max} = K\frac{8FD_2}{\pi d^3} \tag{14-2}$$

以最大工作载荷 F_{max} 代入式（14-2）得强度校核公式为

$$\tau_{max} = K\frac{8F_{max}D_2}{\pi d^3} \leq [\tau] \tag{14-3}$$

式中 $[\tau]$——材料的许用切应力，单位为 MPa，其值见表 14-3；

K——曲度系数（补偿系数），可按下式计算

$$K = \frac{4C-1}{4C-4} + \frac{0.615}{C} \tag{14-4}$$

式中 C——旋绕比（弹簧指数），$C = \dfrac{D_2}{d}$。

旋绕比 C 表示弹簧刚度的大小。当 D_2 相同时，C 值小，必然钢丝直径 d 大，则弹簧较硬（刚性大），卷绕成形困难；反之，C 值大，弹簧刚性小。C 值过大，弹簧易出现颤动。故 C 值不能过大，也不宜过小。故旋绕比 C 应在 $4 \sim 14$ 之间，常用的范围为 $5 \sim 8$。

在式（14-3）中，取 $D_2 = Cd$，则弹簧丝直径 d 的设计公式为

$$d \geq \sqrt{\frac{8KF_{max}C}{\pi[\tau]}} = 1.6\sqrt{\frac{KF_{max}C}{[\tau]}} \tag{14-5}$$

由式（14-5）计算出的 d 值，应按手册取标准值。

（2）弹簧的刚度计算　圆柱螺旋压缩（拉伸）弹簧在轴向载荷 F 作用下引起的轴向变形量 λ，由材料力学知

$$\lambda = \frac{8FD_2^3 n}{Gd^4} = \frac{8FC^3 n}{Gd} \qquad (14\text{-}6)$$

式中　n——弹簧的有效圈数；

　　G——弹簧材料的切变模量，见表14-3。

由上式可求出弹簧的有效圈数

$$n = \frac{\lambda Gd}{8FC^3} = \frac{\lambda_{\max} Gd}{8F_{\max} C^3} \qquad (14\text{-}7)$$

弹簧产生单位变形所需的载荷称为弹簧刚度，用 k 表示，由式（14-6）得

$$k = \frac{F}{\lambda} = \frac{Gd}{8nC^3} \qquad (14\text{-}8)$$

从上式可知，C 值越小，n 越少，则弹簧的刚度越大，弹簧越硬；反之，刚度越小，则弹簧越软。

（3）弹簧的稳定性计算　当设计的压缩弹簧圈数 n 过多或长度较大时，则受力后易失去稳定性，如图14-19a所示，因此应进行稳定性计算。

为了保证压缩弹簧能正常工作，其稳定工作条件为

$$b = \frac{H_0}{D_2} \leqslant [b] \qquad (14\text{-}9)$$

式中　b——高径比；

　　$[b]$——许用高径比。

两端固定的弹簧，$[b] = 5.3$；一端固定另一端自由转动，$[b] = 3.7$。当 $b>[b]$ 时，应重选弹簧参数，或由于条件限制不能改变参数时，则应加装导杆或导套（图14-19b）。

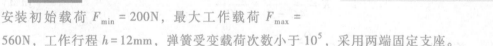

图14-19　压缩弹簧的稳定性

例 14-2　试设计一圆柱螺旋压缩弹簧。已知安装初始载荷 $F_{\min} = 200\text{N}$，最大工作载荷 $F_{\max} = 560\text{N}$，工作行程 $h = 12\text{mm}$，弹簧受变载荷次数小于 10^5，采用两端固定支座。

解　（1）选择弹簧丝材料　选用 II 类碳素弹簧钢丝，由表14-3查得许用切应力 $[\tau] = 0.4\sigma_b$，$G = 79000\text{MPa}$。

（2）选择旋绕比 C　取 $C=5$，则曲度系数

$$K = \frac{4C-1}{4C-4} + \frac{0.615}{C} = \frac{4 \times 5 - 1}{4 \times 5 - 4} + \frac{0.615}{5} = 1.31$$

（3）计算弹簧丝直径 d　试取弹簧丝直径 $d = 4\text{mm}$，则由表14-4得 $\sigma_b = 1520\text{MPa}$，故 $[\tau] = 0.4\sigma_b = 608\text{MPa}$，$\tau_{\lim} = 0.5\sigma_b = 760\text{MPa}$，则由式（14-5）得

$$d \geqslant 1.6 \sqrt{\frac{KF_{max}C}{[\tau]}} = 1.6 \times \sqrt{\frac{1.31 \times 560 \times 5}{608}} \, \text{mm} = 3.93 \text{mm}$$

取 $d = 4$mm。与试选 d 相符，否则应重新计算。

（4）计算弹簧有效圈数 n　由式（14-8）得弹簧刚度

$$k = \frac{F}{\lambda} = \frac{F_{max} - F_{min}}{\lambda_{max} - \lambda_{min}} = \frac{560 - 200}{12} \, \text{N/mm} = 30 \text{N/mm}$$

则

$$\lambda_{max} = \frac{F_{max}}{k} = \frac{560}{30} \, \text{mm} = 18.67 \text{mm}$$

$$\lambda_{min} = \frac{F_{min}}{k} = \frac{200}{30} \, \text{mm} = 6.67 \text{mm}$$

由式（14-7）得有效圈数

$$n = \frac{\lambda_{max} Gd}{8 F_{max} C^3} = \frac{18.67 \times 79000 \times 4}{8 \times 560 \times 5^3} = 10.54$$

取 $n = 10.5$ 圈。弹簧的实际刚度应为

$$k_S = \frac{Gd}{8nC^3} = \frac{79000 \times 4}{8 \times 10.5 \times 5^3} \, \text{N/mm} = 30.10 \text{N/mm}$$

（5）计算弹簧的几何尺寸

中径　　　　　　　　　$D_2 = Cd = 5 \times 4 \text{mm} = 20 \text{mm}$

外径　　　　　　　　　$D = D_2 + d = (20 + 4) \text{mm} = 24 \text{mm}$

内径　　　　　　　　　$D_1 = D_2 - d = (20 - 4) \text{mm} = 16 \text{mm}$

总圈数　　　　　　　　$n_1 = n + n_2 = 10.5 + 2 = 12.5$

节距　　$t = d + \dfrac{\lambda_{max}}{n} + \delta = d + \dfrac{\lambda_{max}}{n} + 0.1d = \left(4 + \dfrac{18.67}{10.5} + 0.1 \times 4\right) \text{mm} = 6.2 \text{mm}$

自由高度　　$H_0 = nt + (n_2 - 0.5)d = [10.5 \times 6.2 + (2 - 0.5) \times 4] \text{mm} = 71.1 \text{mm}$

螺旋升角　　　　$\alpha = \arctan \dfrac{t}{\pi D_2} = \arctan \dfrac{6.2}{\pi \times 20} = 5.64°$

弹簧丝展开长度　　$L = \dfrac{\pi D_2 n_1}{\cos\alpha} = \dfrac{\pi \times 20 \times 12.5}{\cos 5.64°} \, \text{mm} = 789 \text{mm}$

极限载荷　　　　$F_{lim} = \dfrac{\pi d^3 \tau_{lim}}{8 D_2 K} = \dfrac{\pi \times 4^3 \times 760}{8 \times 20 \times 1.31} \, \text{N} = 729 \text{N}$

极限变形量　　　　$\lambda_{lim} = \dfrac{F_{lim}}{k_S} = \dfrac{729}{30.10} \, \text{mm} = 24.2 \text{mm}$

弹簧的工作高度　　$H_1 = H_0 - \lambda_{min} = (71.1 - 6.67) \text{mm} = 64.43 \text{mm}$

$$H_2 = H_0 - \lambda_{max} = (71.1 - 18.67) \text{mm} = 52.43 \text{mm}$$

$$H_3 = H_0 - \lambda_{lim} = (71.1 - 24.2) \text{mm} = 46.9 \text{mm}$$

（6）验算弹簧稳定性

高径比　　　　　　　　$b = \dfrac{H_0}{D_2} = \dfrac{71.1}{20} = 3.56$

因采用两端固定支承，$b = 3.56 < 5.3$，故该弹簧不会失稳。

（7）绘制弹簧工作图（略）

14.3.4　其他弹簧简介

1. 圆柱螺旋扭转弹簧

圆柱螺旋扭转弹簧的结构如图 14-20 所示。此弹簧承受的是绕弹簧轴线的外加力矩，主要用于压紧、储能或传递扭矩。它的两端带有杆臂或挂钩，以便固定和加载。扭转弹簧在相邻两圈间一般留有微小的间距，以免扭转变形时相互摩擦。

扭转弹簧的工作应力也是在其材料的弹性极限范围内，故特性曲线为直线。扭转弹簧的旋向应与外加力矩的方向一致，可提高其承载能力。

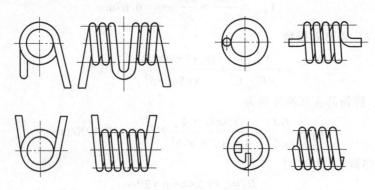

图 14-20　圆柱螺旋扭转弹簧

2. 涡卷弹簧

涡卷弹簧是阿基米德涡线形的结构，如图 14-21a 所示。它的外端固定在活动构件或壳体上，内端固定在心轴上。它主要用来积蓄能量，带动活动构件运动，完成机构所需的动作。涡卷弹簧常用作仪表机构的发条及武器的发射弹簧。

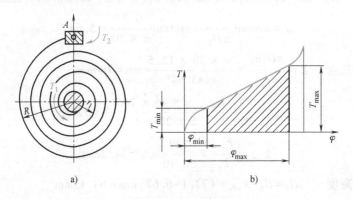

a)　　　　　　　　　　　　　b)

图 14-21　涡卷弹簧

涡卷弹簧所受的外载荷是扭矩，但弹簧丝的每一个截面都承受相同的弯矩，其受力状态与螺旋扭转弹簧基本相同，设计方法也类似。

涡卷弹簧的特性曲线如图 14-21b 所示，它在工作过程中所受的扭矩与其扭转角基本上成正比，但特性曲线的两端不是直线，这与涡卷弹簧本身的结构有关。在涡卷弹簧工作的开始和终止阶段，参加工作的不是弹簧丝的全长，而是它的一部分。因为涡卷弹簧外层几圈是逐渐松开的，当各圈完全松离内轴后，涡卷弹簧才能在全长度内变形。

3. 碟形弹簧

碟形弹簧呈无底碟状，是用薄钢板冲压而成的。一般由很多碟形弹簧片组合起来，装在导杆上或套筒中工作。常用的碟形弹簧结构如图 14-22 所示。

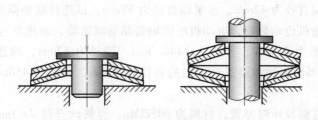

图 14-22　碟形弹簧结构

碟形弹簧只能承受轴向载荷，是一种刚度很大的压缩弹簧。碟形弹簧的特性曲线如图 14-23 所示。一般工程上常将碟形弹簧的特性曲线近似取为直线。由于工作过程中碟形弹簧片间有摩擦损失，所以加载和卸载的特性曲线不重合。加载特性曲线与卸载特性曲线所包围的面积就是摩擦所消耗的能量。此能量越大说明弹簧的吸振能力越强。同尺寸的碟形弹簧片，组合形式不同，弹簧特性也不同，以适应不同的使用要求。

碟形弹簧常用在空间尺寸小、外载荷很大的减振装置中。

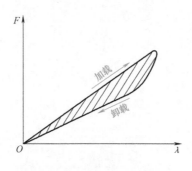

图 14-23　碟形弹簧特性曲线

思考题及习题

14-1　联轴器和离合器的异同点有哪些？

14-2　常用的联轴器有哪些类型？说明其特点及应用。

14-3　刚性联轴器与弹性联轴器有什么差别？它们各适用于哪种情况？

14-4　如何选择联轴器？

14-5　牙嵌离合器和摩擦离合器有何特点？

14-6　弹簧的功用有哪些？

14-7 常用弹簧的材料有哪些？简述弹簧材料应具备的性质。

14-8 弹簧的特性曲线表示弹簧的什么性能？它的作用是什么？

14-9 弹簧指数 C 对弹簧性能有什么影响？设计时如何选取？

14-10 螺旋弹簧强度计算中引入曲度系数 K，其理由何在？

14-11 试述螺旋弹簧刚度的含义。

14-12 电动机与离心泵之间用联轴器相连。已知电动机功率 $P=11kW$，转速 $n=960r/min$，电动机外伸端直径为 $42mm$，水泵轴直径为 $38mm$，试选择联轴器型号。

14-13 有一带式运输机传动装置，电动机经联轴器驱动减速器，减速器与输送机主轴相连。已知电机功率为 $6.4kW$，转速为 $1440r/min$，轴径为 $32mm$，减速器输入端轴径为 $28mm$；减速器输出轴和输送机主轴的直径为 $60mm$，转速为 $450r/min$，试选择这两个联轴器。

14-14 某车辆用圆柱螺旋压缩弹簧，材料为 60Si2Mn，弹簧丝直径 $d=7mm$，弹簧中径 $D_2=35mm$，自由高度 $H_0=140mm$，装配后弹簧高度 $H_1=120mm$，承载后弹簧高度 $H_2=112mm$，有效圈数 $n=13.5$，属于 Ⅱ 类载荷，两端固定支座，试校核弹簧丝强度及弹簧的稳定性。

14-15 已知阀门开启时弹簧承受 220N 的负荷，阀门关闭时弹簧承受 150N 的负荷，工作行程 $h=5mm$，弹簧外径不大于 $16mm$，两端固定，试设计阀门圆柱螺旋压缩弹簧。

第15章 机械传动系统设计

任何现代机械系统的结构组成均包括动力系统、传动系统和执行系统三个基本部分。动力系统是机械系统完成工作任务的动力来源，最常用的为电动机。执行系统是直接完成生产任务的执行装置，可以通过选择合适的机构或其组合来实现。传动系统是把原动机的运动和动力传递给执行系统的中间传动装置，它是机器的重要组成部分，其质量和成本在整个机器的质量和成本中占有很大的比例。机器的工作性能在很大程度上取决于传动装置的优劣。因此，本章仅介绍机械传动系统的设计。

15.1 机械传动系统方案设计

传动系统方案设计是在完成了执行系统的方案设计和原动机的选型后进行的。机械传动系统除了进行运动和动力传递外，还可实现增速、减速或变速传动；变换运动形式；进行运动的合成和分解；实现分路传动和较远距离传动等。满足原动机和工作机性能要求的传动方案，是由不同的组合方式和布置顺序构成的。

拓展视频

第一台国产
电动轮自卸车

15.1.1 传动类型的选择

传动机构的类型很多，选择不同类型的传动机构，将会得到不同形式的传动系统方案。为了获得理想的传动方案，需要合理选择传动机构类型。常用传动机构及其性能见表 15-1。

表 15-1 常用传动机构及其性能

传动类型	传动效率	传动比	圆周速度 /(m/s)	外廓尺寸	相对成本	性 能 特 点
带传动	0.94~0.96（平带）0.92~0.97（V带）	≤5~7	5~25（30）	大	低	过载打滑，传动平稳，能缓冲吸振，不能保证定传动比，远距离传动
	0.95~0.98（齿形带）	≤10	50(80)	中	低	传动平稳，能保证固定传动比
链传动	0.90~0.92（开式）0.96~0.97（闭式）	≤5(8)	5~25	大	中	平均传动比准确，可在高温下传动，远距离传动，高速时有冲击振动
齿轮传动	0.92~0.96（开式）0.96~0.99（闭式）	≤3~5（开式）≤7~10（闭式）	≤5 ≤200	中 小	中	传动比恒定，功率和速度适用范围广，效率高，寿命长

（续）

传动类型	传动效率	传动比	圆周速度/(m/s)	外廓尺寸	相对成本	性 能 特 点
蜗杆传动	0.40~0.45（自锁） 0.7~0.9（不自锁）	8~80（1000）	15~50	小	高	传动比大,传动平稳,结构紧凑,可实现自锁,效率低
螺旋传动	0.3~0.6（滑动） ≤0.9（滚动）		高中低	小	中	传动平稳,能自锁,增力效果好
连杆机构	高	1	中	小	低	结构简单,易制造,能传递较大载荷,耐冲击,可远距离传动
凸轮机构	低		中低	小	高	从动件可实现各种运动规律,高副接触磨损较大
摩擦轮传动	0.85~0.95	≤5~7	≤15~25	大	低	过载打滑,工作平稳,可在运转中调节传动比

选择传动类型时，应根据主要性能指标：效率高、外廓尺寸小、质量小、运动性能良好、成本低以及符合生产条件等。选择传动类型的基本原则是：

1）当原动机的功率、转速或运动形式完全符合执行系统的工况要求时，可将原动机的输出轴与执行机构的输入轴用联轴器直接连接。这种连接结构最简单，传动效率最高。当原动机的输出轴与执行机构的输入轴不在同一轴线上时，就需要采用等传动比的传动机构。

2）原动机的输出功率满足执行机构要求，但输出的转速、转矩或运动形式不符合执行机构的需要，此时则需要采用能变速或转换运动形式的传动机构。

3）高速、大功率传动时，应选用承载能力大、传动平稳、效率高的传动类型。

4）速度较低，中、小功率传动，要求传动比较大时，可选用单级蜗杆传动、多级齿轮传动、带-齿轮传动、带-齿轮-链传动等多种方案，进行分析比较，选出综合性能较好的方案。

5）工作环境恶劣、粉尘较多时，尽量采用闭式传动，以延长零件的寿命。

6）尽可能采用结构简单的单级传动装置。中心距较大时，可采用带传动、链传动。传动比较大时，优先选用结构紧凑的蜗杆传动和行星齿轮传动。

7）当执行机构的载荷频繁变化、变化量大且有可能过载时，为保证安全运转，可选用有过载保护的传动类型。

8）单件、小批量生产的传动，尽量采用标准的传动装置以降低成本，缩短制造周期。

15.1.2 传动方案设计

相同的传动机构按不同的传动路线及不同的顺序布置，就会产生出不同效果的传动方案。只有合理地安排传动路线，恰当布置传动机构，才能使整个传动系统获得理想的性能。

1. 传动路线的选择

根据运动和动力的传递路线，传动路线常可分为下列四种：

（1）单路传动 其传动路线如图 15-1 所示。这种传动路线结构简单，但传动机构数目越多，传动系统的效率越低，因此，应尽量减少机构数目。当系统中只有一个执行机构和一个原动机时，宜采用此传动路线。

图 15-1　单路传动

（2）分路传动　其传动路线如图 15-2 所示。当系统有多个执行机构，而只有一个原动机时，可采用图 15-2 所示的传动路线。

图 15-2　分路传动

（3）多路联合传动　其传动路线如图 15-3 所示。当系统只有一个执行机构，但需要多个运动且每个运动传递的功率都较大时宜采用这种传动路线。

图 15-3　多路联合传动

（4）复合传动　复合传动是上述几种路线的组合，常用的形式如图 15-4 所示。

图 15-4　复合传动

传动路线的选择主要根据执行机构的工作特性、执行机构和原动机的数目以及传动系统性能的要求来决定，以传动系统结构简单、尺寸紧凑、传动链短、传动精度高、效率高、成本低为原则。

2. 机构布置的顺序

布置传动机构顺序时，一般应考虑以下几点：

（1）机械运转平稳、减小振动 一般将传动平稳、动载荷小的机构放在高速级。如带传动传动平稳，能缓冲吸振，且有过载保护，故一般布置在高速级；而链传动运转不均匀，有冲击，应布置在低速级。又如斜齿轮传动平稳性比直齿轮传动好，故常用在高速级或要求传动平稳的场合。

（2）提高传动系统的效率 蜗杆蜗轮机构传动平稳，但效率低，一般用于中、小功率间隙运动的场合。对于采用锡青铜为蜗轮材料的蜗杆传动，应布置在高速级，以利于形成润滑油膜，提高承载能力和传动效率。

（3）结构简单紧凑、易于加工制造 带传动布置在高速级不仅使传动平稳，而且可减小传动装置尺寸。一般将改变运动形式的机构（如螺旋传动、连杆机构、凸轮机构等）布置在传动系统的最后一级（靠近执行机构或作为执行机构），可使结构紧凑。大尺寸、大模数的锥齿轮加工较困难，因此应尽量放在高速级并限制其传动比，以减少其直径和模数。

（4）承载能力大、寿命长 开式齿轮传动的工作环境较差、润滑条件不好、磨损严重、寿命较短，应布置在低速级。对采用铝铁青铜或铸铁作为蜗轮材料的蜗杆传动常布置在低速级，使齿面滑动速度较低，以防止产生胶合或严重磨损。

15.2 机械传动系统的运动和动力计算

传动方案确定后，必须进行运动和动力计算，以便进行传动零件的设计计算。

15.2.1 传动系统的运动计算

传动系统的运动计算包括各级传动比分配、各轴转速以及传动构件的线速度计算。

1. 传动比分配

传动系统的总传动比

$$i_{总} = \frac{n_d}{n_w} = i_1 \cdot i_2 \cdot \cdots \cdot i_n \tag{15-1}$$

式中　　　n_d——原动机输出轴转速，单位为 r/min；

　　　　　n_w——执行机构的输入转速，单位为 r/min；

i_1、i_2、$\cdots$、i_n——各级传动比。

将传动系统的总传动比合理地分配到各级传动机构，可以使各级传动机构尺寸协调、减小零件尺寸和机构质量；可以得到较好的润滑条件和传动性能。分配传动比时通常需考虑以下原则：

1）各级传动比应在合理的范围内（表15-1）选取。

2）注意各级传动零件尺寸协调，结构匀称合理，不会干涉碰撞。如带传动和单级圆柱齿轮减速器组成的传动装置中，一般应使带传动的传动比小于齿轮传动的传动比。否则，有可能大带轮半径大于减速器的中心高，使带轮与机座碰撞。

3）尽量减小外廓尺寸和整体质量。在分配传动比时，若为减速传动装置，则一般应按传动比逐级增大的原则分配；反之，传动比应逐级减小。

4）设计减速器时，尽量使各级大齿轮浸油深度大致相同（低速级大齿轮浸油稍深），各级大齿轮直径相接近，应使高速级的传动比大于低速级。

2. 转速和线速度计算

由传动比计算公式 $i_{12} = \dfrac{n_1}{n_2}$ 得到从动轴转速为

$$n_2 = \frac{n_1}{i_{12}} \tag{15-2}$$

式中　n_1——主动轴转速，单位为 r/min。

传动零件的线速度为

$$v = \frac{\pi d n}{60 \times 1000} \tag{15-3}$$

式中　d——传动零件计算直径，单位为 mm；

　　　n——传动零件转速，单位为 r/min。

15.2.2　传动系统的动力计算

动力计算就是要算出各轴的功率和转矩。

1. 传动系统的总效率

常用的单路传动系统的总效率为各部分效率的乘积，即

$$\eta_总 = \eta_1 \cdot \eta_2 \cdot \cdots \cdot \eta_n \tag{15-4}$$

式中　η_1、η_2、$\cdots$、η_n——每一传动机构、每对轴承、联轴器等的效率。

传动机构的效率见表 15-1，一对滚动轴承或联轴器的效率可近似取为 $\eta = 0.98 \sim 0.99$。

2. 各零件传递的功率

传动系统中，对各零件进行工作能力计算时，均以其输入功率作为计算功率。

以图 15-5 所示的二级圆柱齿轮传动系统为例，介绍各轴功率的计算方法。现已知传动系统的输入功率 $P_入$（或输出功率 $P_出$）、齿轮啮合效率 $\eta_齿$、轴承效率 $\eta_承$。设 P_I、P_{II}、P_{III} 分别为 I、II、III 轴的输入功率（单位为 kW），则有

$$\left. \begin{aligned} P_I &= P_入 \\ P_{II} &= P_入 \, \eta_承 \, \eta_齿 \\ P_{III} &= P_入 \, \eta_承^2 \, \eta_齿^2 \\ P_出 &= P_入 \, \eta_承^3 \, \eta_齿^2 \end{aligned} \right\} \tag{15-5}$$

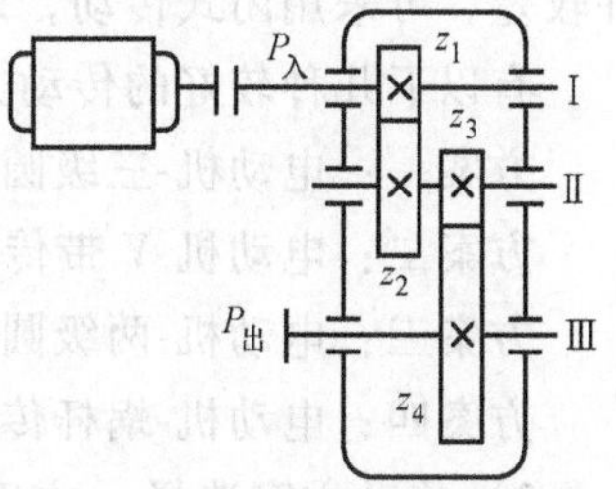

图 15-5　齿轮传动系统

或

$$\left. \begin{aligned} P_I &= P_出 / (\eta_承^3 \, \eta_齿^2) \\ P_{II} &= P_出 / (\eta_承^2 \, \eta_齿) \\ P_{III} &= P_出 / \eta_承 \end{aligned} \right\} \tag{15-6}$$

上述两式都可用来计算各轴的功率，在一般情况下，电动机额定功率略大于负载功率，故用式（15-6）计算较为合理。

3. 转矩 T

当已知各轴的输入功率 P（单位为 kW）和转速 n（单位为 r/min）时，即可求出轴的转矩 T（单位为 N·m），即

$$T = 9550 \frac{P}{n} \tag{15-7}$$

若将上式代入式（15-5）中得各轴的转矩

$$\left.
\begin{aligned}
T_{\mathrm{I}} &= 9550 \frac{P_{\mathrm{I}}}{n_{\mathrm{I}}} \\
T_{\mathrm{II}} &= 9550 \frac{P_{\mathrm{II}}}{n_{\mathrm{II}}} = T_{\mathrm{I}} i_{\mathrm{I}} \eta_{齿} \eta_{承} \\
T_{\mathrm{III}} &= 9550 \frac{P_{\mathrm{III}}}{n_{\mathrm{III}}} = T_{\mathrm{II}} i_{\mathrm{II}} \eta_{齿} \eta_{承} = T_{\mathrm{I}} i_{\mathrm{I}} i_{\mathrm{II}} \eta_{齿}^2 \eta_{承}^2
\end{aligned}
\right\} \tag{15-8}$$

式中　i_{I}、i_{II}——高、低速级齿轮的传动比。

例 15-1　设计图 15-6 所示的胶带输送机传动装置。已知运输带工作拉力 $F = 4\mathrm{kN}$，带速 $v = 1\mathrm{m/s}$，滚筒直径 $D = 500\mathrm{mm}$，滚筒传动效率 $\eta_{筒} = 0.96$，两班制工作，工作条件恶劣。电动机额定功率 $P_{\mathrm{d}} = 4\mathrm{kW}$，转速 $n_{\mathrm{d}} = 1400\mathrm{r/min}$。

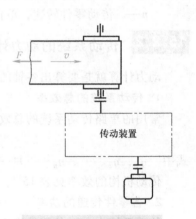

解　（1）传动方案设计

1）传动装置的总传动比

$$i_{总} = \frac{n_{\mathrm{d}}}{n_{\mathrm{w}}} = \frac{1440}{\dfrac{60 \times 1000 v}{\pi D}} = \frac{1440 \times \pi \times 500}{60 \times 1000 \times 1} = 37.68$$

2）拟订传动方案。总传动比较大，采用带、链或齿轮传动需要三级传动，若用蜗杆传动只需一级传动。工作条件较差，可采用闭式传动，以延长使用寿命。

图 15-6　带式运输机传动

有以下几种较好的传动方案可供选择：

方案一：电动机-三级圆柱齿轮传动（闭式）-运输机。

方案二：电动机-V 带传动-两级圆柱齿轮传动（闭式）-运输机。

方案三：电动机-两级圆柱齿轮传动-链传动-运输机。

方案四：电动机-蜗杆传动-运输机。

3）传动方案选择　方案四结构紧凑，但蜗杆传动效率低，功率损失较大，成本也较大。方案一比方案二、三成本高。方案二与方案三比较，V 带传动比链传动工作平稳，能缓冲吸振、起过载保护作用且成本较低。因此，方案三为最优方案（图 15-7）。

（2）传动比分配

总传动比　　　　　　　　　　　$i_{总} = i_1 i_2 i_3 = 37.68$

根据传动比分配原则，取 V 带传动比 $i_1 = 3$，高速级齿轮传动比 $i_2 = 4$，则低速级传动比

$$i_3 = i_{总} / (i_1 i_2) = 37.68 / (3 \times 4) = 3.14$$

（3）各轴转速

$$n_I = n_d/i_1 = 1440/3 \, \text{r/min} = 480 \, \text{r/min}$$

$$n_{II} = n_I/i_2 = 480/4 \, \text{r/min} = 120 \, \text{r/min}$$

$$n_{III} = n_{II}/i_3 = 120/3.14 \, \text{r/min} = 38.2 \, \text{r/min}$$

（4）各轴功率

滚筒功率 $P_W = \dfrac{Fv}{1000} = \dfrac{4000 \times 1}{1000} \, \text{kW} = 4 \, \text{kW}$

选用滚子轴承，其效率 $\eta_承 = 0.98$，齿轮效率 $\eta_齿 = 0.97$，联轴器效率 $\eta_联 = 0.99$，V带效率 $\eta_带 = 0.96$，各轴输入功率

$$P_{III} = P_W/(\eta_筒 \eta_联 \eta_承^2) = 4/(0.98^2 \times$$
$$0.96 \times 0.99) \, \text{kW} = 4.38 \, \text{kW}$$

$$P_{II} = P_{III}/(\eta_承 \eta_齿) = 4.38/(0.98 \times$$
$$0.97) \, \text{kW} = 4.61 \, \text{kW}$$

$$P_I = P_{II}/(\eta_承 \eta_齿) = 4.61/(0.98 \times$$
$$0.97) \, \text{kW} = 4.85 \, \text{kW}$$

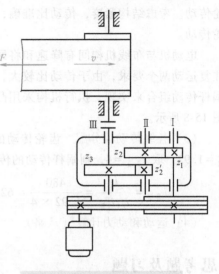

图 15-7 带式运输机传动装置

带传动输入功率

$$P_0 = P_I/\eta_带 = 4.85/0.96 \, \text{kW} = 5.05 \, \text{kW}$$

（5）各轴转矩

$$T_0 = 9550 P_0/n_0 = 9550 \times 5.05/1440 \, \text{N·m} = 33.49 \, \text{N·m}$$

$$T_I = T_0 i_1 \eta_带 = 33.49 \times 3 \times 0.96 \, \text{N·m} = 96.45 \, \text{N·m}$$

$$T_{II} = T_I i_2 \eta_承 \eta_齿 = 96.45 \times 4 \times 0.98 \times 0.97 \, \text{N·m} = 366.74 \, \text{N·m}$$

$$T_{III} = T_{II} i_3 \eta_承 \eta_齿 = 366.74 \times 3.14 \times 0.98 \times 0.97 \, \text{N·m} = 1094.68 \, \text{N·m}$$

运动和动力参数确定后，即可进行主要零部件的工作能力计算，绘制装配图和零件工作图，编写说明书等工作。

例 15-2 试设计绕线机构的机械传动方案。电动机转速 $n_d = 960 \, \text{r/min}$，绕线轴有效长度 $L = 75 \, \text{mm}$，线径 $d = 0.6 \, \text{mm}$，要求每分钟绕线四层，均匀分布。

解 （1）工作情况分析 一台原动机要满足绕线和布线两个有协调关系的运动，因此应采用分路传动。

（2）传动方案设计

1）传动装置的传动比。绕一层线的转数为 $\dfrac{75}{0.6} = 125 \, \text{r}$，每分钟绕四层，线轴转速

$$n_1 = 125 \times 4 \, \text{r/min} = 500 \, \text{r/min}$$

每分钟布四层，布线往复运动为每分钟两次。

电动机与线轴间的传动比 $i_1 = \dfrac{960}{500} = 1.92$

电动机与往复运动机构间的传动比

$$i_2 = \dfrac{960}{2} = 480$$

2）拟订传动方案。电动机与线轴间的传动比较小，可选用一级 V 带、齿轮、链或摩擦

轮传动。考虑结构紧凑，传动比准确，选用一级齿轮传动。

电动机与布线机构间有降速和将回转运动变成往复运动两个要求，由于传动比较大，采用齿轮与蜗杆传动组合来实现，执行机构采用凸轮机构，如图 15-8 所示。

（3）各级传动比分配 齿轮传动的传动比 $i_{d1} = i_1 = 1.92$，取 $i_{I\,II} = 4$，则蜗杆传动的传动比为

$$i_{II\,III} = \frac{i_2}{i_{d1}i_{I\,II}} = \frac{480}{1.92 \times 4} = 62.5$$

（4）运动和动力计算（从略）

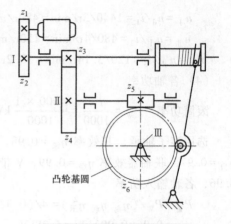

图 15-8　绕线机构传动方案

思考题及习题

15-1　传动系统与执行系统的作用有何不同？是否所有的机械系统中都有传动系统？

15-2　选择传动类型的基本原则是什么？

15-3　选择传动路线的主要依据是什么？是否根据执行机构的多少而定？

15-4　布置传动机构顺序时，应遵循哪些原则？

15-5　传动链的总传动比如何分配给各级传动机构？

15-6　分析以下减速传动方案布局是否合理，如有不合理之处，请指出并画出合理的布局方案。

　　1）电动机-链传动-直齿圆柱齿轮-斜齿圆柱齿轮-执行机构。

　　2）电动机-开式直齿轮-闭式直齿轮-带传动-执行机构。

　　3）电动机-蜗杆传动-直齿锥齿轮-执行机构。

15-7　立式搅拌机由电动机远距离传动（图 15-9），连续工作，搅拌机转速 $n = 40\text{r/min}$，电动机转速 $n_d = 1440\text{r/min}$，功率 $P = 5.5\text{kW}$，试设计两种以上传动方案，并做比较。

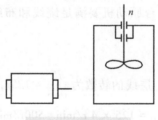

图 15-9　题 15-7 图

第16章　现代机械设计方法简介

随着机械向高速、重载、精密和自动化等方向的发展，以及电子计算机的广泛应用和计算技术的日益提高，机械设计方法也在不断地改进和发展。现代机械设计就是以市场需求为驱动，以知识获取为中心，以现代设计思想、方法为指导，以现代技术手段为工具，以产品的整个生命周期为对象，考虑人、机和环境相容性的设计。现代设计是传统设计的深入、丰富和完善，而非独立于传统设计的全新设计。现代设计方法的种类很多，内容十分丰富，这里简单介绍几种常用的方法。

16.1　优化设计

优化设计是20世纪60年代初，在电子计算机技术广泛应用的基础上发展起来的一门新的设计方法。它是以电子计算机为计算工具，利用最优化原理和方法寻求最优设计参数的一门先进设计技术。

16.1.1　优化设计概述

优化设计是根据给定的设计要求和现有的设计条件，应用专业理论和优化方法，在计算机上从满足给定设计要求的许多可行方案中，按给定的目标自动地选出最优的设计方案。

机械优化设计是在满足一定约束的前提下，寻找一组设计参数，使机械产品单项设计指标达到最优的过程。

机械优化设计的方法有解析法和数值计算法。解析法主要是利用微分学和变分学的理论，适用于解决小型和简单的问题。数值计算法是利用已知的信息，通过迭代计算来逼近最优化问题的解，其运算量很大，直到计算机出现后才得以实现。

优化设计的一般过程如图16-1所示，其主要过程为：

1）根据设计要求和目的定义优化设计问题。

2）建立优化设计问题的数学模型。

3）选择恰当的优化计算方法。

4）编写计算机程序，求数学模型的最优解。

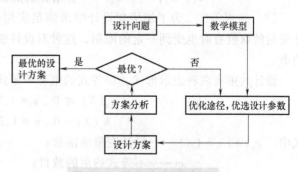

图 16-1　优化设计一般过程

16.1.2 优化设计数学模型

1. 数学模型

优化设计问题数学模型包含三个方面（三要素）：设计变量、目标函数和约束条件。

（1）设计变量　在工程设计中，通常要用一组设计参数值来表示设计方案，设计过程中进行选择并最终必须确定的各项独立参数，称为设计变量。设计变量常用向量 X 表示。

$$X = \begin{pmatrix} x_1 \\ x_2 \\ \vdots \\ x_n \end{pmatrix} = (x_1, x_2, \cdots, x_n)^{\mathrm{T}} \tag{16-1}$$

式中　$x_1, x_2, \cdots, x_n$——设计变量，是向量 X 的 n 个分量。

设计变量的数目称为优化设计的维数，如有 n（$n = 1, 2, \cdots, n$）个设计变量，则称为 n 维设计问题。

在机械设计中有些参数只能选用规定的离散值，如齿轮的模数、标准件的规格尺寸等，以这些参数为设计变量的称为离散型设计变量，其余一般都是连续型设计变量。

（2）目标函数　目标函数是优化设计中所追求的目标，以设计变量表示的多元函数常记为

$$f(X) = f(x_1, x_2, \cdots, x_n) \tag{16-2}$$

在优化设计中，用目标函数值的大小来衡量设计方案的优劣，故有时也称它为优化设计的评价函数和准则函数。优化设计的目的就是要合理选择设计变量，使目标函数达到最佳值。由于求目标函数 $f(X)$ 的极大值等价于求目标函数 $-f(X)$ 的极小值，因此，为了算法和程序的统一，最优化通常指极小化，即

$$\min f(X) \text{ 或 } \min f(x_1, x_2, \cdots, x_n) \tag{16-3}$$

工程设计问题中，设计所追求的目标各式各样，当只要求一项设计指标达到最优化时，称为单目标优化设计问题。有时要求两项或多项指标同时达到最优化时，则称为多目标优化设计问题。多目标设计优化问题通常可用线性加权转变成一个复合的目标函数，即

$$f(X) = w_1 f_1(X) + w_2 f_2(X) + \cdots + w_q f_q(X) = \sum_{j=1}^{q} w_j f_j(X) \tag{16-4}$$

式中　$f_1(X), f_2(X), \cdots, f_q(X)$——$q$ 个设计指标；

$w_1, w_2, \cdots, w_q$——各指标的加权系数，根据各指标的重要程度确定。

（3）约束条件　为了使优化设计结果满足实用性，不仅要使目标函数达到最优值，设计变量的取值有时也受到一定的限制，这种对设计变量取值的限制条件称为约束条件或设计约束。

设计约束有两种表示形式，即等式约束和不等式约束，一般表达式为

$$g_u(X) \leq 0, \ u = 1, 2, \cdots, m \tag{16-5}$$

$$h_v(X) = 0, \ v = 1, 2, \cdots, p \tag{16-6}$$

式中　$g_u(X)$、$h_v(X)$——设计变量的函数；

m——不等式约束的数目；

p——等式约束的数目，且 p 应小于设计变量的个数 n。

按约束的性质不同，可分为边界约束和性能约束。边界约束是直接限定设计变量的取值范围；性能约束是由设计特性必须满足的要求确定的约束条件，如强度条件、刚度条件等。

2. 数学模型表达式

优化设计是用数学规划的理论来求解最优化设计方案。首先把工程问题用数学方法来描述，建立一个数学模型。机械优化设计的数学模型已经格式化，其数学表达式为

$$\left.\begin{array}{ll} \min & f(X) = f(x_1, x_2, \cdots, x_n), \quad X \in \mathbf{R}^n \\ \text{s. t.} & g_u(X) \leqslant 0, \quad u = 1, 2, \cdots, m \\ & h_v(X) = 0, \quad v = 1, 2, \cdots, p \end{array}\right\} \tag{16-7}$$

式中　$X = [x_1, x_2, \cdots, x_n]^T$——设计变量；

$\qquad\qquad X \in \mathbf{R}^n$——向量 X 属于 n 维实欧氏空间；

$\qquad\qquad$ s. t. ——"subjectedto" 的缩写，表示"受约束于"。

若式（16-7）中 $m = p = 0$，则得

$$\min \quad f(X) = f(x_1, x_2, \cdots, x_n), \quad X \in \mathbf{R}^n \tag{16-8}$$

此优化问题没有任何约束，故为无约束优化问题的数学模型。

对优化设计数学模型进行求解，选取适当的优化方法，可解得一组设计变量 $X^* = [x_1^*, x_2^*, \cdots, x_n^*]^T$，使该设计点 X^* 的目标函数值 $f(X^*)$ 为最小。点 X^* 称为最优点，即最优化设计方案。对应的目标函数值 $f^* = f(X^*)$ 称为最优值。优化问题的解包含设计变量和对应函数值两部分，所以最优点和对应的最优值代表了最优解，表示为 $(X^*, f(X^*))$。

16.1.3　最优化方法

优化设计是以数学规划为理论基础，以电子计算机为工具，在充分考虑各种设计约束的前提下，寻求满足某些预定目标的最优设计方案。优化设计建立在最优化数学理论和现代计算技术基础之上，其任务是应用计算机自动确定工程设计的最优方案。优化设计的关键是建立数学模型和选择优化方法。

优化设计需把数学模型和优化算法放到计算机程序中用计算机自动寻优求解。常用的优化算法有 0.618 法、鲍威尔（Powell）法、变尺度法、惩罚函数法等。

工程优化设计对数学模型的求解均用数值计算方法，其基本思想是搜索、迭代和逼近。即求解时，从某一初始点出发，利用函数在某一局部区域的性质和信息，确定每一迭代步骤的搜索方向和步长，去寻找新的迭代点，这样一步一步地重复数值计算，用改进后的新设计点替代老设计点，逐步改进目标函数，并最终逼近极值点。

16.1.4　优化设计应用实例

图 16-2 所示为平面铰链四杆机构。各杆的长度分别为 l_1、l_2、l_3、l_4；主动杆 1 的输入角为 φ，对应于摇杆 3 在右极位时，主动杆 1 的初始位置角为 φ_0；从动杆的输出角为 ψ，初始位置角为 ψ_0。试确定四杆机构的运动参数，使输出角 $\psi = f(\varphi, l_1, l_2, l_3, l_4, \varphi_0, \psi_0)$ 的函数关系，当曲柄从 φ_0 位置转到 $\varphi_m = \varphi_0 + 90°$ 时，最佳再现下面给定的函数关系

$$\psi_E = \psi_0 + \frac{2}{3\pi}(\varphi - \varphi_0)^2 \qquad (16\text{-}9)$$

若已知 $l_1 = 1$，$l_4 = 5$，其最小传动角为 45°，即夹角在 $45° \leqslant \gamma \leqslant 135°$ 范围内变化。

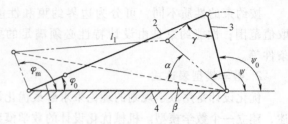

图 16-2　平面铰链四杆机构

1. 数学模型的建立

已经给定了两根杆长：$l_1 = 1$，$l_4 = 5$，且 φ_0 和 ψ_0 不是独立的参数，因为

$$\varphi_0 = \arccos\left[\frac{(l_1 + l_2)^2 + l_4^2 - l_3^2}{2(l_1 + l_2)l_4}\right] \qquad (16\text{-}10)$$

$$\psi_0 = \arccos\left[\frac{(l_1 + l_2)^2 - l_4^2 - l_3^2}{2l_3 l_4}\right] \qquad (16\text{-}11)$$

剩下两个独立的参数 l_2 和 l_3，取设计变量为

$$X = \begin{bmatrix} l_2 \\ l_3 \end{bmatrix} = (x_1, x_2)^{\mathrm{T}} \qquad (16\text{-}12)$$

对于复演预期函数的机构设计问题，可以按期望机构的输出函数与给定函数的均方根误差达到最小来建立目标函数，即

$$\Delta = \sqrt{\frac{\int_{\varphi_0}^{\varphi_m}[\psi - \psi_E]^2 \mathrm{d}\varphi}{\varphi_m - \varphi_0}} \rightarrow \min$$

或者

$$E = \int_{\varphi_0}^{\varphi_m}[\psi - \psi_E]^2 \mathrm{d}\varphi \rightarrow \min$$

由于 ψ 和 ψ_E 均为输入角 φ 的连续函数，为了进行数值计算，可将 $[\varphi_0, \varphi_m]$ 区间划分为 30 等份，将上式改写为梯形近似积分计算公式

$$f(X) = \sum_{j=2}^{29}\left[(\psi_j - \psi_{Ej})^2(\varphi_j - \varphi_{j-1})\right] +$$

$$\frac{1}{2}\left[(\psi_1 - \psi_{E1})^2(\varphi_1 - \varphi_0) + (\psi_{30} - \psi_{E30})^2(\varphi_{30} - \varphi_{29})\right] \qquad (16\text{-}13)$$

式中　ψ_j——当 $\varphi = \varphi_j$ 时机构从动杆的实际输出角；

ψ_{Ej}——复演预期函数中，当 $\varphi = \varphi_j$ 时对应的函数值，也就是欲求的机构从动杆的理想输出角。ψ_{Ej} 值按式（16-9）计算，ψ_j 值可由如下公式计算，即

$$\psi_j = \pi - \alpha_j - \beta_j$$

$$\alpha_j = \arccos\left(\frac{l_j^2 + l_3^2 - l_2^2}{2l_j l_3}\right) = \arccos\left(\frac{l_j^2 + x_2^2 - x_1^2}{2l_j x_2}\right)$$

$$\qquad (16\text{-}14)$$

$$\beta_j = \arccos\left(\frac{l_j^2 + l_4^2 - l_1^2}{2l_j l_4}\right) = \arccos\left(\frac{l_j^2 + 24}{10l_j}\right)$$

$$l_j = (l_1^2 + l_4^2 - 2l_1 l_4 \cos\varphi_j)^{1/2} = (26 - 10\cos\varphi_j)^{1/2}$$

目标函数是一个凸函数，其等值线图如图 16-3b 所示。

由于要求四杆机构的杆 1 能够做整周转动，且机构的最小传动角 $\gamma_{min} \geqslant 45°$、最大夹角 $\gamma_{max} \leqslant 145°$，根据四杆机构的曲柄存在条件，得不等式约束条件

$$g_1(x) = -x_1 \leqslant 0 \tag{16-15}$$

$$g_2(x) = -x_2 \leqslant 0 \tag{16-16}$$

$$g_3(x) = -x_1 - x_2 + 6 \leqslant 0 \tag{16-17}$$

$$g_4(x) = -x_2 + x_1 - 4 \leqslant 0 \tag{16-18}$$

$$g_5(x) = -x_1 + x_2 - 4 \leqslant 0 \tag{16-19}$$

根据机构的传动角条件，有 $\cos\gamma_{min} \leqslant \cos 45°$，$\cos\gamma_{max} \geqslant \cos 135°$，因为

$$\cos\gamma_{min} = \frac{l_2^2 + l_3^2 - (l_4 - l_1)^2}{2l_2 l_3} \tag{16-20}$$

$$\cos\gamma_{max} = \frac{l_2^2 + l_3^2 - (l_4 + l_1)^2}{2l_2 l_3} \tag{16-21}$$

所以得不等式约束条件为

$$g_6(x) = x_1^2 + x_2^2 - 1.4142 x_1 x_2 - 16 \leqslant 0 \tag{16-22}$$

$$g_7(x) = -x_1^2 - x_2^2 - 1.4142 x_1 x_2 + 36 \leqslant 0 \tag{16-23}$$

在上面所述的七个约束条件中，式（16-15）~式（16-19）的约束边界是直线，式（16-22）~式（16-23）的约束边界为椭圆，如图 16-3a 所示。在设计空间（即由 x_1 和 x_2 所构成的平面）内组成一个可行设计区域，即阴影线所包围的部分。

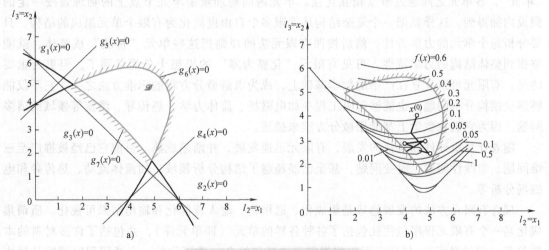

图 16-3 平面四杆机构优化设计

a) 可行设计区域 b) 搜索轨迹

2. 优化计算结果

上述设计问题是属于二维的非线性规划问题，具有七个不等式约束条件，其中主要的是 $g_6(x)$ 和 $g_7(x)$。现采用约束随机方向搜索法来求解。

在图 16-3b 中，取初始点 $x_1^{(0)} = 4.5$，$x_2^{(0)} = 4$，实验步长 $\alpha_0 = 0.1$，目标函数值的收敛精度 $\varepsilon_1 = 10^{-4}$，步长的收敛精度为 $\varepsilon_2 = 10^{-4}$，随机方向数取为 100。经过约九次迭代，其最优解为

$$x_1^* = 4.1286, x_2^* = 2.3325, f(X^*) = 0.0156$$

据此，最终的设计方案的参数为

$$l_1 = 1, \quad l_2 = 4.1286, \quad l_3 = 2.3325, \quad l_4 = 5$$
$$\varphi_0 = 26°28', \quad \psi_0 = 100°08'$$

16.2　有限元法

有限元法是最先应用于航空工程结构的矩阵分析方法，主要用来解决复杂结构中力与位移的关系。许多工程问题，虽然已经得到了基本方程和边界条件及初始条件，但是能用解析方法求解的只是少数方程简单、边界规则的问题，而绝大多数只能通过其他途径解决。随着计算机硬件和软件的发展，数值方法越来越受到人们的青睐，其中有限元法以其方法的统一性和理论的普遍性而独领风骚，已经成为处理各类科学和工程问题的有效方法之一，亦有众多的有限元商用流行软件，如 ANSYS、NASTRAN、ADINA、ABAQUS 等，它们包含众多单元类型，能求解各类问题。

16.2.1　有限元法的基本思想

有限元法的基本思想是"化整为零"。有限元法把一个复杂的结构分解成相对简单的"单元"，各单元之间通过节点相互连接。单元内的物理量由单元节点上的物理量按一定的假设内插得到，这样就把一个复杂结构从无限多个自由度简化为有限个单元组成的结构。只要分析每个单元的力学特性，然后按照有限元法的规则把这些单元"拼装"成整体，就能够得到整体结构的力学特性。可见有限元"化整为零"的思想十分简单明了。但更为重要的是，有限元可以建立在严格的数学基础上，成为求解微分方程的标准方法之一，它不仅能够解决结构分析问题，也能够解决工程中如电磁场、流体力学、热传导、渗流等领域的诸多问题，因为它们在数学上都能用微分方程来描述。

随着计算机硬件和软件的发展，有限元迅速发展，并渐趋成熟，目前它已经被推广至三维问题、非线性问题、时变问题，甚至已经超越了结构分析领域，如流体流动、热传导和电磁场分析等。

现在有限元方法的发展趋势是集成化、通用化、输入智能化和输出结果可视化。所谓集成化是一个有限元程序包往往包括了各种各样的单元（即单元库），并包括了许多材料的本构关系（即材料库），使用者可以根据需要选择和组合；通用化是一个通用程序同时又解决静力分析、动力分析、热传导、电场等各种问题的模块；输入智能化、图形化是计算机辅助输入，只要输入轮廓边界的关键点及计算所需节点数和单元类型，即可自动进行单元网格划分，并且其结果以图形方法表达出来。这样可以快捷、直观且易于发现错误而及时改正；输出结果可视化是计算所得的应力场、位移场、流态场等均可用多方位、多层次的图形或图像表示出来，非常直观，便于分析判断，有些学者称之为仿真或数值分析。

16.2.2 有限元法分析过程

1. 物体离散化

将某个工程结构离散为由各种单元组成的计算模型，这一步称为单元剖分。离散后单元与单元之间利用单元的节点相互连接起来；单元节点的设置、性质、数目等应视问题的性质，描述变形形态的需要和计算进度而定（一般情况单元划分越细则描述变形情况越精确，即越接近实际变形，但计算量越大）。所以有限元中分析的结构已不是原有的物体或结构物，而是由众多单元以一定方式连接成的离散物体。这样，用有限元分析计算所获得的结果只是近似的。如果划分单元数目非常多而又合理，则所获得的结果就与实际情况相符合。

2. 单元特性分析

（1）选择位移模式 在有限元法中，选择节点位移作为基本未知量时称为位移法；选择节点力作为基本未知量时称为力法；取一部分节点力和一部分节点位移作为基本未知量时称为混合法。位移法易于实现计算自动化，所以，在有限元法中位移法应用范围最广。

当采用位移法时，物体或结构物离散化之后，就可把单元总的一些物理量如位移、应变和应力等由节点位移来表示。这时可以对单元中位移的分布采用一些能逼近原函数的近似函数予以描述。通常，将位移表示为坐标变量的简单函数。

（2）分析单元的力学性质 根据单元的材料性质、形状、尺寸、节点数目、位置及其含义等，找出单元节点力和节点位移的关系式，这是单元分析中的关键一步。此时需要应用弹性力学中的几何方程和物理方程来建立力和位移的方程式，从而导出单元刚度矩阵，这是有限元法的基本步骤之一。

（3）计算等效节点力 物体离散化后，假定力是通过节点从一个单元传递到另一个单元的。但是，对于实际的连续体，力是从单元的公共边传递到另一个单元中去的。因而，这种作用在单元边界上的表面力、体积力和集中力都需要等效地移到节点上去，也就是用等效的节点力来代替所有作用在单元上的力。

3. 单元组集

利用结构力的平衡条件和边界条件把各个单元按原来的结构重新连接起来，形成整体的有限元方程。

4. 求解未知节点位移

解有限元方程式得出位移。这里，可以根据方程组的具体特点来选择合适的计算方法。

通过上述分析可以看出，有限元法的基本思想是"一分一合"，分是为了进行单元分析，合则是为了对整体结构进行综合分析。

16.2.3 有限元法应用实例

例 16-1 图 16-4 所示为四杆桁架结构，各杆的弹性模量和横截面积都为 $E = 29.5 \times 10^4 \text{N/mm}^2$，$A = 100 \text{mm}^2$，试用有限元法求解该结构的节点位移、单元应力以及支反力。

解 用 MATLAB 软件对该问题进行有限元分析，其过程如下：

（1）结构的离散化与编号 对该结构进行自然离散、节点编号和单元编号，如图 16-4 所示。

（2）计算各单元的刚度矩阵　建立一个工作目录，将所编制的用于平面桁架单元分析的四个 MATLAB 函数放置于该工作目录中，分别以各自函数的名称给出文件名，即 Bar2D2Node_Stiffness、Bar2D2Node_Assembly、Bar2D2Node_Stress、Bar2D2Node_Forces。然后启动 MATLAB，将工作目录设置到已建立的目录中，在 MATLAB 环境中，输入弹性模量 E，横截面积 A，各点坐标 (x_1, y_1)、(x_2, y_2)、(x_3, y_3)、(x_4, y_4)，角度 alpha1、alpha2 和 alpha3，然后分别针对单元 1、2、3 和 4，调用四次 Bar2D2Node_Stiffness，就可以得到单元的刚度矩阵。相关的计算流程如下：

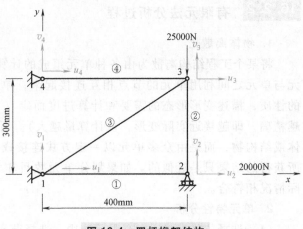

图 16-4　四杆桁架结构

```
>>E = 2.95e11;
>>A = 0.0001;
>>x1 = 0;
>>y1 = 0;
>>x2 = 0.4;
>>y2 = 0;
>>x3 = 0.4;
>>y3 = 0.3;
>>x4 = 0;
>>y4 = 0.3;
>>alpha1 = 0;
>>alpha2 = 90;
>>alpha3 = atan(0.75) * 180/pi;
>>k1 = Bar2D2Node_Stiffness(E,A,x1,y1,x2,y2,alpha1)
k1 = 73750000          0   -73750000          0
            0          0           0          0
    -73750000          0     7375000 0          0
            0          0           0          0
>>k2 = Bar2D2Node_Stiffness(E,A,x2,y2,x3,y3,alpha2)
k2 = 1.0e+007 *
      0.0000     0.0000    -0.0000    -0.0000
      0.0000     9.8333    -0.0000    -9.8333
     -0.0000    -0.0000     0.0000     0.0000
     -0.0000    -9.8333     0.0000     9.8333
```

```
>>k3 = Bar2D2Node_Stiffness ( E , A , x1 , y1 , x3 , y3 , alpha3 )
k3 = 1.0e+007 *
    3. 7760      2. 8320     -3. 7760     -2. 8320
    2. 8320      2. 1240     -2. 8320     -2. 1240
   -3. 7760     -2. 8320      3. 7760      2. 8320
   -2. 8320     -2. 1240      2. 8320      2. 1240
>>k4 = Bar2D2Node_Stiffness ( E , A , x4 , y4 , x3 , y3 , alpha1 )
k4 =   73750000             0   -73750000             0
               0             0             0             0
      -73750000             0    73750000             0
               0             0             0             0
```

（3）建立整体刚度方程   由于该结构共有四个节点，因此，设置结构总的刚度矩阵为 KK（8×8），先对 KK 清零，然后四次调用函数 Bar2D2Node_Assembly 进行刚度矩阵的组装。相关的计算流程如下：

```
>>KK = zeros ( 8 , 8 ) ;
>>KK = Bar2D2Node_Assembly ( KK , k1 , 1 , 2 ) ;
>>KK = Bar2D2Node_Assembly ( KK , k2 , 2 , 3 ) ;
>>KK = Bar2D2Node_Assembly ( KK , k3 , 1 , 3 ) ;
>>KK = Bar2D2Node_Assembly ( KK , k4 , 4 , 3 )
KK =   1.0e+008 *
    1. 1151     0. 2832    -0. 7375          0    -0. 3776    -0. 2832          0          0
    0. 2832     0. 2124          0          0    -0. 2832    -0. 2124          0          0
   -0. 7375          0     0. 7375     0. 0000    -0. 0000    -0. 0000          0          0
         0          0     0. 0000     0. 9833    -0. 0000    -0. 9833          0          0
   -0. 3776    -0. 2832    -0. 0000    -0. 0000     1. 1151     0. 2832    -0. 7375          0
   -0. 2832    -0. 2124    -0. 0000    -0. 9833     0. 2832     1. 1957          0          0
         0          0          0          0    -0. 7375          0     0. 7375          0
         0          0          0          0          0          0          0          0
```

（4）边界条件的处理及刚度方程求解   由图 16-4 可以看出，节点 1 的位移将为零，即 $u_1 = 0$、$v_1 = 0$，节点 2 的位移 $v_2 = 0$，节点 4 的 $u_4 = 0$、$v_4 = 0$。节点载荷 $F_3 = 10\text{N}$。采用高斯消去法进行求解。注意：MATLAB 中的反斜线符号 "＼" 就是采用高斯消去法。

该结构的节点位移为

$$q = (u_1 , v_1 , u_2 , v_2 , u_3 , v_3 , u_4 , v_4)^T$$

节点力为

$$P = R + F = (R_{x1} , R_{y1} , 2 \times 10^4 , R_{y2} , 0 , -2.5 \times 10^4 , R_{x4} , R_{y4})^T$$

其中，(R_{x1} , R_{y1}) 为节点 1 处沿 x 和 y 方向的支反力，R_{y2} 为节点 2 处 y 方向的支反力，(R_{x4} , R_{y4}) 为节点 4 处沿 x 和 y 方向的约束力。相关的计算流程如下：

```
>>k = KK ( [ 3 , 5 , 6 ] , [ 3 , 5 , 6 ] )
k = 1.0e+008 *
```

$$
\begin{array}{ccc}
0.7375 & -0.0000 & -0.0000 \\
-0.0000 & 1.1151 & 0.2832 \\
-0.0000 & 0.2832 & 1.1957
\end{array}
$$

```
>>p = [ 20000;0; -25000 ];
>>u = k\p
```

$$u = 1.0e\text{-}003 * [\ 0.2712 \quad 0.0565 \quad -0.2225\ ]^{T}$$

由此可以看出，所求得的结果 $u_2 = 0.2712\text{mm}$，$u_3 = 0.0565\text{mm}$，$v_3 = -0.2225\text{mm}$，则所有节点位移为

$$\pmb{q} = (0 \quad 0 \quad 0.2712 \quad 0 \quad 0.0565 \quad -0.2225 \quad 0 \quad 0)^{T}\text{mm}$$

（5）约束力的计算　得到整个结构的节点位移后，由原整体刚度方程就可以计算出对应的约束力。将整体的位移列阵 $\pmb{q}$（采用国际单位）代回原整体刚度方程，计算出所有的节点力 P，按上面的对应关系就可以找到对应的约束力。相关的计算流程如下。

```
>>q = [ 000.000271200.0000565-0.000222500 ]'
```

$$q = 1.0e\text{-}003 * [\ 0 \quad 0 \quad 0.2712 \quad 0 \quad 0.0565 \quad -0.2225 \quad 0 \quad 0\ ]^{T}$$

```
>>P = KK*q
```

$$P = 1.0e\text{+}004 * [\ -1.5833 \quad 0.3126 \quad 2.0001 \quad 2.1879 \quad -0.0001 \quad -2.5005 \quad -0.4167 \quad 0\ ]^{T}$$

按对应关系，可以得到对应的约束力为

$$
\begin{pmatrix}
R_{x1} \\
R_{y1} \\
R_{y2} \\
R_{x4} \\
R_{y4}
\end{pmatrix} =
\begin{pmatrix}
-15833.0 \\
3126.0 \\
21879.0 \\
-4167.0 \\
0
\end{pmatrix} \text{N}
$$

（6）各单元的应力计算　先从整体位移列阵 $\pmb{q}$ 中提取单元的位移列阵，然后调用计算单元应力的函数 Bar2D2Node_ ElementStress，就可以得到各个单元的应力分量。当然也可以调用上面的 Bar2D2Node_ ElementForces（E，A，x1，y1，x2，y2，alpha，u）函数来计算单元的集中力，然后除以面积求得单元应力。相关的计算流程如下：

```
>>u1 = [ q(1);q(2);q(3);q(4) ]
```

$$u1 = 1.0e\text{-}003 * [\ 0 \quad 0 \quad 0.2712 \quad 0\ ]^{T}$$

```
>>stress1 = Bar2D2Node_Stress(E,x1,y1,x2,y2,alpha1,u1)
stress1 = 2.0001e+008
>>u2 = [ q(3);q(4);q(5);q(6) ]
```

$$u2 = 1.0e\text{-}003 * [\ 0.2712 \quad 0 \quad 0.0565 \quad -0.2225\ ]^{T}$$

```
>>stress2 = Bar2D2Node_Stress(E,x2,y2,x3,y3,alpha2,u2)
stress2 = -2.1879e+008
>>u3 = [ q(1);q(2);q(5);q(6) ]
```

$$u3 = 1.0e\text{-}003 * [\ 0 \quad 0 \quad 0.0565 \quad -0.2225\ ]^{T}$$

```
>>stress3 = Bar2D2Node_Stress(E,x1,y1,x3,y3,alpha3,u3)
stress3 = -52097000
```

>>u4 = [q(7); q(8); q(5); q(6)]

u4 = 1.0e-003 * [0   0   0.0565   -0.2225]^T

>>stress4 = Bar2D2Node_Stress(E, x4, y4, x3, y3, alpha1, u4)

stress4 = 41668750

可以看出：计算得到的单元 1 的应力为 $\sigma = 2.0001 \times 10^8 Pa$，单元 2 的应力为 $\sigma = -2.1879 \times 10^8 Pa$，单元 3 的应力为 $\sigma = -5.2097 \times 10^7 Pa$，单元 4 的应力为 $\sigma = 4.167 \times 10^7 Pa$。

16.3　计算机辅助设计

计算机辅助设计（Computer Aided Design，CAD）技术是电子信息技术的一个重要组成部分。

这一新兴学科能充分运用计算机高速运算和快速绘图的强大功能为工程设计及产品设计服务，彻底改变了传统的手工设计绘图方式。它把计算机所具有的运算速度快、计算精度高、有记忆、逻辑判断、图形显示以及绘图等特殊功能与人们的经验、智慧和创造力结合起来，从而减轻设计人员的体力劳动，极大地提高了产品开发的速度和精度，使得科技人员的智慧和能力得到了延伸，提高设计质量，缩短设计周期。

16.3.1　CAD 系统的组成

1. CAD 硬件系统的组成

CAD 系统包括硬件系统和软件系统两大部分。硬件系统是计算机辅助设计技术的物质基础；软件系统是计算机辅助设计技术的核心，它决定了系统所具有的功能。硬件和软件的组合形成了 CAD 系统。

CAD 系统的硬件一般由计算机主机、常用外围设备、图形输入设备和图形输出设备组成。图形输入和输出设备种类很多，可根据需要进行选配。

计算机绘图系统的主要硬件设备包括计算机（主机、显示器、键盘和鼠标）、绘图机或打印机。计算机是整个系统的核心，其余统称为外围设备。

2. CAD 系统软件的组成

软件可分为系统软件、支撑软件和应用软件三个层次。

系统软件对计算机资源进行自动管理和控制，它处于整个软件的核心内层，主要包括操作系统和数据通信系统等。

支撑软件是帮助人们高效率开发应用软件的软件工具系统，也称为软件开发工具。

应用软件是用户利用计算机以及它所提供的各种系统软件和支撑软件，自行编制的用于解决各种实际问题的程序。

16.3.2　常用 CAD 软件

（1）AutoCAD 绘图软件　用户可按交互对话方式指挥计算机，这种软件简单易学，不需要太多其他方面的基础知识。在机械类专业，经常用它来绘制机械零件的零件图、部件或机器的装配图。

（2）Pro/Engineer 软件及 UG 软件　作为当今最流行的三维实体建模软件，内容丰富，功能强大，在工业设计中的应用日益广泛。

常用的 CAD/CAM 集成化流行软件见表 16-1。

表 16-1 常用的 CAD/CAM 集成软件

名　称	功　能　特　点	开　发　单　位
AutoCAD	为计算机开发的二维功能为主的交互式工程绘图软件	美国 Autodesk 公司
Pro/Engineer	为计算机开发的参数化设计和基于特征设计的实体造型的三维机械设计软件；该系统建立在统一的数据库上，有完整和统一的模型，能将设计与制造过程集成在一起	美国 PTC 公司
Unigraphics(UG)SolidEdge	采用基于特征的实体造型，具有尺寸驱动编辑功能和统一的数据库，实现了 CAD、CAE、CAM 之间无数据交换的自由切换，具有强大的数控加工功能	美国麦道(MD)公司
SolidWorks	基于计算机 Windows 操作系统的 CAD/CAM/CAE/PDM(Product-DataManagement)桌面集成系统；它采用自顶向下的设计方法，可以动态模拟装配过程；采用基于特征的实体建模，具有很强的参数化设计和编辑功能	美国 SolidWorks 公司

与传统设计相比，计算机辅助设计主要有如下特征：

1）高速的数据处理能力，极大地提高了绘图的精度及速度。

2）强大的图形处理能力，能够很好地完成设计与制造过程中二维及三维图形的处理，并能随意控制图形显示，以及平移、旋转和复制图样。

3）良好的文字处理能力，能添加各种文字，特别是能直接输入汉字。

4）快捷的尺寸自动测量标注和自动导航、捕捉等功能。

5）具有实体造型、曲面造型、几何造型等功能，可实现渲染、真实感、虚拟现实等效果。

6）先进的网络技术，包括局域网、企业内联网和 Internet 上的传输共享等。

7）促进了设计方式从"串行"到"并行"的变化。组织模式的开放、网络技术的发展加快了数据通信速度，缩短了企业之间的距离。传统的局限于企业内部的封闭设计正在变为不受行政隶属关系约束的、多企业共同参与的异地设计。为完成一种设计任务形成的虚拟企业或动态联盟将实现优势互补和资源共享，极大地提高设计效率和水平。

8）有效的数据管理、查询及系统标准化，同时还具有很强的二次开发能力和接口。

9）设计与制造一体化，存在于计算机内的产品模型可直接进入 CAPP 系统进行工艺规划和 NC 编程，进而加工代码可直接传入 NC 机床、加工中心进行加工。产品模型加强了设计与制造两个环节的连接，提高了产品开发的效率。

10）在计算机上模拟装配和仿真，进行尺寸校验，不仅可避免经济损失，而且还可以预览效果。

16.3.3　典型机械零件的程序设计

机械零件的程序设计过程如下：

1）建立数学模型。一般机械零件基本都有现成的数学模型，但对没有数学模型的则首先要建立正确的数学模型。

2）设计程序框图。程序框图根据手工计算的步骤来设计。

3）用高级语言编制程序。根据程序框图来编程。

4）程序调试。程序编好后，先仔细检查源程序，然后将其输入计算机进行试算，再对程序适用范围的边界、转折点进行试算，要求与手算结果完全吻合。

例 16-2 单级直齿圆柱齿轮减速器的齿轮传动设计。已知条件：传递功率 P、传动比 i、小齿轮转速 n_1、原动机工作情况和工作机械的载荷特性。

解 齿轮传动的计算机辅助设计步骤：

（1）选择齿轮材料 选择大小齿轮材料为 45 钢正火、45 钢调质、40Cr 调质、35SiMn 调质四种牌号。

（2）确定模数和齿数 齿轮标准模数 m 按国家标准 GB/T 1357—2008 第一系列选择，取 2~50mm。小齿轮齿数 $z_1 = 20~30$，选择设计方案。

（3）确定设计准则 双向传动的单级外啮合渐开线标准直齿圆柱齿轮闭式软齿面传动的设计计算，按齿面接触疲劳强度设计，按齿根弯曲疲劳强度校核。

（4）编制设计程序框图 齿轮传动的程序设计框图如图 16-5 所示。

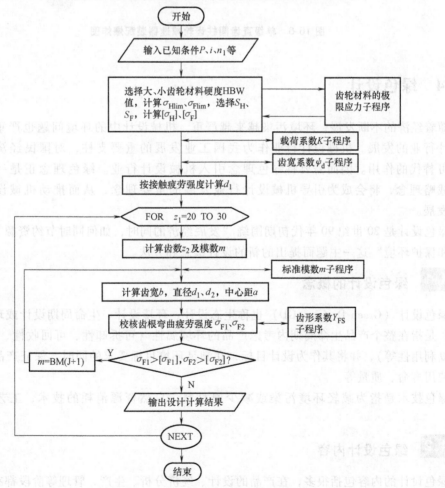

图 16-5 齿轮传动程序设计框图

（5）编制设计源程序并运行（略）

（6）绘制三维模型图 利用三维造型软件绘制三维图。图 16-6 所示为齿轮减速器三维模型爆炸图。

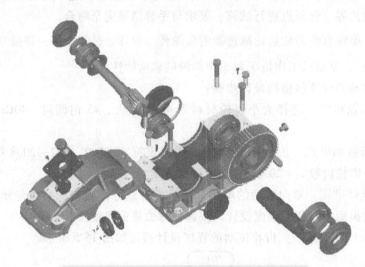

图 16-6 单级直齿圆柱齿轮减速器装配爆炸图

16.4 绿色设计

随着经济的不断发展，环境污染越来越严重，机械设计中的环境问题也严重制约着机械设计行业的发展。机械设计行业作为我国工业发展的重要支柱，对国民经济的发展起着不可替代的作用。因而需要将绿色理念引入机械设计行业。绿色理念正是一种全新的发展战略理念，将会成为引导机械设计行业发展的重要理念，从而推动机械设计行业的持续发展。

绿色设计是 20 世纪 90 年代初期围绕"发展经济的同时，如何同时节约资源、有效利用资源和保护环境"这一主题而提出的新的设计概念和方法。

16.4.1 绿色设计的概念

绿色设计（Green Design，GD）也称生态设计、环境设计、生命周期设计或环境意识设计等，是指在整个产品生命周期内考虑产品的环境属性（可拆卸性、可回收性、可维护性、可重复利用性等），并将其作为设计目标，在满足环境目标要求的同时，保证产品的应有概念、使用寿命、质量等。

绿色技术是指为减轻环境污染或减少原材料、自然资源消耗的技术、工艺或产品的总称。

16.4.2 绿色设计内容

绿色设计的内容包括很多，在产品的设计、经济分析、生产、管理等阶段都有不同的应用，这里着重将设计阶段的内容做简要分析。

（1）绿色材料选择与管理　　所谓绿色材料指可再生、可回收，并且对环境污染小、低能耗的材料。因此，在设计中应首选环境兼容性好的材料及零部件，避免选用有毒、有害和辐射特性的材料。所用材料应易于再利用、回收、再制造，或易于降解，提高资源利用率，实现可持续发展。另外，还要尽量减少材料的种类，以便减少产品废弃后的回收成本。

（2）产品的可回收性设计　　可回收性设计就是在产品设计时要充分考虑到该产品报废后回收和再利用的问题，即它不仅应便于零部件的拆卸和分离，而且应使可重复利用的零件和材料在所设计的产品中得到充分的重视。资源回收和再利用是回收设计的主要目标，其途径一般有两种，即原材料的再循环和零部件的再利用。鉴于材料再循环的困难和高昂的成本，目前较为合理的资源回收方式是零部件的再利用。

（3）产品的装配与拆卸性设计　　为了降低产品的装配和拆卸成本，在满足功能要求和使用要求的前提下，要尽可能采用最简单的结构和外形，组成产品的零部件材料种类尽可能少，并且采用易于拆卸的连接方法，拆卸部位的紧固件数量要尽量少。

（4）产品的包装设计　　产品的绿色包装，主要有以下几个原则：①材料最省，即绿色包装在满足保护、方便、销售、提供信息的功能条件下，应使用材料最少而又文明适度地包装。②尽量采用可回收或易于降解，对人体无毒害的包装材料。例如，纸包装易于回收再利用，在大自然中也易自然分解，不会污染环境。因而从总体上看，纸包装是一种对环境友好的包装。③易于回收利用和再循环。采用可回收、重复使用和再循环使用的包装，提高包装物的生命周期，从而减少包装废弃物。

16.4.3　绿色设计方法

1. 模块化设计

在对一定范围内的不同功能或相同功能的不同性能，不同规格的产品进行功能分析的基础上，划分并设计出一系列功能模块，通过模块的选择和组合可以构成不同的产品，满足不同的需求。

模块化设计既可以很好地解决产品品种规格、产品设计制造周期和生产成本之间的矛盾，又可为产品的快速更新换代，提高产品的质量，方便维修，有利于产品废弃后的拆卸、回收，为增强产品的竞争力提供必要条件。

2. 循环设计

循环设计即回收设计（Design for Recovering & Recycling），是实现广义回收所采用的手段或方法，即在进行产品设计时，充分考虑产品零部件及材料回收的可能性、回收价值的大小、回收处理方法、回收处理结构工艺性等与回收有关的一系列问题，以达到零部件及材料资源和能源的充分有效利用，环境污染最小的一种设计思想和方法。

除此之外，还有组合设计、可拆卸设计、绿色包装设计等。

思考题及习题

16-1　优化设计包含哪些要素？约束的类型有哪些？

16-2　简述有限元分析的过程。

16-3　CAD 系统包含哪几个方面？

16-4　常用的 CAD 软件有哪些？各有什么特点？

16-5　何谓绿色设计？绿色设计的主要内容有哪些？

16-6　有一边长为 8cm 的正方形铁皮，在四角剪去相同的小正方形，折成一个无盖的盒子，确定剪去小正方形的边长为多少时能使铁盒的容积最大？建立该优化问题的数学模型。

附　录

附表 1　圆锥滚子轴承基本额定载荷和接触角

轴承内径 /mm	30200			30300		
	基本额定载荷/kN		接触角	基本额定载荷/kN		接触角
	C_r	C_{or}	α	C_r	C_{or}	α
17	20.8	21.8	12°57′10″	28.2	27.2	10°45′29″
20	28.2	30.5	12°57′10″	33.0	33.2	11°18′36″
25	32.2	37.0	14°02′10″	46.8	48.0	11°18′36″
30	43.2	50.5	14°02′10″	59.0	63.0	11°51′35″
35	54.2	63.5	14°02′10″	75.2	82.5	11°51′35″
40	63.0	74.0	14°02′10″	90.8	108	12°57′10″
45	67.8	83.5	15°06′34″	108	130	12°57′10″
50	73.2	92.0	15°06′34″	130	158	12°57′10″
55	90.8	115	15°06′34″	152	188	12°57′10″
60	102	130	15°06′34″	170	210	12°57′10″

附表 2　向心轴承的基本额定载荷

（单位：kN）

轴承内径 /mm	深沟球轴承（60000 型）						圆柱滚子轴承（N0000、NF0000 型）					
	(0)2		(0)3		(0)4		(0)2		(0)3		(0)4	
	C_r	C_{or}	C_r	C_{or}	C_r	C_{or}	C_r	C_{or}	C_r	C_{or}	C_r	C_{or}
10	5.10	2.38	7.65	3.48								
12	6.82	3.05	9.72	5.08								
15	7.65	3.72	11.5	5.42			7.98	5.5				
17	9.58	4.78	13.5	6.58	22.5	10.8	9.12	7.0				
20	12.8	6.65	15.8	7.88	31.0	15.2	12.5	11.0	18.0	15.0		
25	14.0	7.88	22.2	11.5	38.2	19.2	14.2	12.8	25.5	22.5		
30	19.5	11.5	27.0	15.2	47.5	24.5	19.5	18.2	33.5	31.5	57.2	53.0
35	25.5	15.2	33.2	19.2	56.8	29.5	28.5	28.0	41.0	39.2	70.8	68.2
40	29.5	18.0	40.8	24.0	65.5	37.5	37.5	38.2	48.8	47.5	90.5	89.8
45	31.5	20.5	52.8	31.8	77.5	45.5	39.8	41.0	66.8	66.8	102	100
50	35.0	23.2	61.8	38.0	92.2	55.2	43.2	48.5	76.0	79.5	120	120
55	43.2	29.2	71.5	44.8	100	62.5	52.8	60.2	97.8	105	128	132
60	47.8	32.8	81.8	51.8	108	70.0	62.8	73.5	118	128	155	162

附表 3　常用角接触球轴承的基本额定载荷　　　　　　（单位：kN）

轴承内径 /mm	70000C 型（α=15°）				70000AC 型（α=25°）				70000B 型（α=40°）			
	*（1）0		（0）2		（1）0		（0）2		（0）2		（0）3	
	C_r	C_{or}	C_r	C_{or}	C_r	C_{or}	C_r	C_{or}	C_r	C_{or}	C_r	C_{or}
10	4.92	2.25	5.82	2.95	4.75	2.12	5.58	2.82				
12	5.42	2.65	7.35	3.52	5.20	2.55	7.10	3.35				
15	6.25	3.42	8.68	4.62	5.95	3.25	8.35	4.40				
17	6.60	3.85	10.8	5.95	6.30	3.68	10.5	5.65				
20	10.5	6.08	14.5	8.22	10.0	5.78	14.0	7.82	14.0	7.85		
25	11.5	7.45	16.5	10.5	11.2	7.08	15.8	9.88	15.8	9.45	26.2	15.2
30	15.2	10.2	23.0	15.0	14.5	9.85	22.0	14.2	20.5	13.8	31.0	19.2
35	19.5	14.2	30.5	20.0	18.5	13.5	29.0	19.2	27.0	18.8	38.2	24.5
40	20.0	15.2	36.8	25.8	19.0	14.5	35.2	24.5	32.5	23.5	46.2	30.5
45	25.8	20.5	38.5	28.5	23.8	19.5	36.8	27.2	36.0	26.2	59.5	39.8
50	26.5	22.0	42.8	32.0	25.2	21.0	40.8	30.5	37.5	29.0	68.2	48.0
55	37.2	30.5	52.8	40.5	35.2	29.2	50.5	38.5	46.2	36.0	78.8	56.5
60	38.2	32.8	61.0	48.5	36.2	31.5	58.2	46.2	56.0	44.5	90.0	66.3

注：＊尺寸系列代号括号中的数字通常省略。

参考文献

[1] 杨可桢，程光蕴，李仲生．机械设计基础［M］．5 版．北京：高等教育出版社，2006．

[2] 范思冲．机械基础［M］．3 版．北京：机械工业出版社，2012．

[3] 段志坚，徐来春．机械设计基础［M］．北京：机械工业出版社，2012．

[4] 李继庆，陈作模．机械设计基础［M］．北京：高等教育出版社，1999．

[5] 郑文伟，吴克坚．机械原理［M］．7 版．北京：高等教育出版社，1997．

[6] 孙恒，陈作模，葛文杰．机械原理［M］．8 版．北京：高等教育出版社，2013．

[7] 朱如鹏．机械原理［M］．北京：航空工业出版社，1998．

[8] 申永胜．机械原理教程［M］．北京：清华大学出版社，2001．

[9] 邱宣怀．机械设计［M］．4 版．北京：高等教育出版社，2004．

[10] 徐锦康．机械设计［M］．北京：高等教育出版社，2004．

[11] 吴克坚，于晓红，钱瑞明．机械设计［M］．北京：高等教育出版社，2003．

[12] 吴宗泽，刘莹．机械设计教程［M］．北京：机械工业出版社，2003．

[13] 吴宗泽，黄纯颖．机械设计习题集［M］．北京：高等教育出版社，2002．

[14] 濮良贵，纪名刚．机械设计［M］．8 版．北京：高等教育出版社，2006．

[15] 黄纯颖，于晓红，高志，等．机械创新设计［M］．北京：高等教育出版社，2000．

[16] 钟毅芳，吴昌林，唐曾宝．机械设计［M］．武汉：华中理工大学出版社，1999．

[17] 朱家诚，王纯贤．机械设计基础［M］．合肥：合肥工业大学出版社，2003．

[18] 程光蕴，杨可桢，朱刚恒．机械设计基础学习指导书［M］．3 版．北京：高等教育出版社，2003．

[19] 张鄂．机械与工程优化设计［M］．北京：科学出版社，2008．

[20] 于靖军．机械原理［M］．北京：机械工业出版社，2013．

[21] 杨明忠，朱家诚．机械设计［M］．武汉：武汉理工大学出版社，2001．

[22] 徐灏．机械设计手册［M］．2 版．北京：机械工业出版社，2004．

[23] 成大先．机械设计手册［M］．4 版．北京：化学工业出版社，2004．

[24] 谢里阳．现代机械设计方法［M］．北京：机械工业出版社，2010．

[25] 黄平．现代设计理论与方法［M］．北京：清华大学出版社，2010．

[26] 杨昂岳，孙立鹏，杨武山．机械设计学习指导与习题集［M］．2 版．武汉：华中科技大学出版社，2002．

[27] 京玉海，董懿琼，黄兴元．机械设计基础学习指导与习题［M］．北京：北京理工大学出版社，2007．

[28] 孙德志，张伟华，邓子龙．机械设计基础课程设计［M］．北京：科学出版社，2006．

[29] 宋宝玉．机械设计基础［M］．哈尔滨：哈尔滨工业大学出版社，2004．